# 《危险化学品企业安全风险隐患排查治理导则》

中国化学品安全协会　主编

中国石化出版社

# 内 容 提 要

　　本书对《危险化学品企业安全风险隐患排查治理导则》出台的前因后果以及每一句条文进行了概括、解读，并给出推荐性做法，以指导企业如何去做，怎么做才能防范大事故。本书在编写过程中运用法律法规、标准规范作依据，结合事故案例剖析原因和对策，并对政府监管、企业管理方面困惑的地方给出了建议性意见，对促进企业学法守规、安全生产有着积极意义。

　　本书适合于危险化学品企业管理人员和从事安全管理、安全技术人员以及政府安监人员培训使用，也可供危险化学品企业生产技术人员和生产操作人员参考学习。

**图书在版编目（CIP）数据**

《危险化学品企业安全风险隐患排查治理导则》应用读本/
中国化学品安全协会主编 . —北京：中国石化出版社，
2019.11（2025.5重印）
　ISBN 978-7-5114-5544-4

　Ⅰ.①危… Ⅱ.①中… Ⅲ.①化工产品-危险品-安
全隐患-安全检查 Ⅳ.①TQ086.5

中国版本图书馆 CIP 数据核字（2019）第 234915 号

**中国石化出版社出版发行**
地址:北京市东城区安定门外大街 58 号
邮编:100011　电话:(010)57512500
发行部电话:(010)57512575
http://www.sinopec-press.com
E-mail:press@sinopec.com
北京富泰印刷有限责任公司印刷
全国各地新华书店经销
*
710毫米×1000毫米 16 开本 16 印张 227 千字
2019 年 11 月第 1 版　2025 年 5 月第 6 次印刷
定价:79.00 元

为指导化工（危险化学品）企业正确识别和管控风险，应急管理部以应急〔2019〕78号文颁布了《危险化学品企业安全风险隐患排查治理导则》（下称《导则》），同时要求企业落实安全风险排查治理主体责任，建立安全风险隐患排查长效机制，以防范化解危险化学品重大安全风险为核心，不断提升安全保障能力和水平，坚决遏制重特大事故。

为更好地帮助有关人员学习理解和使用《导则》，中国化学品安全协会组织有关专家，对照《导则》条文要求进行分析，编写了本书。

本书对《导则》出台的背景、应急管理部对《导则》实施的要求情况进行了介绍，对《导则》内容进行了分析，给出了《导则》所依据的法规标准；同时针对各条款要求，推荐了一些做法，对《导则》分析过程中提及的事故案例进行了简要介绍，以帮助读者更好地理解和掌握《导则》中各条款的要求内涵，方便实际工作中的应用。

本书由中国化学品安全协会集体编写，由孙志岩、程长进统稿。

由于编者水平有限，编写时间仓促，书中难免有不当之处和缺点错误，敬请读者批评指正并提出宝贵意见。

CONTENTS 目录

# 《危险化学品企业安全风险隐患排查治理导则》

# 编 制 说 明

# 1 编制背景

危险化学品生产工艺复杂多样，生产条件苛刻，涉及的物料大多易燃易爆、有毒有害，特别是生产、储存设施能量集中，一旦发生事故，往往后果严重。准确识别、科学管控风险并及时排查治理隐患是提高安全管理水平、遏制事故发生的基础性工作和有效措施。为指导企业提升安全风险辨识管控和隐患排查治理水平，应急管理部组织编制并发布了《危险化学品企业安全风险隐患排查治理导则》（以下简称《导则》）。

# 2 编制原则

**一是坚持问题导向。**深刻吸取近年来危险化学品重特大事故教训，深入剖析暴露的问题，提出针对性措施，纳入《导则》要求，推动相关企业对比排查风险、消除隐患，提高安全生产水平。

**二是坚持科学方法。**借鉴国际化工行业通用的、行之有效的化工过程安全管理方法，结合我国有关法律法规要求和当前危险化学品企业实际，将先进理念和实施要求有机地融合到《导则》中。

**三是坚持突出重点。**瞄准危险化学品企业生产和作业过程中存在的重大风险因素和难点，如特殊作业、人员密集场所、异常工况、重点管控危险化学品等，专门编制了特殊管控措施检查表，全力推动管控大风险、消除大隐患、防范大事故。

**四是坚持全面排查。**坚持企业隐患排查全员参与，全过程管理的原则，紧紧围绕化工项目的全生命周期，开展风险识别和隐患排查工作，做到不遗漏每一个环节。

# 3 主要内容

《导则》正文共分为六部分，主要为：

（1）总则。介绍了《导则》编写的目的及适用范围。

（2）基本要求。介绍了企业建立安全风险隐患排查工作机制和排查方法的要求。

（3）安全风险隐患排查方式及频次。介绍了隐患排查的类型、频次，着重提出了加强在重点时段排查、复产复工前排查的要求。

（4）安全风险隐患排查内容。具体介绍了隐患排查的工作思路和方法。以化工过程安全管理的各要素为主线，在国家安全监管总局《关于加强化工过程安全管理的指导意见》（安监总管三〔2013〕88号）规定要素的基础上，进一步充实强化，细分为安全领导力、安全生产责任制、岗位安全教育和操作技能培训、安全生产信息管理、风险管理、设计管理、试生产管理、装置运行管理、设备设施完好性、作业许可管理、承包商管理、变更管理、应急管理、事故事件管理等十四部分内容。

（5）安全风险隐患闭环管理。介绍了企业对发现的隐患如何整改、重大隐患如何上报、如何建立长效机制等要求和程序。

（6）特殊要求。提出了一些刚性措施，对于6种情形，要求企业必须立即整改，在未完成整改前，属地应急管理部门应责令其停产整顿，暂扣或吊销安全生产许可证。

## 4　安全风险隐患排查表

（1）排查表紧扣正文各要素要求，按照安全基础管理、设计与总图、试生产管理、装置运行管理、设备管理、仪表管理、电气管理、应急与消防、重点危险化学品特殊管控等分专业编写检查要求和检查依据，便于企业及外部检查人员按照专业分工开展检查工作，更具操作性。

（2）排查表坚持侧重于现场设备设施完整性与安全管控措施有效性的原则，重点关注关键装置、重点部位，从本质安全的角度去排查隐患，并对隐患发生的根原因进行深层次的分析，以找到企业的薄弱环节。

（3）针对近年来事故暴露的问题，对安全风险较大的危险化学品和危险工艺，如液氯、液氨、液化烃、氯乙烯、光气、硝酸铵、硝化工艺等专门编制了特殊管控措施排查表，突出对这些物料、工艺的检查要点。

（4）排查表中每项排查内容对应列出了排查依据，绝大部分内容对应了国家相关的法规标准要求，部分未列出排查依据的均是化工行业多年的事故教训和实践经验积累。

# 《危险化学品企业安全风险隐患排查治理导则》

# 条 文 说 明

# 1 总则

**1.1 为督促危险化学品企业落实安全生产主体责任，着力构建安全风险分级管控和隐患排查治理双重预防机制，有效防范重特大安全事故，根据国家相关法律、法规、规章及标准，制定本导则。**

> 本条规定了《导则》编制的目的。

危险化学品企业涉及易燃易爆、有毒有害的危险物质及高温、高压工艺生产过程，安全风险点分布广泛，风险程度高、管控难度大，易形成安全隐患、引发严重的生产安全事故。尤其是 2018 年以来，国内相继发生了四川宜宾的"7·12"火灾爆炸、河北盛华的"11·28"火灾爆炸、江苏响水的"3·21"爆炸以及河南三门峡的"7·19"火灾爆炸等多起重特大生产安全事故，给人民群众的生命财产安全造成了巨大的损失，同时也造成了严重的社会影响。

各类生产安全事故的发生，进一步暴露出企业安全生产主体责任不落实、不到位，安全生产基础管理薄弱，开展风险辨识的意识和能力还不能满足安全生产的需要，在贯彻落实党中央、国务院关于安全生产的路线方针政策方面存在很大的差距，安全发展的红线意识不强，在构建双重预防机制、防范重特大生产安全事故方面与国家要求差距甚远，隐患就是事故的观念还不能在企业形成共识。

准确识别、科学管控安全风险并及时排查治理事故隐患是提高企业安全管理水平、遏制事故发生的基础性工作和有力、有效措施。为指导企业正确开展安全风险辨识管控和隐患排查治理工作，有必要编制一个指导性文件。

另外，近几年来国家陆续出台了许多关于安全生产的政策法规，尤其是应急管理部成立以后，在进一步理顺安全管理体制、机制的同时，也颁布了许多法规标准。但通过基层调研表明，国家的法律法规要求尚不能有效地在企业贯彻落实；同时，各级政府监管层面执法检查时也缺乏综合体现安全生产法规要求的系统性文件，执法不严、执法不准的情形多发。因此通过编制一个指导性文件，将国家最近颁布的安全法规要求融入其中，并在安全风险较大、事故后果较为严重的一些方面采取强有力的管理措施，以更好地满足新时期安全发展的需要，更好地指导化工企业开展安全风险隐患排查治理工作。

鉴于以上原因和目的，应急管理部编制并发布了《危险化学品企业安全风险隐患排查治理导则》（以下简称《导则》）。用于指导企业开展风险识别和隐患排查工作，同时也可以用于指导政府应急管理部门、安全咨询服务机构开展对化工企业的监督检查和帮扶指导工作。

**1.2 本导则适用于危险化学品生产、经营、使用发证企业（以下简称企业）的安全风险隐患排查治理工作，其他化工企业参照执行。**

> 本条规定了《导则》的适用范围。

我国化工企业数量众多，不仅有危险化学品生产企业，还有使用企业和经营企业。本着管控大风险、排查大隐患、防范大事故的原则，规定了本《导则》适用于那些需要取得危险化学品生产、经营、使用许可证的企业。

鉴于那些虽然生产过程中使用危险化学品，但使用量偏少，达不到申领使用许可证条件的企业，尤其是那些涉及到使用易燃、易爆、有毒危险化学品的企业本身存在较大的安全风险，常因疏于管理，是生产安全事故的多发地，因此建议这类企业也要努力参照本《导则》要求执行。

本《导则》仅是一个指导性文件，安全风险隐患排查表提供的排查内容还不能覆盖企业的方方面面。各企业还需结合自身生产实际，编制自己适用的隐患排查表，开展相关工作。

**1.3 安全风险是某一特定危害事件发生的可能性与其后果严重性的组合；安全风险点是指存在安全风险的设施、部位、场所和区域，以及在设施、部位、场所和区域实施的伴随风险的作业活动，或以上两者的组合；对安全风险所采取的管控措施存在缺陷或缺失时就形成事故隐患，包括物的不安全状态、人的不安全行为和管理上的缺陷等方面。**

> 本条对安全风险、安全风险点、事故隐患进行了定义，并阐述了相互间的关系。

7

对一个化工企业而言，安全风险无处不在。一起伤亡事故的发生往往是两类危险源共同作用的结果：第一类危险源是伤亡事故发生的能量主体，决定事故后果的严重程度；第二类危险源是第一类危险源造成事故的必要条件，决定事故发生的可能性。

安全风险的大小与事件发生的可能性和后果严重性有关。但安全风险不一定就是事故隐患，只有当安全风险管控措施失效或当因各种原因造成管控措施缺失时便构成了事故隐患，包括物的不安全状态、人的不安全行为和管理上的缺陷等。

基于风险的安全管理的核心是对危险源进行风险辨识，依据辨识出的风险采取管控措施，通过对管控措施的有效监控，以保证装置的安全生产运行。对管控措施的监控便是我们常说的安全风险隐患排查，对失效或缺失的管控措施进行恢复、建立，便是隐患治理。

通过对风险、事故隐患、风险管控措施与隐患治理之间关系的进一步梳理，可以更好地理解《关于实施遏制重特大事故工作指南 构建双重预防机制的意见》(安委办 2016 年 11 号)的双重预防机制的内涵与要求，即以安全风险辨识和分级管控为基础，以隐患排查和治理为手段，把风险控制挺在隐患前面，从源头系统识别风险、控制风险，并通过隐患排查，及时寻找出风险控制过程可能出现的缺失、漏洞及风险控制失效环节，把隐患消灭在事故发生之前。

关系的进一步理顺，对于企业如何做好隐患排查、各级监管部门如何对企业进行有效监管，形成了一种导向性。

对于企业而言，要基于风险的大小分级对其进行管控，基于风险大小开展隐患排查，大风险必然是保护层多，管控措施复杂，排查的重点目标便是大风险的管控措施。

存在安全风险的地方就是风险点。对风险点的安全保护措施就是风险点隐患排查治理的重要事项，通过有效的隐患排查治理，可以恢复、建立、巩固安全保护措施，消除安全隐患，达到安全生产的目的。管控安全风险的措施有很多，有工程技术措施、管理措施、应急措施与个人防护措施，主要集中在设计过程充分性、总图布局的合理性、工艺过程的安全性、设备设施的完好性、安全管理的科学性、人员活动的合规性和应急措施的完善性等方面，而其中首选的是工程技术措施，即做到本质安全。

## 2  基本要求

**2.1  企业是安全风险隐患排查治理的主体，要逐级落实安全风险隐患排查治理责任，对安全风险全面管控，对事故隐患治理实行闭环管理，保证安全生产。**

本条规定了企业对开展安全风险识别隐患排查工作负主体责任。

企业是安全风险隐患排查治理的主体。这是《安全生产法》对企业提出的基本要求，是企业落实安全生产主体责任的根本。企业内部可以将风险的管控责任层层分解、逐级传递，做到一级对一级负责，责任到岗，责任到人，充分压实安全风险隐患排查的工作责任。

安全风险隐患排查是一项全方位、全过程的活动，贯穿于建设项目(装置)的全生命周期，因此必须从工艺选择、基础设计阶段就要开始识别风险、排查隐患；项目建成运行后要对工艺生产过程、各种风险管控措施的有效性及紧急情况下的应急措施进行排查；在项目废弃阶段，还需要对系统内残存物料的清空转移、设备拆除作业环节的安全风险进行识别。对排查出的事故隐患应按照"五定"(定责任人、定整改措施、定整改时限、定整改资金和定安全措施)的要求，逐一落实企业、车间、班组、岗位和人员的责任，做到立即整改、及时销项，实现闭环管理。同时还要分析问题存在的根原因，举一反三，建立隐患排查与整治的长效机制，努力实现类似隐患不重复出现。同时对现有风险点定期评估动态风险、调整排查治理措施，确保安全风险始终处于受控范围内。

**2.2  企业应建立健全安全风险隐患排查治理工作机制，建立安全风险隐患排查治理制度并严格执行，全体员工应按照安全生产责任制要求参与安全风险隐患排查治理工作。**

本条规定了对企业开展隐患排查治理工作的管理要求。

安全风险隐患排查工作是一个全过程、全方位、全天候、全员参与的过程。从企业实际控制人、主要负责人、专业管理人员到基层普通员工，都有责任和义务参与企业的风险识别隐患排查工作。

为保证此项工作的顺利进行，企业应建立相应的机制和制度，从专业配备、人员参与、排查时间、隐患上报、问题整改、考核奖惩、资金保障等方面进行规定，明确各级人员的工作职责，落实考核规定，保障工作实效。

及时排查、消除生产安全事故隐患已明确列入《安全生产法》中，作为企业主要负责人和安全管理人员必须履行的职责之一。

风险隐患排查治理制度内容一般包括：

（1）隐患排查的目的和范围；

（2）隐患排查的方式；

（3）隐患排查的频次；

（4）各种隐患排查的责任部门和人员；

（5）隐患排查的内容；

（6）隐患的分级要求；

（7）隐患的建档及整改；

（8）各级隐患的上报；

（9）奖惩考核管理。

**未制定实施生产安全事故隐患排查治理制度或未建立安全生产责任制被判定为重大生产安全事故隐患。**

2.3 企业应充分利用安全检查表（SCL）、工作危害分析（JHA）、故障类型和影响分析（FMEA）、危险和可操作性分析（HAZOP）等安全风险分析方法，或多种方法的组合，分析生产过程中存在的安全风险；选用风险评估矩阵（RAM）、作业条件危险性分析（LEC）等方法进行风险评估，有效实施安全风险分级管控。

> 本条推荐了几种常用的安全风险评估工具及隐患排查识别的方法。

安全检查表法（SCL）就是对照国家公布的法律法规要求及标准规范的条款要求，逐条逐项核查企业现状的满足性和符合性。

工作危害分析法（JHA）就是从作业活动清单中选定一项作业活动，将作业活动分解为若干个相连的工作步骤，识别每个步骤的潜在危险、有害因素，然后通过风险评价，判定风险等级，制定控制措施。

故障类型和影响分析法（FMEA）是通过对系统的各组成部分、元素进行分析，找出可能发生的故障及其类型，查明各种类型故障对邻近部分或元素的影响以及最终对系统的影响。多用于机电设备产品的故障对整个系统的影响分析。

危险和可操作性分析法（HAZOP）是通过分析工艺过程中温度、压力、流量、含量、液位等参数偏离设计范围后造成的后果及防护措施的完善情况，确定现有设施能否满足安全需要。

风险评估矩阵法（RAM）通过运用一个二维的表格对风险进行半定性的分析，为每个危险状态选择一个危险等级，估计其发生的可能性，得出风险结论。

作业条件危险性分析法（LEC）是通过评估事故发生的可能性及对人体、环境造成的后果严重性，确定风险大小。

企业组织排查安全风险隐患所采用的方法及评估工具有很多，既有定性分析方法，也有定量、半定量分析方法。除了《导则》中推荐的几种方法、工具外，还有诸如故障树分析法（FTA）、事件树分析法（ETA）、模糊综合评价法、伤害（或破坏）范围评价法以及定量风险评价法（QRA）等等，其中QRA分析法更多地应用于事故情况下波及范围的估算以及企业外部防护距离的计算方面。事件树分析法和故障树分析法也可以通过赋予每个基本事件发生的概率，确定最终结果的发生概率，进行定量分析。

在评估安全风险时，有时仅采用一种方法不能准确判定风险的大小，尤其是采用定性方法排查出的隐患，需要辅以定量分析方法进行准确判定其风险大小及后果严重程度。因此企业应根据自身情况及风险特性采用一种或多种方法的组合进行分析。

## 2.4 企业应对涉及"两重点一重大"的生产、储存装置定期开展HAZOP分析。

本条规定了必须采用 HAZOP 进行风险分析的情形要求。

开展风险识别和分析的方法有多种，但对于涉及"两重点一重大"的生产、储存装置必须采用 HAZOP 法进行风险分析。这是因为运用

HAZOP法分析时，由生产管理、工艺、设备、电气、仪表、安全、环保、经济等各专业人员参加，运用头脑风暴，充分发挥各专业人员的集体智慧，从系统的角度出发对工程项目或生产装置中潜在的危险进行预先的识别、分析和评价，通过辨识潜在的偏离设计目的的偏差、分析其可能的原因并评估相应的后果；采用标准引导词，结合相关参数，按流程进行系统分析；并分析正常/非正常时可能出现的问题、产生的原因、可能导致的后果以及应采取的措施，并提出改进意见和建议，以提高装置工艺过程的安全性和可操作性，为制定基本防控措施和编制应急预案提供决策依据。

在世界范围内，HAZOP已经被化工企业和工程建设公司视为确保设计和运行完整性的标准设计惯例，许多国家要求将HAZOP作为预防重大事故计划的一个重要部分。

《关于加强化工过程安全管理的指导意见》（安监总管三〔2013〕88号）规定了对涉及"两重点一重大"的生产储存装置要采用危险与可操作性分析（HAZOP）技术进行风险辨识分析。

《指导意见》明确以下类型的危险化学品企业应采用HAZOP分析法进行风险识别：

（1）涉及重点监管危险化学品生产、使用企业的工艺反应过程；

（2）运用储罐（气柜）储存重点监管危险化学品企业的储存过程；

（3）涉及重点监管危险化工工艺的生产过程；

（4）涉及危险化学品重大危险源的储存（生产）过程。

《危险与可操作性分析质量控制与审查导则》（T/CCSAS 001—2018）在《危险与可操作性分析（HAZOP分析）应用导则》（AQ/T 3049—2013）的基础上，结合国内应用现状，吸收国内外最佳实践经验，给出了HAZOP分析操作要求及分析质量审查标准。

由于国家标准要求的不断更新，企业管理体系的不断变化，生产储存装置安全防护设施的疲劳老化，有可能弱化现有的对风险管控的效果。因此有必要定期开展HAZOP分析活动，及时辨识评估生产储存装置的风险管控情况，对发现的管控措施失效部位予以弥补，避免构成隐患。

## 2.5 精细化工企业应按要求开展反应安全风险评估。

本条规定了精细化工企业必须按照要求开展反应安全风险评估的相关要求。

精细化工企业是以基础化学工业生产的初级或次级化学品、生物质材料等为起始原料，进行深加工而制取的具有特定功能、特定用途、小批量、多品种、附加值高、技术密集的一类精细化工产品的工厂。多涉及到医药、染料、农药、涂料等行业，生产工序多、工艺复杂，所使用的物料大多具有易燃、易爆、有毒有害和强腐蚀性的特点，生产过程中涉及的中间产物、过渡态物质及最终产品大多属于较为生僻的物质，分子结构复杂，物质活性强、固有能量高，部分物质理化特性不明，反应机理不清，危险特性不为大众所掌握，且工艺过程涉及的化学反应大多属于放热反应，在失控状态下易发生不期望的反应；同时精细化工生产多以间歇和半间歇操作为主，自动化控制水平低，再加上生产厂房内部设备布局紧凑，作业人员较为集中，尤其是硝化、氟化、聚合、氯化等工艺风险很高，一旦工艺失控，很容易发生火灾、爆炸、中毒事故，造成作业人员的群死群伤。如浙江华邦医药化工公司"1·3"较大爆燃事故，当班工人擅自加大蒸汽开量且违规使用蒸汽旁路通道，超过反应产物分解温度，使反应产物急剧分解放热，釜内压力、温度迅速上升，最终导致反应釜超压爆炸。另外还有浙江林江化工股份有限公司"6·9"爆燃事故，其在不具备中试安全生产条件的情况下，在500mL规模小试的基础上放大10000倍进行试验，使浓缩的物料温度过高发生剧烈热分解，导致设备内压力骤升并发生爆炸。

开展精细化工反应安全风险评估，就是对反应过程的热风险进行评估，判断其在工艺指标偏离情况下是否存在放热量突变的可能。通过评估，确定风险等级并采取有效管控措施，对于保障精细化工企业安全生产是非常有必要做。为加强精细化工企业的反应风险控制，避免工艺失控造成严重后果，2017年，国家安全监管总局颁布了《关于加强精细化工反应安全风险评估工作的指导意见》（安监总管三〔2017〕1号），规定了精细化工企业中涉及重点监管危险化工工艺和金属有机物合成反应（包括格氏反应）的间歇和半间歇反应，有以下情形之一的，要开展反应安全风险评估：

（1）国内首次使用的新工艺、新配方投入工业化生产的，以及国外首次引进的新工艺且未进行过反应安全风险评估的；

（2）现有的工艺路线、工艺参数或装置能力发生变更，且没有反应安全风险评估报告的；

（3）因反应工艺问题，发生过生产安全事故的。

文件同时要求要通过开展反应风险评估，确定反应工艺危险度，改进安全设施设计，完善风险控制措施，有效防范事故发生。

精细化工企业开展反应风险评估工作并不能代替 HAZOP 分析工作，反应风险评估报告给出的建议措施还需要在 HAZOP 分析中进一步确认和落实。

**精细化工企业未按要求开展反应安全风险评估工作，被判定为重大生产安全事故隐患。**

## 3　安全风险隐患排查方式及频次

### 3.1　安全风险隐患排查方式

**3.1.1　企业应根据安全生产法律法规和安全风险管控情况，按照化工过程安全管理的要求，结合生产工艺特点，针对可能发生安全事故的风险点，全面开展安全风险隐患排查工作，做到安全风险隐患排查全覆盖，责任到人。**

> 本条规定了开展安全风险识别隐患排查的工作思路和排查方式。

危险化学品企业的安全风险存在于生产过程的各个环节，因此企业的风险识别、评估和风险管控涉及到工艺、设备、电气、仪表、消防、应急、采购、销售等各个专业部门和专业人员，由安全专业单一管理转变为专业安全分头管理。按照《安全生产法》"管业务必须管安全，管生产经营必须管安全"的要求，企业各专业管理部门和专业人员应负责做好本专业业务范围的安全风险隐患排查工作。

20 世纪后期，随着工业化的快速发展，世界各地工业安全事故频发。尤其是欧美发达地区的多起重特大化工安全事故的发生，引起了政府和行业组织对化工安全的高度重视。1984 年印度博帕尔事故发生后，美国化学工程师协会（AIChE）在 1985 年成立了化工过程安全中心（CCPS）；1992 年，美国劳工部职业安全健康管理局（OSHA）发布《高度危险化学品过程安全管理》（PSM）标准，规范了危险化学品企业的安全管理过程。事实证明，危险化学品较大以上事故的发生，都与过程安全管理的要素执行不到位有关。

我国政府通过长期的化工安全生产监管工作实践，并借鉴发达国家的先进管理经验，充分认识到全面加强化工过程安全管理是化工企业防范和遏制事故的有效手段。2010 年，发布了《化工企业工艺安全管理实施导则》（AQ/T 3034—2010），并于 2013 年颁布了《关于加强化工过程安全管理的指导意见》（安监总管三〔2013〕88 号），进一步强化了化工过程安全管理的落实和实施，将化工过程安全管理的理念和方法在国内化工企业中推广。

《指导意见》给出了开展化工过程安全管理的基本要素，包括安全生产信息管理、风险管理、装置运行安全管理、岗位安全教育和操作技能培训、试生产安全管理、设备完好性（完整性）、作业安全管理、承包商管理、变更管理、应急管理、事故和事件管理和持续改进化工过程安全管理工作等 12 个方面。近年来，根据安全监管和安全发展的需要，结合国内的安全管理实际，又增加了安全领导力、安全生产责任制和设计管理等要素的管理要求。

剖析我国近期发生的一系列化工生产安全事故，无不和化工过程安全管理各要素未执行到位有关。如上海赛科的"5·12"事故就涉及到承包商管理和作业安全管理；四川宜宾的"7·12"火灾爆炸涉及到安全生产信息管理问题；河北盛华"11·28"事故涉及到装置运行管理、设备完好性和变更管理问题等等。

企业应本着基于风险的过程安全管理理念，以化工过程安全管理的要素为主线，以问题为导向，明确各专业各自的安全责任，坚持"安全生产，人人有责"的原则，贯彻落实《关于实施遏制重特大事故工作指南 构建双重预防机制的意见》（安委办〔2016〕11 号）、《关于加强化工过程安全管理的指导意见》（安监总管三〔2013〕88 号）等文件精神及相关技术标准，以《导则》为抓手，开展好安全风险隐患排查治理工作。

3.1.2　安全风险隐患排查形式包括日常排查、综合性排查、专业性排查、季节性排查、重点时段及节假日前排查、事故类比排查、复产复工前排查和外聘专家诊断式排查等。

（1）日常排查是指基层单位班组、岗位员工的交接班检查和班中巡回检查，以及基层单位(厂)管理人员和各专业技术人员的日常性检查；日常排查要加强对关键装置、重点部位、关键环节、重大危险源的检查和巡查；

（2）综合性排查是指以安全生产责任制、各项专业管理制度、安全生产管理制度和化工过程安全管理各要素落实情况为重点开展的全面检查；

（3）专业性排查是指工艺、设备、电气、仪表、储运、消防和公用工程等专业对生产各系统进行的检查；

（4）季节性排查是指根据各季节特点开展的专项检查，主要包括：春季以防雷、防静电、防解冻泄漏、防解冻坍塌为重点；夏季以防雷暴、防设备容器超温超压、防台风、防洪、防暑降温为重点；秋季以防雷暴、防火、防静电、防凝保温为重点；冬季以防火、防爆、防雪、防冻防凝、防滑、防静电为重点；

（5）重点时段及节假日前排查是指在重大活动、重点时段和节假日前，对装置生产是否存在异常状况和事故隐患、备用设备状态、备品备件、生产及应急物资储备、保运力量安排、安全保卫、应急、消防等方面进行的检查，特别是要对节假日期间领导干部带班值班、机电仪保运及紧急抢修力量安排、备件及各类物资储备和应急工作进行重点检查；

（6）事故类比排查是指对企业内或同类企业发生安全事故后举一反三的安全检查；

（7）复产复工前排查是指节假日、设备大检修、生产原因等停产较长时间，在重新恢复生产前，需要进行人员培训，对生产工艺、设备设施等进行综合性隐患排查；

（8）外聘专家排查是指聘请外部专家对企业进行的安全检查。

本条规定了企业开展安全风险隐患排查的形式及方式。

企业开展隐患排查工作要始终坚持全过程、全方位、全天候、全员参与的原则，各类排查的关注点应有所侧重。日常巡检是对基层员工的要求，日常排查、综合性排查、专业性排查都是对基层单位(厂)管理人员和各专业技术人员的要求；综合性排查一般由企业各级负责人组织，各专业人员共同参与；专业性排查按照各自专业分工和专业特点，排查职责管辖范围内的问题和隐患；季节性排查是根据春、夏、秋、冬各季节自然条件的变化采取的有目标、有针对性的排查；重点时段和节假日前的排查是要求对国内、省市区举办重大活动、节假日等有特殊要求的重点时间段，为确保重要活动的顺利进行、重点时间段和节假日期间的社会秩序稳定而采取的一种检查，通过对各种准备工作的再确认，落实责任人、明确应对方案；事故类比排查是按照"一家出事故，万家受教育"的原则，对同类企业、同类装置、类似部位进行排查，并举一反三、扩大外延，避免同类事故再次发生；复产复工前排查是指节假日、设备大检修、生产工艺改造、市场销售等原因停产，在重新恢复生产前，需要对生产工艺、设备设施等是否具备投产条件进行隐患排查；外聘专家排查是鉴于部分企业技术人员少、安全管理能力不足，不能准确识别自身风险的现状，可以通过购买服务的方式，聘请中介咨询机构及相关化工专家帮助企业识别风险。其中，复产复工前排查和外聘专家排查是本次《导则》中新增加的方式。

风险隐患的排查不能眉毛胡子一把抓，对每一种形式的检查都应该有所侧重。本着各专业关注点不同，以提高排查效率为主的原则，点面结合，分重点、分层次开展检查工作。企业应结合自身实际和地域特点，建立自身适用的风险隐患排查管理制度，确定适合自身实际的安全风险隐患排查方式，并将各种方式有机地融合起来，明确方案并予以实施。

### 3.2 安全风险隐患排查频次

3.2.1 开展安全风险隐患排查的频次应满足：

(1) 装置操作人员现场巡检间隔不得大于2小时，涉及"两重点一重大"的生产、储存装置和部位的操作人员现场巡检间隔不得大于1小时；

(2) 基层车间(装置)直接管理人员(工艺、设备技术人员)、电气、仪表人员每天至少两次对装置现场进行相关专业检查；

（3）基层车间应结合班组安全活动，至少每周组织一次安全风险隐患排查；基层单位(厂)应结合岗位责任制检查，至少每月组织一次安全风险隐患排查；

（4）企业应根据季节性特征及本单位的生产实际，每季度开展一次有针对性的季节性安全风险隐患排查；重大活动、重点时段及节假日前必须进行安全风险隐患排查；

（5）企业至少每半年组织一次，基层单位至少每季度组织一次综合性排查和专业排查，两者可结合进行；

（6）当同类企业发生安全事故时，应举一反三，及时进行事故类比安全风险隐患专项排查。

> **本条规定了开展风险隐患排查的频次要求。**

化工企业存在的安全风险是动态的，这决定了隐患排查工作必须持续开展。不同类型、不同级别的排查要求就是根据企业生产管理实际和排查侧重点确定不同的频次，按照专业分工不同，做好各专业职责范围内的排查工作，突出对关键装置、重点部位的排查频次。

化工生产一线的操作人员大多为倒班制，当班期间的主要工作就是巡检，通过巡检发现自身岗位管辖范围内工艺、设备的运行情况及出现的隐患，并第一时间处置。

基层各专业管理与技术人员是本专业安全风险隐患排查的主体，也是确保在本专业所管辖范围内的风险管控措施完好性的保障，因此，要求他们每天在完成本专业职责的日常管理工作以外，至少两次对装置现场进行相关专业检查。

企业应按照《关于开展"机械化换人、自动化减人"科技强安专项行动的通知》（安监总科技〔2015〕63号）精神要求，加大技术手段和机械装备的投入，不断提高本质安全水平。采用"人检"和"机检"相结合的方式，实现对关键装置和重点部位的定期巡检工作。

同类企业发生事故时，企业应及时举一反三，对照检查，努力做到不发生同类问题。内蒙古乌兰察布东兴化工公司的"4·24"爆燃事故就是典型的没有认真汲取河北盛华"11·28"爆燃事故教训而造成的。

企业应结合自身实际及管理层级设置情况，按照巡查频次要求，明确具体方案并予以实施。

3.2.2　当发生以下情形之一时，应根据情况及时组织进行相关专业性排查：

（1）公布实施有关新法律法规、标准规范或原有适用法律法规、标准规范重新修订的；

（2）组织机构和人员发生重大调整的；

（3）装置工艺、设备、电气、仪表、公用工程或操作参数发生重大改变的；

（4）外部安全生产环境发生重大变化的；

（5）发生安全事故或对安全事故、事件有新认识的；

（6）气候条件发生大的变化或预报可能发生重大自然灾害前。

> 本条规定了需要增加隐患排查频次的几种情形。

安全风险隐患是动态发展过程，隐患排查工作除了按照预定计划定期开展之外，应特别关注发生重大变化后的即时排查，必要时必须增加排查频次。尤其是当本条列出的6种情形出现时，必须及时组织排查，防患于未然。因为这几种情形造成原有的风险程度发生变化，使原来不属于隐患的问题可能演化成隐患，直接影响着生产安全。对排查出的新隐患应及时采取相应对策，如完善工程技术措施、修订管理制度、补充操作要求、调整责任人员、加大检查频次、更新应急预案、增加应急设施等。如发生在上海赛科的"11·26"人员窒息事故就是没有认真吸取以往类似事故的教训开展风险辨识所导致；印度博帕尔事故也和主要负责人发生重大调整变更有关；河北克尔化工"2·28"爆炸事故也与原料、操作参数、设备设施等发生重大变更有关。。

3.2.3　企业对涉及"两重点一重大"的生产、储存装置运用HAZOP方法进行安全风险辨识分析，一般每3年开展一次；对涉及"两重点一重大"和首次工业化设计的建设项目，应在基础设计阶段开展HAZOP分析工作；对其他生产、储存装置的安全风险辨识分析，针对装置不同的复杂程度，可采用本《导则》第2.3所述的方法，每5年进行一次。

本条规定了对涉及"两重点一重大"的生产、储存装置必须开展HAZOP 分析的要求，以及其他危害分析法的使用要求。

随着国家新标准、新方针、新政策、新要求的出台，再加上企业管理体系的变化和生产装置安全防护设施的疲劳老化、设备工艺发生变更等原因，有必要经常开展 HAZOP 分析活动。尤其是涉及"两重点一重大"的生产、储存装置运行风险大、事故后果严重，有必要重点关注。根据《关于加强化工过程安全管理的指导意见》（安监总管三〔2013〕88 号）要求，对涉及"两重点一重大"的生产、储存装置应每 3 年开展一次 HAZOP 分析，对其他生产、储存装置的安全风险辨识分析，针对装置不同的复杂程度，采用每 5 年进行一次风险分析是适宜的。方法也不限定在 HAZOP，可以使用其他方法，如安全检查表（SCL）、工作危害分析（JHA）、预危险性分析、故障类型和影响分析（FMEA）、HAZOP 技术等方法或多种方法组合。

对于涉及"两重点一重大"的装置和首次工业化设计的建设项目，在基础设计阶段通过开展工艺危害分析，可以充分考虑采用的工艺特点，存在的各种风险的可能性和规定的管控要求，将必要的安全设施在设计环节就做到配置一步到位，避免项目建成后的再次改造，大大减少建设项目投资，把对建设工期的影响降到最低。长期的化工项目建设实践证明，初步设计时做到本质安全一步到位，可大大节约投资，节省工期。

《关于进一步加强危险化学品建设项目安全设计管理的通知》（安监总管三〔2013〕76 号）规定：涉及"两重点一重大"和首次工业化设计的建设项目，必须在基础设计阶段开展 HAZOP 分析。

## 4　安全风险隐患排查内容

企业应结合自身安全风险及管控水平，按照化工过程安全管理的要求，参照各专业安全风险隐患排查表（见附件），编制符合自身实际的安全风险隐患排查表，开展安全风险隐患排查工作。

排查内容包括但不限于以下方面：

（1）安全领导能力；

（2）安全生产责任制；

（3）岗位安全教育和操作技能培训；

（4）安全生产信息管理；

（5）安全风险管理；

（6）设计管理；

（7）试生产管理；

（8）装置运行安全管理；

（9）设备设施完好性；

（10）作业许可管理；

（11）承包商管理；

（12）变更管理；

（13）应急管理；

（14）安全事故事件管理。

本节进一步分类、细化了开展风险隐患排查治理的内容并引出了附件中的隐患排查表。

《关于加强化工过程安全管理的指导意见》（安监总管三〔2013〕88号）给出了我国化工企业开展安全隐患排查的工作思路。企业的隐患排查工作就是要紧紧围绕化工过程安全管理的基本要素为主线，组织各专业人员，从各个方面开展排查工作，将风险管控的理念真正融入到各专业中。尤其是企业主要负责人安全领导力的问题，是落实企业主体责任中至关重要的一个因素，安全责任制的制定和实施管理是落实企业主体责任的另一个重要因素，在《导则》中均予以重点突出。安全风险隐患的排查就要从这些方面进行，实现全方位、全员参与并有所侧重。

《导则》附件中提供的安全风险隐患排查表（以下简称"排查表"）是企业开展排查工作的主要依据。排查表共收录了近百条国家颁布的法律法规、标准、规范性文件以及部门规章，包括近几年新近出台的关于双重预防机制建设、精细化工反应安全风险评估、重大生产安全事故隐患判定、风险研判及承诺公告、外部安全防护距离的评估等相关要求。本着控制大风险、排除大隐患和便于检查操作的原则，分专业编制了排查表，将风险管控的理念真正内容融入到各专业中，落实"管业务必须管安全"的要求。

本排查表所罗列的条款内容仅是给企业提出了隐患排查的最低要求，给企业指明排查方向，指导企业开展隐患排查工作。但排查表尚不能全部覆盖所有企业隐患排查的方方面面，同时特殊管控措施内容对不涉及的企业也不适用。因此各企业应结合自身生产特点，按照排查表罗列的内容，编制适合本企业的隐患排查表，开展排查工作，做到既管控大风险，也不放过中、小风险点，真正实现管控各类风险、避免事故发生的目的。

## 4.1 安全领导能力

本条规定了企业主要负责人、实际控制人以及企业的高层副职领导在企业安全生产中的职责及能力要求。

安全领导力一直为政府及业界所重视。

在国外，同样是以化工过程安全管理为核心的 DNV/ISRS 评价方法各要素总分为 31650，领导力占 2946 分，占比 9.3%，仅次于风险控制项 3927 分。一些国际大公司更是把安全领导力作为任职前提条件，譬如原 DOW 公司要求新厂长上任 3 个月必须提交安全审核报告。

在国内，企业作为安全生产的责任主体，主要负责人在其中起着举足轻重的作用。安全领导力不仅是领导能力的狭隘概念，而是更加广泛的概念，它不仅包括企业负责人有能力、有学识来搞好化工生产，还要要求负责人在企业安全管理中身先士卒，起示范带头作用，即安全领导力既包含安全领导能力，也包含安全示范力，如带头宣贯安全理念、带头遵守安全管理体系、带头实施个人安全行动、带头讲授安全课程、带头开展安全风险识别、带头参与事件调查和带头开展安全经验分享活动等。

近些年来，民营经济、私有经济如雨后春笋一样不断涌出。在国民经济中发挥重要作用的化工产业也是如此。化工产业高速发展的同时，也带来严重的安全问题，许多个体经营者不顾化工危险化学品生产过程中的高风险、高危害的特点，甚至不考虑个人对化工安全生产知识知之甚少的现状，盲目投资建厂，涉足危险化学品领域，追逐化工产品的高附加值，最后往往因管理不善，致使化工生产事故多发。2017年，我国中小化工企业发生的事故起数占到事故总量的81.7%，2018年全国化工事故总起数、死亡总人数、较大事故起数和死亡人数虽然与2017年同比有较大幅度下降，但连续两年每年均发生两起重大事故，2019年1~9月份又发生响水"3·21"以及济南"4·15"和河南三门峡"7·19"三起重大事故，使得我国的安全生产形势异常严峻。

化工企业安全生产形势的严峻现状与企业主要负责人的安全意识和安全能力有着直接的关系，尤其是2018年的河北盛华公司的"11·28"事故，也暴露出中央企业同样存在着主要负责人履职不到位的问题。《安全生产法》第五条规定：生产经营单位的主要负责人对本单位的安全生产工作全面负责；《中共中央国务院关于推进安全生产领域改革发展的意见》(中发〔2016〕32号)中明确指出：法定代表人和实际控制人同为安全生产第一责任人，主要技术负责人负有安全生产技术决策和指挥权。因此要抓好化工企业的安全管理，排查管理层面的风险隐患，切实落实企业的安全生产主体责任，就必须要求企业负责人，包括分管生产、安全的副职要具有相应的化工生产管理能力、履行法定职责、承担规定义务。只有这样，才能有效遏制重特大事故的发生。

鉴于此，将企业的安全领导能力作为风险隐患排查的首要内容，充分彰显其重要性。而且，这也是安全领导力第一次出现在政府发布的相关文件中。

企业主要负责人必须是开展生产经营活动的主要决策人，享有本单位生产经营活动包括安全生产事项的最终决定权，全面领导生产经营活动。企业的重大生产经营事项应由董事会决策的，董事长是主要负责人；个人投资生产经营单位的，投资人是主要负责人。

在一般情况下，企业主要负责人是其法定代表人。但是某些公司制企业，特别是一些大集团公司的法定代表人，往往与其子公司的法定代表人同为一人，他不具体负责企业(子公司)日常的生产经营活动和安全生产工作。这种情况下，那些真正全面组织、领导生产经营活动和安全生产工作的决策人就不一定是公司法定代表人，而是长期在厂的总经理或者其他领导。还有一些不具备企业法人资格的单位不设置法定代表人，这些单位的主要负责人就是其资产所有人或者生产经营负责人。

安全领导力是企业主要负责人对安全生产的重视程度，体现在安全领导行为的穿透力，至少通过以下几个要点的实践予以体现。

### 4.1.1 企业安全生产目标、计划制定及落实情况。

本条规定了企业主要负责人对统筹管理好企业，实现安全生产的基本要求。

化工企业要做好安全生产工作，就应该有一个明确的奋斗目标。主要负责人应该亲自参与、组织确定符合本企业实际的安全生产奋斗目标，并制定相应的方针来实现这个目标。一个企业的安全生产方针在某一时间段应该是固定不变的，贯穿我国"安全第一、预防为主、综合治理"的安全生产总方针的精髓。但企业的安全生产目标应根据企业生产实际和国家法律法规要求不断地进行调整，一般要求每年再审视确定一次。安全生产目标应量化。一旦安全生产目标确定，企业就要制定详细的实施计划，将目标层层分解，做到人人头上有指标，齐心协力，各司其职。作为主要负责人首先就应该严以律己，以身作则，以强有力的示范力带领各层级人员按照计划去努力实现这个目标，同时建立考核机制定期考核安全生产目标的完成情况，激励全员努力奋斗。

企业主要负责人应建立个人安全行动计划并认真践行，在参加安全生产专题会议、研究安全生产重大事项、领导带班、定期参加班组安全活动、组织开展风险辨识等活动中展现负责人的安全意识和风范。

对企业负责人安全示范的最低要求就是员工奋斗的最高目标。

### 4.1.2 企业主要负责人安全生产责任制的履职情况，包括：
（1）建立、健全本单位安全生产责任制；
（2）组织制定本单位安全生产规章制度和操作规程；
（3）组织制定并实施本单位安全生产教育和培训计划；
（4）保证本单位安全生产投入的有效实施；
（5）督促、检查本单位的安全生产工作，及时消除事故隐患；
（6）组织制定并实施本单位的安全事故应急预案；

**（7）及时、如实报告安全事故。**

本条规定了企业主要负责人必须严格履行法定安全职责的要求。

《安全生产法》第十八条对企业主要负责人明确规定了上述七项职责，要求企业负责人必须严格执行。虽然各地也有相应的补充职责，但这七项职责是基本要求，必须严格遵守、认真履行。七项职责的用词明确了主要负责人在履职过程中所起的作用，如"组织""保证"等，这个履职不是简单的出席会议、到场签字了事，而是要亲自主持、亲自带领、亲自参与、亲自示范；既不能把自己应尽的职责授权给他人，更不能不参加相应的活动、长期不在岗、不履责，否则即是违法行为。

**企业主要负责人安全职责不符合《安全生产法》要求被判定为重大生产安全事故隐患。**

**4.1.3　企业主要负责人安全培训考核情况，分管生产、安全负责人专业、学历满足情况。**

本条规定了企业主要负责人资格要求，分管负责人专业、学历必须满足规定的要求。

企业主要负责人具备化工生产知识和安全管理能力是落实企业主体责任的基本要求。《安全生产法》第二十四条规定：生产经营单位的主要负责人必须具备与本单位所从事的生产经营活动相应的安全生产知识和管理能力。

《生产经营单位安全培训规定》（国家安全监管总局令第3号）第二十四条规定：危险化学品等生产经营单位主要负责人，自任职之日起6个月内，必须经安全生产监管监察部门对其安全生产知识和管理能力考核合格。第九条规定：煤矿、非煤矿山、危险化学品、烟花爆竹、金属冶炼等生产经营单位主要负责人和安全生产管理人员初次安全培训时间不得少于48学时，每年再培训时间不得少于16学时。

《关于印发化工（危险化学品）企业主要负责人安全生产管理知识重点考核内容等的通知》（安监总厅宣教〔2017〕15号）中明确了企业主要负责人应该掌握的安全生产管理知识重点考核的十二项内容，从法律法规、化工生产技能常识、过程安全管理、应急处置、事故教训等方面提出了具体考核要点。

为确保企业的安全生产，除对主要负责人能力提出要求外，《危险化学品生产企业安全生产许可证实施办法》（国家安全监管总局令第41号）第十六条还要求企业分管安全负责人、分管生产负责人、分管技术负责人也应当具有一定的化工专业知识或者相应的专业学历。其中部分省份的地方文件还规定企业分管安全负责人、分管生产负责人、分管技术负责人要求有大专以上学历。

**未能在规定期限内通过安全生产知识和管理能力考核，则不得担任主要负责人，且被判定为重大生产安全事故隐患。**

**4.1.4　企业主要负责人组织学习、贯彻落实国家安全生产法律法规，定期主持召开安全生产专题会议，研究重大问题，并督促落实情况。**

本条是对《安全生产法》赋予的企业主要负责人职责履行情况的进一步细化。

《安全生产法》规定了企业主要负责人的七项基本职责，其中第（五）项职责为"督促、检查本单位的安全生产工作，及时消除生产安全事故隐患"。通过实地调研发现，部分化工企业尤其是中小化工企业主要负责人法律意识淡漠、学法遵法守法意识不强，使企业的安全主体责任很难落实到位。作为一个企业主要负责人，必须带头学法守法，守法合规经营才能实现安全。定期主持召开安全生产专题会议，了解安全生产状况，研究重大问题，并督促落实情况，这些都是主要负责人正确履职情况的具体表现。

**4.1.5　企业主要负责人和各级管理人员在岗在位、带（值）班、参加安全活动、组织开展安全风险研判与承诺公告情况。**

本条是对《安全生产法》赋予的企业主要负责人职责履行情况的进一步细化。

企业主要负责人和各级管理人员在岗在位是能够正确履行法定职责的前提。只有确保在岗在位，才能完成《导则》在安全领导力方面对领导正确履职方面提出的要求。

因为不在岗不在位，我们曾经付出了生命的代价。河北盛华

"11·28"事故就与企业主要负责人及重要部门负责人长期不在岗,未能正确履责有关。目前化工行业内存在有的家族式企业父(母)是主要负责人,但长期在家休养,只有儿子(女儿)在企业主持工作,且未进行授权等现象。这些都是不能正确履职的表现,需要高度警惕。

为了体现在岗在位的落实,《导则》安全风险隐患排查表中要求"企业主要负责人应制定月度个人安全行动计划,并对安全行动计划履行情况进行考核。"个人安全行动计划,是一些国际大公司落实主要负责人安全职责的最佳实践之一,也是国内首次在正式文件或标准中提出。个人安全行动计划要体现五个原则,即可量化,可执行,可坚持,可更新,可视、可感受。个人行动计划实施步骤主要有:根据自己分管业务和承诺制定计划、计划制定完毕与直线上级领导沟通、将计划备案公示、实施计划、每半年要与直线上级领导汇报计划执行情况、每年向直线上级领导提交计划完成情况、审核(计划实施证据、访谈员工感受)以及进行业绩考核。个人行动计划按月度进行制订与考核,内容可包含围绕企业安全生产的各项工作,如召开1次安全例会、组织开展1次隐患排查、组织1次事件调查分析会、组织或参与1次安全经验分享、参加1次班组安全活动、开展1次安全观察与沟通等。

某企业制定的主要负责人个人安全行动计划内容如下:

个人安全行动计划包括必选、自选和业务范围内的特殊工作等内容。

必选项目为强制落实的安全行为,如:

(1) 组织或参加业务范围内的安全检查或审核;

(2) 实施安全行为观察与沟通;

(3) 组织承包的重大安全风险和重大安全隐患巡查、指导;

(4) 按计划参加应急预案演练;

(5) 定点联系班组安全活动。

自选项目为负责人结合业务特点和个人需求的相关内容提出的安全计划,如:

(1) 组织业务范围内的安全教育培训;

(2) 组织或参与应急预案的审核与修订,指挥或参与应急演练;

（3）组织或参与业务范围内的风险排查与隐患治理；

（4）组织或参与安全生产有关的主题宣传活动和安全经验分享。

业务范围内的特殊工作依据实际情况确定。

制定并落实主要负责人月度个人安全行动计划，体现了主要负责人率先垂范重视安全生产，展示领导安全示范力的一种体现，使员工可以"看到""听到""体验到"领导者对安全工作的承诺。为了落实个人安全行动计划，企业需要制订相关管理规定，主要负责人与各级管理人员需定期填写个人安全行动计划表，将个人安全行动计划进行公示，并将实施情况接受员工监督，对计划的落实情况进行考核，在每月的安全生产例会上进行通报。

领导干部带班、参加班组安全活动是体现领导对安全生产是否重视的重要环节，也是领导了解员工思想动态，掌握第一手信息，根治"三违"现象，巡查关键场所，在应急状态下准确指挥，及时处置，避免事故扩大的关键。车间负责人及其管理人员定期参加班组活动也是领导力展现的一种内容。

《应急管理部关于全面实施危险化学品企业安全风险研判与承诺公告制度的通知》（应急〔2018〕74号）中规定：在生产装置、罐区、仓库安全运行，高危生产活动及作业的风险可控、重大隐患落实治理措施的前提下，特殊作业、检维修作业、承包商作业等主要安全风险可控的前提下，以本企业董事长或总经理等主要负责人的名义每天签署安全承诺，在工厂主门外公告，并上传至属地安全监管部门网站。企业董事长或总经理外出时，应委托一名企业负责人代履行安全承诺工作。

安全承诺不仅是企业负责人对社会做出的一种庄重承诺，更是企业负责人履行自身安全职责、推动全员开展风险研判的载体。它并不仅仅是要求企业董事长、总经理等主要负责人简单地做个公告了事，而是要求主要负责人要真正了解本企业每天实际的安全运行状况、风险可控程度，并在承诺文件上签字，并对社会公示，以真正担负起社会责任。所以安全承诺公告不能搞成形式主义，要真正实现通过开展承诺，达到企业生产安全的目的。

#### 4.1.6 安全生产管理体系建立、运行及考核情况;"三违"(违章指挥、违章作业、违反劳动纪律)的检查处置情况。

本条是对《安全生产法》赋予的企业主要负责人职责履行情况的进一步细化。

化工企业安全管理体系可以是化工过程安全管理体系、安全生产标准化体系、职业健康安全管理体系或其他国外先进管理体系等各类和安全生产管理有关的管理体系。体系仅是一种活动载体,关键是体系蕴含的安全生产的运行内容以及运行体系取得的成效。企业应通过建立并有效运行相关安全管理体系,促进企业系统地做好安全管理的各项基础管理工作,从根本上逐步提高各项工作的管理水平。各类安全管理体系的有效运行,离不开企业主要负责人的"领导作用"——重视、参与、考核奖惩、改进。

"三违"是导致生产安全事故发生的"害群之马"。企业负责人安全领导力也表现在自身能否做到遵章守纪,能否对"三违"行为进行严厉处理,领导干部能否做到不违章指挥等。

对于"三违"现象,企业必须坚持做到发现一起,查处一起。陕西榆林恒源集团电化公司"5·2"电石炉喷料事故的主要原因之一就是存在"三违"现象,比如违规放水炮,违规将两个班的工作人员同时安排清理料面,造成作业现场人员数量较多;现场作业人员没有按规定穿戴防护用具等等。

日常生产中常见的"三违"现象有:

(1) 进入生产区未按照要求穿戴个体防护用品;

(2) 防爆区域内使用非防爆手机接打电话;

(3) 未按照操作规程操作控制,工艺参数存在超限现象;

(4) 工艺报警后未及时处置;

(5) 当班期间脱岗、串岗、睡岗、玩手机;从事看小说等与工作无关的事;

(6) 特殊作业票证未按照要求办理,作业时监护人员离岗;

(7) 检维修人员高处作业时未系安全带或悬挂不正确;

(8) 易燃、易爆、有毒化学品的装卸车作业未按照作业规程进行;

(9) 酒后上岗，禁烟区内抽烟。

### 4.1.7 安全管理机构的设置及安全管理人员的配备、能力保障情况。

本条规定了对企业安全管理机构及安全管理人员的设置要求。

《安全生产法》第二十一条规定：危险物品的生产、经营、储存单位，应当设置安全生产管理机构或者配备专职安全生产管理人员。

《危险化学品生产企业安全生产许可证实施办法》（国家安全监管总局令第 41 号）第十二条规定：企业应当依法设置安全生产管理机构，配备专职安全生产管理人员。

《危险化学品安全使用许可证实施办法》（国家安全监管总局令第 57 号）第八条规定：企业应当依法设置安全生产管理机构，按照国家规定配备专职安全生产管理人员。

《安全生产法》第二十四条规定：生产经营单位的安全生产管理人员必须具备与本单位所从事的生产经营活动相应的安全生产知识和管理能力。

《关于危险化学品企业贯彻落实国务院〈关于进一步加强企业安全生产工作的通知〉的实施意见》（安监总管三〔2010〕186 号）规定：企业要设置安全生产管理机构或配备专职安全生产管理人员。安全生产管理机构要具备相对独立职能。专职安全生产管理人员应不少于企业员工总数的 2%（不足 50 人的企业至少配备 1 人），要具备化工或安全管理相关专业中专以上学历，有从事化工生产相关工作 2 年以上经历。

《注册安全工程师管理规定》（国家安全监管总局令第 11 号）第六条规定：从业人员 300 人以上的危险物品生产、经营单位，应当按照不少于安全生产管理人员 15%的比例配备注册安全工程师；安全生产管理人员在 7 人以下的，至少配备 1 名注册安全工程师。

专职安全管理人员的数量、专业、从业经历及知识技能是保证企业安全管理水平的重要因素，而专职安全管理人员的选用及配备数量是由主要负责人决定的，因此选用足额、胜任的安全管理人员，保障他们行使自己的安全管理职权，是企业主要负责人对安全重视程度的一种体现。

**4.1.8 安全投入保障情况，安全生产费用提取和使用情况；员工工伤保险费用缴纳及安全生产责任险投保情况。**

本条规定了企业安全投入的管理要求和依法为员工缴纳保险的要求。

企业为了具备法律、行政法规以及国家标准或者行业标准规定的安全生产条件，就需要一定的资金投入，用于安全设施设备建设、安全防护用品配备等。生产安全事故的原因分析表明，企业安全生产投入不足是导致事故发生的重要原因之一。安全投入的多少，一般都是由主要负责人决策。市场经济条件下，企业主要负责人往往更重视经济效益，认为安全生产投入会影响经济效益，或者存在侥幸心理，不想或不愿意在安全方面过多地投入，往往导致隐患不及时处置而造成事故。

《安全生产法》第二十条规定：生产经营单位应当具备的安全生产条件所必需的资金投入，由生产经营单位的决策机构、主要负责人或者个人经营的投资人予以保证，并对由于安全生产所必需的资金投入不足导致的后果承担责任。生产经营单位应当按照规定提取和使用安全生产费用，专门用于改善安全生产条件。

《企业安全生产费用提取和使用管理办法》（财企〔2012〕16号）规定了安全费用的提取标准和使用范围，同时明确了提取方式为逐月提取。不属于使用范围内的费用不得列入安全投入。安全生产费用的使用范围主要包括：

（1）完善、改造和维护安全防护设施设备支出（不含"三同时"要求初期投入的安全设施），包括车间、库房、罐区等作业场所的监控、监测、通风、防晒、调温、防火、灭火、防爆、泄压、防毒、消毒、中和、防潮、防雷、防静电、防腐、防渗漏、防护围堤或者隔离操作等设施设备支出；

（2）配备、维护、保养应急救援器材、设备支出和应急演练支出；

（3）开展重大危险源和事故隐患评估、监控和整改支出；

（4）安全生产检查、评价（不包括新建、改建、扩建项目安全评价）、咨询和标准化建设支出；

（5）配备和更新现场作业人员安全防护用品支出；

（6）安全生产宣传、教育、培训支出；

（7）安全生产适用的新技术、新标准、新工艺、新装备的推广应用支出；

（8）安全设施及特种设备检测检验支出；

（9）其他与安全生产直接相关的支出。

企业应建立安全费用管理制度，内容包括费用提取依据和标准、费用提取方式、费用管理单位、费用使用范围等；建立安全费用使用台账，内容包括应提费用额、实际提取费用额、费用使用时间、费用使用类型、费用用途、费用使用额、费用结余额、费用使用单位、使用责任人等。

《安全生产法》第四十八条规定：生产经营单位必须依法参加工伤保险，为从业人员缴纳保险费。

《中共中央国务院关于推进安全生产领域改革发展的意见》（中发〔2016〕32号）第二十九条规定：建立健全安全生产责任保险制度，在危险化学品等高危行业领域强制实施。

### 4.1.9 异常工况处理授权决策机制建立情况。

本条规定了在生产装置出现异常情况，可能发生危及人身安全的情形下，允许现场人员应急处理的要求。

当化工生产过程中出现可能危及人身安全的异常工况时，第一时间发现问题的往往是现场作业人员。有的异常工况处理非常紧急，容不得现场作业人员请示上级领导，逐级许可，时间的拖延可能会导致情况变得更加复杂严峻。

为避免这一情况出现，《导则》要求企业主要负责人应组织建立一套应急处理机制，并授权相关人员在出现某些异常工况时，可以立即采取决断措施实施停车并紧急撤离。

《安全生产法》第五十二条明确规定：从业人员发现直接危及人身安全的紧急情况时，有权停止作业或者在采取可能的应急措施后撤离作业场所。生产经营单位不得因从业人员在紧急情况下停止作业或者采取紧急撤离措施而降低其工资、福利等待遇或者解除与其订立的劳动合同。

此条要求一方面是对既有法律条文的细化落实，另一方面也是对近期事故教训的吸取。河南三门峡义马气化厂"7·19"爆燃事故暴露出企业异常工况下的处置决策机制存在偏差，最终酿成重大事故；河北盛华"11·28"事故也暴露出了同样的问题。此外，这也是对既有实践经验的借鉴。异常工况处理授权决策机制并不是新生事物，煤矿安全领域早有采用。

危险化学品企业应对此给予足够重视，尤其是机构设置相对复杂的中央企业或大集团、大公司，此种现象存在机会较多。应避免在紧急状态下层层汇报、层层审批，错过最佳处理时机。需要注意的是，异常工况处理授权机制的建立，应在充分分析论证企业各装置、各部位可能发生的风险及后果评估、紧急处置后造成的影响范围的基础上实施，明确风险等级和授权范围。机制内容可以体现在企业的应急预案中，也可以单独制定管理规定。

### 4.1.10 企业聘用员工学历、能力满足安全生产要求情况。

**本条规定了化工企业从业人员的学历及能力要求。**

危险化学品企业的特点决定了企业聘用的从业人员必须具备一定的技术能力，尤其是本岗位危险有害因素的正确识别和应急处置技能的熟练掌握。满足这些要求的前提就是员工必须具有一定的文化水平。虽然招聘入厂的员工都要通过三级安全教育，要求做到考核合格后方能上岗，但如果员工初始学历过低，知识水平差，即使通过培训教育也无法从根本上解决作业人员的能力问题。

《特种作业人员安全技术培训考核管理规定》（国家安全监管总局令第 30 号）第四条规定：危险化学品特种作业人员应当具备高中或者相当于高中及以上文化程度。

《关于开展提升危险化学品领域本质安全水平专项行动的通知》（安监总管三〔2012〕87 号）规定：提高危险化学品领域从业人员准入条件。凡涉及"两重点一重大"装置的专业管理人员必须具有大专以上学历，操作人员必须具有高中以上文化程度。

企业本着努力降低人工成本的目的，往往聘用一些年龄偏大、水平偏低的人员从事一线岗位的具体操作。即使聘用一些大专、高职学历的人员从事生产操作，也往往因各种原因导致员工的跳槽、流失现象多发。员工技能低下，不能很好地做到遵章守纪、不能满足安全生产要求，在应急情况下茫然失措，最终酿成事故发生的案例比比皆是。如四川宜宾"7·12"爆燃事故，车间副主任仅小学三年级毕业，2月份入职，6月份就被提拔为车间副主任。事故中死亡的19人中有16人是恒达公司操作工。这些人基本都是周边农村的农民工，缺乏化工安全生产基本常识。江苏连云港聚鑫生物公司"12·9"重大爆炸事故暴露出事故车间绝大部分操作工均为初中及以下文化水平，特种作业人员未持证上岗，不能满足企业安全生产的要求的问题。

### 4.2 安全生产责任制

**4.2.1 企业依法依规制定完善全员安全生产责任制情况；根据企业岗位的性质、特点和具体工作内容，明确各层级所有岗位从业人员的安全生产责任，体现安全生产"人人有责"的情况。**

**本条规定了企业安全生产责任制的建立和覆盖范围要求。**

安全生产责任制是生产经营单位最基本的安全生产管理制度，是企业根据安全生产法律、法规，按照"安全第一，预防为主、综合治理"的方针以及"管生产必须管安全"的原则，在生产经营活动中，根据企业岗位的性质、特点和具体工作内容，将企业上至主要负责人，下至各岗位从业人员（含劳务派遣人员、实习学生等）在安全生产方面应做的事情及应负的责任加以明确规定的一种制度。

《安全生产法》第四条规定了生产经营单位必须建立、健全安全生产责任制和安全生产规章制度的要求，第十八条和第二十二条分别规定了企业主要负责人和安全管理机构、专职安全管理人员的法定安全职责。

安全生产责任制内容是根据企业不同的岗位、同一岗位人员不同的分工来确定的。它与企业的组织管理机构设置息息相关，它不仅包含企业内各个部门、各个单位的责任制，同时还需要明确每一个岗位、每一名员工的责任制。要求做到"有岗必有责"，从企业负责人到普通员工，甚至是门卫岗位都必须有相应的安全职责。

《国务院安委会办公室关于全面加强企业全员安全生产责任制工作的通知》(安委办〔2017〕29号)规定：全面加强企业全员安全生产责任制工作，是推动企业落实安全生产主体责任的重要抓手，有利于减少企业"三违"现象的发生，有利于降低因人的不安全行为造成的生产安全事故，对解决企业安全生产责任传导不力问题，维护广大从业人员的生命安全和职业健康具有重要意义。企业应结合自身实际，明确从主要负责人到一线从业人员(含劳务派遣人员、实习学生等)的安全生产责任，安全生产责任应覆盖本企业所有组织和岗位。

**未建立与岗位相匹配的安全生产责任制被判定为重大生产安全事故隐患。**

**4.2.2 全员安全生产责任制的培训、落实、考核等情况。**

本条规定了安全生产责任制落实的要求。

安全生产责任制只有落实到位，才能保证企业的生产安全。剖析我国近几年发生的生产安全事故，基本都与安全生产责任制落实不到位有关。要做到责任落实到位，首先就要通过培训形式把每个岗位每一名员工应负的安全生产职责告知员工，并逐一签订安全责任制，让全体员工知晓自己的安全责任。只有知道自己的责任，才能去履行自己的责任，并通过定期开展的一级对一级的考核来保证责任的真正落实，并建立相应考核台账。考核可以按月、季度、年为时间段进行。

《安全生产法》第十九条规定：生产经营单位应当建立相应的机制，加强对安全生产责任制落实情况的监督考核，保证安全生产责任制的落实。安全生产责任制必须具有全面性，做到安全工作层层有人负责。

《国务院安委会办公室关于全面加强企业全员安全生产责任制工作的通知》(安委办〔2017〕29号)规定：企业应将全员安全生产责任制教育培训工作纳入安全生产年度培训计划，对所有岗位从业人员(含劳务派遣人员、实习学生等)进行安全生产责任制教育培训，如实记录相关教育培训情况等。

生产经营单位负责人必须亲自带头，自觉执行责任制的规定，并经常或定期检查安全生产责任制的执行情况，奖优惩劣，提高本单位全体从业人员执行安全生产责任制的自觉性，使安全生产责任制的执行得以巩固。

### 4.2.3 安全生产责任制与现行法律法规的符合性情况。

本条规定了企业安全生产责任制必须符合法律法规的要求。

安全生产责任制的目的是落实安全生产，因此其内涵必须满足国家法律法规要求。尤其是企业主要负责人及安全生产管理机构、专职安全管理人员的安全职责，《安全生产法》中已做出了明确规定。当法律法规要求发生变化时，应及时对相应责任制进行修改调整；另外岗位安全责任也与企业内部管理机构和人员岗位设置有关，内部管理机构撤并、更名、职责发生变化、从业人员发生变化、新增岗位、撤并岗位、职责调整等都必须及时对相应责任制进行调整，不能让安全责任出现空档。

### 4.3 岗位安全教育和操作技能培训
### 4.3.1 企业建立安全教育培训制度的情况。

本条规定了企业建立安全教育培训管理制度的要求。

企业对从业人员进行安全生产教育和培训是《安全生产法》规定的要求，也是从业人员应尽的义务。"教育"与"培训"含义有所不同。"教育"工作是基础，是使一名刚招聘入厂的从业人员具备相应的安全意识，掌握安全生产法规要求，知悉自身在安全生产方面的权利和义务，遵法守法，从化工生产的"门外汉"变成"门内汉"；"培训"是使员工具备所在岗位的操作技能和应急处置能力，使员工在岗位上会操作、能独立操作。

根据《国务院办公厅关于印发职业技能提升行动方案（2019～2021年）的通知》（国办发〔2019〕24号）要求及应急管理部关于实施高危行业领域安全技能提升行动计划的意见要求，化工等高危企业在岗和新招录从业人员必须100%培训考核合格后上岗；特种作业人员必须100%持证上岗。企业是安全技能提升培训的实施主体，要建立健全并严格落实师带徒制度。

安全教育培训管理制度是《危险化学品生产企业安全生产许可证实施办法》（国家安全监管总局令第41号）和《危险化学品安全使用许可

证实施办法》(国家安全监督管理总局令第 57 号)所规定的企业必须制定的管理制度之一。

安全教育培训管理制度需要对培训需求调查、培训计划制定、培训时间安排、培训人员范围、再培训要求、培训学时规定、培训内容确定、培训方式选用、培训师资选定、培训考核实施、培训效果评估、培训档案管理、培训奖惩兑现、培训费用使用等内容进行明确。

### 4.3.2　企业安全管理人员参加安全培训及考核情况。

本条规定了企业专职安全管理人员接受安全培训的要求。

《生产经营单位安全培训规定》(国家安全监管总局令第 3 号)第二十四条规定：危险化学品等生产经营单位安全生产管理人员，自任职之日起 6 个月内，必须经安全生产监管监察部门对其安全生产知识和管理能力考核合格，并取得合格证书。同时明确生产经营单位安全生产管理人员是指生产经营单位分管安全生产的负责人、安全生产管理机构负责人及其管理人员，以及未设安全生产管理机构的生产经营单位专、兼职安全生产管理人员等。第九条规定：生产经营单位安全生产管理人员初次安全培训时间不得少于 32 学时，每年再培训时间不得少于 12 学时。

《关于印发化工(危险化学品)企业主要负责人安全生产管理知识重点考核内容等的通知》(安监总厅宣教〔2017〕15 号)中明确了企业安全管理人员应该掌握的安全生产管理知识重点考核的二十项内容，从法律法规、化工生产技能常识、过程安全管理、风险识别、变更管理、应急处置、事故教训等方面提出了具体要点。

**专职安全管理人员未能在规定期限内通过安全生产知识考核，被判定为重大生产安全事故隐患。**

4.3.3　企业安全教育培训制度的执行情况，主要包括：

(1) 安全教育培训体系的建立，安全教育培训需求的调查，安全教育培训计划及培训档案的建立；

(2) 安全教育培训计划的落实，教育培训方式及效果评估；

(3) 从业人员安全教育培训考核上岗，特种作业人员持证上岗；

(4) 人员、工艺技术、设备设施等发生改变时，及时对操作人员进行再培训；

（5）采用新工艺、新技术、新材料或使用新设备前，对从业人员进行专门的安全生产教育和培训；

（6）对承包商等相关方人员的入厂安全教育培训。

本条规定了企业安全教育培训工作的实施要求。

企业安全教育培训管理制度规定了对培训计划、培训对象、培训学时、培训内容、培训师资、培训场地、培训费用、再培训、培训考核、培训需求调查和培训效果的评估改进等方面的管理要求。

企业员工的教育培训工作是搞好企业安全生产的最基础工作，从业人员既是安全生产的保护对象，同时又是保证安全生产的决定因素。具有高安全素质和技能的作业人员，是保证企业生产经营活动安全进行的前提。培训效果的好坏直接决定企业员工安全意识和操作技能。培训管理工作事无巨细，既有国家强令要求的内容，也有企业自身规定的培训内容。安全生产教育和培训计划是具体落实从业人员教育和培训任务，保证教育和培训质量，提高从业人员安全素质和安全操作技能的重要保障。根据不同的员工需求和岗位需求，制定切实可行的培训计划并予以落实是保证员工安全意识、操作技能、应急能力能否满足生产要求的有效措施。尤其要重点抓好新进员工和调换岗位（工种）员工的安全生产教育和培训工作。

企业的培训主管部门应定期对基层单位的安全教育培训开展情况进行检查、考核，确保安全教育培训工作按制度执行，按计划开展，并取得预期效果。

《生产经营单位安全培训规定》（国家安全监管总局令第3号）第十三条规定：危险化学品生产经营单位新上岗的从业人员安全培训时间不得少于72学时，每年再培训的时间不得少于20学时。第十七条规定：从业人员在本生产经营单位内调整工作岗位或离岗一年以上重新上岗时，应当重新接受车间（工段、区、队）和班组级的安全培训。

《特种作业人员安全技术培训考核管理规定》（国家安全监管总局令第30号）规定了化工企业需要取证的特殊作业工种类别，如电工作业、制冷与空调作业、危险化学品安全作业等，尤其是包含危险化工工艺过程操作及化工自动化控制仪表安装、维修、维护的作业是化工企业容易发生事故，对操作者本人、他人的安全健康及设备、设施的安全可能造成重大危害的作业。

企业的人员、工艺技术、设备设施等发生改变时，涉及到操作要求的变化，因此必须及时对操作人员进行再培训。对承包商等相关方人员开展入厂有关安全规定及安全注意事项的培训教育也是企业日常培训的重要内容之一。

**特殊作业人员无证上岗被判定为重大生产安全事故隐患。**

### 4.4　安全生产信息管理

### 4.4.1　安全生产信息管理制度的建立情况。

> 本条规定了企业安全生产信息的管理要求。

了解和掌握安全生产信息对于企业的安全生产至关重要，企业应高度重视安全生产信息在安全生产中的重要作用，建立相关管理制度，明确安全生产信息识别、获取、使用、培训、更新等环节的管理要求，明确安全生产信息管理主责部门、各环节管理责任部门。安全生产信息包括化学品危险性信息、工艺技术信息、设备设施信息等，是企业落实化工过程安全各要素的基础。

《关于加强化工过程安全管理的指导意见》（安监总管三〔2013〕88号）第（三）条规定：企业要建立安全生产信息管理制度，及时更新信息文件。

企业制定的安全生产信息管理制度一般包括以下内容：

（1）信息范围及信息的识别；

（2）信息获取的途径；

（3）信息获取的周期；

（4）信息获取及分类管理的责任部门；

（5）信息分类管理的要求；

（6）信息利用的范围；

（7）信息培训的管理及更新；

（8）信息的符合性评价；

（9）信息管理的奖惩管理。

**4.4.2** 按照《化工企业工艺安全管理实施导则》(AQ/T 3034)的要求收集安全生产信息情况，包括化学品危险性信息、工艺技术信息、设备设施信息、行业经验和事故教训、有关法律法规标准以及政府规范性文件要求等其他相关信息。

本条规定了安全生产信息的类型和内容要求。

《化工企业工艺安全管理实施导则》(AQ/T 3034—2010)中规定了安全生产信息的主要内容，主要包括：

(1) 化学品危险性信息

① 物理化学危险性。具体如下：

a. 物化性质，如物态、形状、颜色、气味、沸点、密度、溶解度、闪点、爆炸极限、自燃点、引燃温度、pH 值、饱和蒸气压、熔点、燃烧热等。

b. 腐蚀性数据，如腐蚀性以及对材质的不相容性等。

c. 物质稳定性，如受热是否分解或聚合，起始放热温度(应说明测试条件)，放热量；暴露于空气时是否稳定，被撞击、摩擦时是否稳定等；是否属于重点监管的危险化学品等。

d. 混存的危险性，如与其他物质混合时的不良后果，混合后是否发生反应，混存避免接触的要求等。

e. 化学品泄漏处置方法。

② 健康危害，包括急性毒性、皮肤腐蚀、吸入危害等。

③ 环境危害，包括对水体、大气、土壤影响等。

(2) 工艺技术信息

① 工艺原理资料。

② 物料平衡表。

③ 带控制点的管道仪表流程图(P&ID)；工艺物料平衡图(PFD)。

④ 工艺参数(如温度、压力、流量、液位等)的安全操作范围或正常操作范围。

⑤ 工艺描述，包括潜在的副反应和失控反应；注明是否属于重点监管的危险化工工艺及国内首次使用的工艺。

⑥ 设计的物料最大存储量。

⑦ 超出操作范围的后果描述。

（3）设备设施信息

① 材质、设备选型。

② 设备数据表。

③ 管道数据表。

④ 危险场所（爆炸性气体环境或可燃性粉尘环境）划分图。

⑤ 电气防爆防护等级。

⑥ 泄压系统设计及其设计基础。

⑦ 通风系统的设计图及计算书。

⑧ 适用的设计标准或规范。

⑨ 仪表控制系统。如基本过程控制系统（BPCS）、安全仪表系统（SIS）、气体泄漏检测报警系统（GDS）等。

⑩ 电气系统图，如单线图、接地连接线图等。

⑪ 安全系统，如联锁、监测或紧急停车系统等。

⑫ 厂区平面布置图、设备平面布置图、地下管网布置图。

⑬ 消防系统的设计及其设计基础。

⑭ 应急系统，如紧急报警和通信系统，备用电力系统（如柴油发电机或 UPS）等。

（4）其他相关信息包括行业经验和事故教训、有关法律法规、标准以及政府规范性文件和要求等。

过程安全信息的来源主要有：

（1）制造商或供应商的化学品安全技术说明书。

（2）项目工艺技术包的供应商或工程项目总承包商的基础工艺技术信息。

（3）设计单位的详细工艺系统信息，包括详细设计文件、图纸和计算书等。

（4）设备供应商的设备资料，包括设备手册和图纸、维修和操作指南、故障处理等。

（5）设备和管道完工试验报告、单机和系统调试报告、监理报告、特种设备检验报告、消防验收报告、职业卫生验收报告、设备检验检测报告等资料。

（6）企业各阶段完成的安全评价报告、危害识别与风险分析报告、安全检查和安全审核报告等资料；

（7）法律法规、标准、政府规范性文件和要求。

（8）企业内部的事故调查与分析报告和同类企业的经验及事故教训。

（9）政府和上级单位的应急预案。

安全生产信息的收集可采用纸质版、电子版或二者组合形式进行保存，并便于检索、查阅，相关人员可及时、方便地获取相关信息；可为单独的文件，也可以包含在其他文件、资料中。

安全生产信息掌握不清、不全，就可能误导生产操作，严重时可能导致事故发生。如浙江林江化工的"6·9"爆炸事故和山东齐鲁天和惠世制药公司的"4·15"火灾事故等。

**4.4.3 在生产运行、安全风险分析、事故调查和编制生产管理制度、操作规程、员工安全教育培训手册、应急预案等工作中运用安全生产信息的情况。**

本条规定了安全生产信息的应用要求。

安全生产信息是过程安全管理各要素执行的基础性信息。《关于加强化工过程安全管理的指导意见》（安监总管三〔2013〕88号）第（三）条规定：企业要综合分析收集到的各类信息，明确提出生产过程安全要求和注意事项。通过建立安全管理制度、制定操作规程、制定应急救援预案、制作工艺卡片、编制培训手册和技术手册、编制化学品间的安全相容矩阵表等措施，将各项安全要求和注意事项纳入自身的安全管理中。

安全生产信息的应用还表现在安全标识的选择和悬挂方面。《安全标志及其使用导则》（GB 2894—2008）规定了工业企业应根据自身生产特点，可选用禁止、警告、指令和提示标识；多个标志牌在一起设置时，应按警告、禁止、指令、提示类型的顺序，先左后右、先上后下地排列。

安全生产信息还包括企业管网（包括埋地管道）的设置信息，如管径、物料名称及流向、管道路由、埋深等。

### 4.4.4 危险化学品安全技术说明书和安全标签的编制及获取情况。

本条规定了对危险化学品"一书一签"的管理要求。

危险化学品的安全技术说明书和安全标签即简称为"一书一签"，是安全生产信息中化学品危险性信息的重要内容。危险化学品的"一书一签"是由危险化学品生产企业提供的，用来表明危险化学品的危险特性、防范措施、应急处置要求及紧急联系方式等信息。一般而言，所有化学品都具有一定的危险性，均需要编制"一书一签"。目前安全技术说明书的编写标准是《化学品安全技术说明书内容和项目顺序》（GB/T 16483—2008），安全标签的编写标准是《化学品标签编写规定》（GB 15258—2009）。

《危险化学品安全管理条例》（国务院令第591号）第十五条规定：危险化学品生产企业应当提供与其生产的危险化学品相符的化学品安全技术说明书，并在危险化学品包装（包括外包装件）上粘贴或者拴挂与包装内危险化学品相符的化学品安全标签；化学品安全技术说明书和化学品安全标签所载明的内容应当符合国家标准的要求。同时还规定：危险化学品生产企业发现其生产的危险化学品有新的危险特性的，应当立即公告，并及时修订其化学品安全技术说明书和化学品安全标签。

采购危险化学品的企业，应在采购时及时向生产企业索取危险化学品安全技术说明书和安全标签，不得采购无安全技术说明书和安全标签的危险化学品。生产企业未提供所生产的危险化学品的"一书一签"或仅提供安全技术说明书而未在包装容器上粘贴或拴挂安全标签均属于违法行为，一旦发生事故，生产企业要承担相应的责任。

四川宜宾"7·12"爆燃事故是危险化学品安全标签管理不善，缺失标签的危险化学品在出库过程中被误领用而发生事故的典型案例。操作人员将无包装标识的氯酸钠误投入反应釜中，造成混合物发生化学爆炸，并引起车间现场存放的氯酸钠、甲苯与甲醇等物料殉爆殉燃，进一步扩大了事故后果，造成重大人员伤亡和财产损失。

危险化学品的"一书一签"一般每五年需要更新一次。

### 4.4.5 岗位人员对本岗位涉及的安全生产信息的了解掌握情况。

掌握安全生产信息，了解本岗位工艺、设备与所涉及的化学品危险性等信息，识别岗位存在的风险，遵守操作规程，具备应急处置能力，做到"不伤害自己、不伤害别人、不被别人伤害、阻止别人伤害他人"（简称"四不伤害"）是对化工岗位作业人员安全意识和操作技能的基本要求。通过持续不断的开展安全教育和培训考核活动，使员工及时获取和熟知本岗位涉及的安全生产信息，是企业从事安全管理的基础工作。尤其是在发生变更情况下，应及时组织员工进行培训学习。员工对安全信息的掌握情况展现在操作过程遵章守纪、处理问题应对有方、测试考核回答准确、阻止违章有理有据等方面。

### 4.4.6 法律法规标准及最新安全生产信息的获取、识别及应用情况。

合法经营是对企业的最基本要求，要遵法首先就得要学法知法懂法。法律法规作为安全生产信息的一部分，企业应建立相应制度，明确管理部门，各专业获取、识别的责任人，及时开展安全生产法律法规、标准规范及其他要求的识别、获取及更新工作。同时，企业应定期对适用的安全生产法律、法规、标准及其他有关要求的执行情况进行符合性评价，编制符合性评价报告；通过符合性评价发现企业在制度、规程与设备设施方面存在的不符合项，对评价出的不符合项进行原因分析，制定整改计划和措施并落实。

人员技术力量不足的企业也可以委托中介机构从事法律法规的识别和获取工作。

获取到的最新法律法规的应用一般体现在管理制度、操作规程与设备设施的完好性中，最新安全生产信息的应用一般体现在过程安全的各要素落实中。

### 4.5 安全风险管理

### 4.5.1 安全风险管理制度的建立情况。

化工企业的安全风险管理是一个系统工程，需要大量的资源，开展大量的工作，没有一个健全完善的管理制度进行约束，从风险的识别、评估、分级、管控、应急处理等各环节进行管理，就不可能确保风险能够得到准确识别和有效管控。如果对辨识出的风险管控不到位，就可能构成隐患，酿成事故。

企业安全风险管理制度至少包括以下内容：

（1）风险识别范围；

（2）风险辨识频次；

（3）风险评价方法；

（4）风险分级评判标准；

（5）风险评价工作程序；

（6）风险评价的参与部门和人员要求；

（7）风险分级管控措施；

（8）风险的应急处理；

（9）风险的再辨识；

（10）风险管控的奖惩。

**4.5.2　全方位、全过程辨识生产工艺、设备设施、作业活动、作业环境、人员行为、管理体系等方面存在的安全风险情况，主要包括：**

本条规定了开展风险辨识、评估的原则、辨识范围及具体评估要求。

企业开展风险识别、评估是全方位、全过程的，贯穿于建设项目的整个生命周期，要做到全覆盖。国家有专门要求的，要按照国家法律法规要求开展工作，没有专门要求的，要结合自身特点开展辨识及评估工作。风险辨识的范围主要包括：

（1）建设项目规划、设计和建设、投产、运行等阶段；

（2）常规和非常规活动；

（3）所有进入作业场所人员的活动；

（4）事故及潜在的紧急情况；

（5）原材料、产品的运输、储存和使用过程；

（6）作业场所的设施、设备、车辆、安全防护用品；

（7）丢弃、废弃、拆除与处置；

（8）周围环境；

（9）气候、地震及其他自然灾害；

（10）管理体系、人员能力等。

生产工艺过程的风险辨识主要关注各种保护层的完好性、现有安全措施运行情况、安全操作条件和控制指标的符合性、异常情况下应急救援可靠性等，采用的方法有 HAZOP、SCL、QRA、FTA 等；

设备设施的风险辨识主要是采用 SCL 法、FEMA 法等，按照标准规范要求对设备设施进行辨识；

人员活动环节主要关注作业环节是否存在"人的不安全行为"，多采用 JHA 法辨识；

管理体系的风险辨识主要关注于管理上的不足及人员能力上的缺陷，采用 SCL 法。

**（1）对涉及"两重点一重大"生产、储存装置定期运用 HAZOP 方法开展安全风险辨识。**

本条进一步强调了涉及"两重点一重大"的生产、储存装置必须采用 HAZOP 进行风险分析的要求。

详见本书第 2.4 条相关说明。

**（2）对设备设施、作业活动、作业环境进行安全风险辨识。**

本条规定了开展风险辨识的具体方面。

设备设施的完好运行是保障安全生产的基础，设备设施不完好、存在缺陷、"带病运行"可能导致事故的发生，如河南三门峡义马气化厂的"7·19"事故和九江之江化工的"7·2"事故等。作业活动是导致风险变化的活动，尤其是在危险性作业过程中，如果安全风险辨识不准确，则有可能发生火灾爆炸或人员中毒窒息事故。上海赛科的"5·12"事故、新疆宜化的"2·12"电石炉喷料事故、乌石化的"11·30"换热器冲出事故等都暴露出这个问题。作业环境的风险表现在作业场地受限、灯光照度不足、疏散通道不畅、气候酷热高湿等方面，此外还包括未充分考虑人机工程学原理出现的一些作业环境中的瑕疵。

**（3）管理机构、人员构成、生产装置等发生重大变化或发生安全事故时，及时进行安全风险辨识。**

本条规定了发生变更和发生事故时要进行风险再辨识的要求。

管理机构、人员构成、生产装置等发生重大变化均属于变更管理的范畴，按照《关于加强化工过程安全管理的指导意见》（安监总管三〔2013〕88号）的要求，发生变更必须进行风险分析，若存在不可接受的风险，必须中止变更或采取相应对策。如大连石化"7·16"火灾事故系发生工艺变更未分析风险造成的。

企业自身发生事故，要及时开展事故原因分析，吸取事故教训；同类企业发生事故，企业要及时举一反三，对相关部位或环节对照开展风险再辨识，对原来的错误认识或认识缺陷及时予以修正。如陕西榆林的"5·2"电石炉喷料事故就是没有认真吸取新疆宜化"2·12"事故的结果；内蒙古乌兰察布东兴化工公司的"4·24"爆燃事故也是没有认真汲取河北盛华"11·28"爆燃事故教训而造成的事故。

**（4）对控制安全风险的工程、技术、管理措施及其失效可能引起的后果进行风险辨识。**

本条规定了对现有风险管控措施失效后可能造成的后果必须进行风险分析的要求。

企业对识别出的风险，根据事故后果的不同采取了相应的管控措施。如压力容器安装了安全阀、可能泄漏危险化学品的场所设置了有毒可燃气体检测报警仪、重大危险源场所设置了视频监控系统等。但采取的管控措施是否完好，管控措施是否有效，措施失效可能会造成什么后果仍然需要进行分析预测。若压力容器的安全阀未及时校验、防火堤出现堤身破损、水封罐内无水、工艺指标超限运行等会导致什么后果要进行预判。再如石化企业排出的可燃气体设计送往火炬燃烧，但若火炬长明灯熄灭将带来什么后果都要进行分析预判，即人们常说的"双保护层"。

河南三门峡义马气化厂"7·19"爆燃事故带给人们的教训是深刻的，虽然识别出了风险，采取了管控措施，但措施失效后的后果分析不到位，未能采取决断措施，从而使事故后果扩大。河北盛华"11·28"事故也是如此。

**（5）对厂区内人员密集场所进行安全风险排查。**

本条规定了企业对生产厂区内人员聚集较多的场所必须进行风险排查的要求。

部分涉及危险化工工艺的精细化工企业由于自动化水平低，同一生产车间同一作业层面上存在有多人操作的现象；在生产和设备检维修同时进行期间，也会存在同一作业平台上多人作业的现象；在试生产投料或开车前期间，现场安排其他的作业活动或存在无关人员；在装置发生异常时，现场安排较多人员作业。这些场所人员聚集众多，生产装置一旦发生火灾爆炸或有毒气体泄漏事故，极易波及到这些场所，造成较多人员的伤亡。如新疆宜化化工公司"7·26"较大燃爆事故伤亡人数之多，就是因为事故发生时，有一家承包商正在南造气车间进行复产前的检修作业，还有几家承包商作业人员正在南造气车间内外进行管道防腐保温作业，总人数有135人，导致事故共造成5人死亡、15人重伤、12人轻伤。山东新泰联合化工公司的"11·19"重大爆燃事故也是该公司尿素车间在停车检修三聚氰胺生产装置的道生油冷凝器过程中，因检修人员操作不当，造成水灌入热气冷却器壳程内，与高温道生油混合后迅速汽化喷出，与空气形成爆炸性混合物，遇点火源发生爆燃，造成15人死亡、4人受伤；事故发生时共有20人在三楼和四楼平台作业，现场管理十分混乱。因此企业在开展风险辨识过程中，必须对这些场所可能存在的风险及后果进行识别，尽量使这些人员密集场所远离易燃易爆区域，或减少人员数量，防患于未然。

为了防范人员密集场所事故扩大，各地应急管理部门也出台了相关管控要求。如针对一些危险程度较高的精细化工生产车间，人员要控制在3人以下；系统性检修时，同一作业平台或同一有限空间内不得超过9人等。因此，《导则》中要求企业对厂区内以下人员密集场所及可能存在的较大风险进行排查：

① 试生产投料期间，区域内不得有施工作业；

② 涉及硝化、加氢、氟化、氯化等重点监管化工工艺及其他反应

工艺危险度2级及以上的生产车间(区域),同一时间现场操作人员控制在3人以下;

③ 系统性检修时,同一作业平台或同一受限空间内不得超过9人;

④ 装置出现泄漏等异常状况时,严格控制现场人员数量。

减少人员聚集场所的有效措施就是实现机械化换人、自动化减人。

建设在生产区域内的控制室、操作间、交接班室等场所聚集人员较多,这些也都属于人员密集场所,企业也应按照相关规范要求进行合理设置与布局。

**(6) 对存在安全风险外溢的可能性进行分析及预警。**

本条规定了企业必须对厂区内发生事故可能会波及到厂外区域及设施的情况进行分析研判。

本条要求来自于河北盛华"11·28"事故和江苏响水"3·21"爆炸事故带给人们的教训。

化工企业内很多储罐区、装卸设施以及公辅工程设施都布置在厂区边缘位置,靠近厂外道路,便于运输。但这些储罐区、气柜等设施一旦发生泄漏引发火灾爆炸或毒气扩散,极有可能会波及到厂外敏感目标及厂外道路上的车辆、行人;同时有些生产、储存装置虽然不靠近厂区边缘,但事故发生可能带来的二次事故有可能会波及到厂区边缘。因此企业必须对生产厂区内的场所及设施一旦发生事故波及到厂外区域可能性情况进行分析研判,必要时采取预警措施,疏散人员。

生产、储存装置发生事故时能否波及到厂外区域需要对厂区内的关键设备设施进行 QRA 分析计算,绘制在假定不同事故场景下的个人风险等值线图和社会风险等值线图。安全风险外溢评估可以和企业的安全评价一并进行,也可单独开展。

4.5.3 安全风险分级管控情况,主要包括:

(1) 企业可接受安全风险标准的制定;

(2) 对辨识出的安全风险进行分级和制定管控措施的落实;

(3) 对辨识分析发现的不可接受安全风险,制定管控方案,制定并落实消除、减小或控制安全风险的措施,明确风险防控责任岗位和

**人员，将风险控制在可接受范围。**

本条规定了风险等级划分以及落实管控措施的要求。

制定恰当合理的风险评价准则是保证风险辨识、评估活动顺利进行的前提。企业应依据以下内容制定适合自己的风险评价准则：

（1）有关安全生产法律、法规；

（2）设计规范、技术标准；

（3）企业的安全管理标准、技术标准；

（4）企业的安全生产方针和目标等。

风险评价准则应包括事件发生可能性、严重性的取值标准以及风险等级的评定标准。

《应急管理部关于印发危险化学品生产储存企业安全风险评估诊断分级指南（试行）的通知》（应急〔2018〕19号）从物质固有危险性、周边环境、设计与评估、设备、自控与安全设施、人员资质、安全管理制度、应急管理及安全管理绩效等方面分别规定了赋分标准，要求企业或其他机构按照条款要求对企业风险进行分级；同时还规定了涉及环氧化合物、过氧化物、偶氮化合物、硝基化合物等自身具有爆炸性的化学品生产装置的企业必须由省级安全监管部门组织开展评估诊断。并将存在以下4种情形的企业直接判定为最高风险等级：

（1）新开发的危险化学品生产工艺未经小试、中试和工业化试验直接进行工业化生产的；

（2）在役化工装置未经正规设计且未进行安全设计诊断的；

（3）危险化学品特种作业人员未持有效证件上岗或者未达到高中以上文化程度的；

（4）三年内发生过重大以上安全事故的，或者三年内发生2起较大安全事故，或者近一年内发生2起以上亡人一般安全事故的。

《化工和危险化学品生产经营单位重大生产安全事故隐患判定标准（试行）》（安监总管三〔2017〕121号）中规定了化工和危险化学品生产经营单位的二十种情形被列为重大生产安全事故隐患。

除此之外，在风险等级划分方面，国家颁布的法律法规、标准、规范还有《生产安全事故报告和调查处理条例》（国务院令第493号）、

《危险化学品生产装置和储存设施风险基准》(GB 36894—2018)、《危险化学品生产装置和储存设施外部安全防护距离》(GB/T 37243—2019)等一系列法规标准，企业应按照这些法规要求，结合企业实际，制定适用的风险评价准则，确定企业不可接受的风险，及时采取管控措施。管控措施可以是工程技术措施、管理措施、应急措施、个体防护措施等。

风险可接受标准可分为定量风险标准和风险矩阵标准等。定量风险标准诸如《应急管理部关于印发危险化学品生产储存企业安全风险评估诊断分级指南(试行)的通知》(应急〔2018〕19 号)、《化工和危险化学品生产经营单位重大生产安全事故隐患判定标准(试行)》(安监总管三〔2017〕121 号)以及《危险化学品生产装置和储存设施风险基准》(GB 36894—2018)等，风险矩阵标准从发生事故造成的人员伤害、物资损失、环境影响、社会声誉等方面，结合事故发生概率，绘制矩阵图，并确定风险的高、中、低或可接受、不可接受等几类。

《保护层分析(LOPA)方法应用导则》(AQ/T 3054)给出了风险矩阵标准的示意图，如图 1 所示，后果分级标准如图 2 所示。

| 后果等级 | | | | | | | |
|---|---|---|---|---|---|---|---|
| 5 | 低 | 中 | 中 | 高 | 高 | 很高 | 很高 |
| 4 | 低 | 低 | 中 | 中 | 高 | 高 | 很高 |
| 3 | 低 | 低 | 低 | 中 | 中 | 中 | 高 |
| 2 | 低 | 低 | 低 | 低 | 中 | 中 | 中 |
| 1 | 低 | 低 | 低 | 低 | 低 | 中 | 中 |
| | $10^{-6} \sim 10^{-7}$ | $10^{-5} \sim 10^{-6}$ | $10^{-4} \sim 10^{-5}$ | $10^{-3} \sim 10^{-4}$ | $10^{-2} \sim 10^{-3}$ | $10^{-1} \sim 10^{-2}$ | $1 \sim 10^{-1}$ |

频率等级/a

风险等级说明
低：不需采取行动
中：可选择性的采取行动
高：选择合适的时机采取行动
很高：立即采取行动

图 1　风险矩阵标准示意图

| 等级 | 严重程度 | 分类 | | | |
|---|---|---|---|---|---|
| | | 人员 | 财产 | 环境 | 声誉 |
| 1 | 低后果 | 医疗处理,不需住院;短时间身体不适 | 损失极小 | 事件影响未超过界区 | 企业内部关注,形象没有受损 |
| 2 | 较低后果 | 工作受限,轻伤 | 损失较小 | 事件不会受到管理部门的通报或违反允许条件 | 社区、邻居、合作伙伴影响 |
| 3 | 中后果 | 严重伤害,职业相关疾病 | 损失较大 | 事件受到管理部门的通报或违反允许条件 | 本地区内影响;政府管制,公众关注负面后果 |
| 4 | 高后果 | 1~2人死亡或丧失劳动能力,3~9人重伤 | 损失很大 | 重大泄漏,给工作场所外带来严重影响 | 国内影响;政府管制,媒体和公众关注负面后果 |
| 5 | 很高后果 | 3人以上死亡,10人以上重伤 | 损失极大 | 重大泄漏,给工作场所外带来严重的环境影响,且会导致直接或潜在的健康危害 | 国际影响 |

图 2　事故后果分级示意图

《国务院安委会办公室关于实施遏制重特大事故工作指南构建双重预防机制的意见》(安委办〔2016〕11号)指出:企业应对辨识出的风险依据风险评价准则确定风险等级,并从组织、制度、技术、应急等方面对安全风险进行有效管控。

《关于加强化工过程安全管理的指导意见》(安监总管三〔2013〕88号)规定:企业应建立不可接受风险清单,对不可接受风险要及时制定并落实消除、减小或控制风险的措施,将风险控制在可接受的范围。

企业应在对辨识出的安全风险进行合理、科学分级的基础上,实施分层次管理。对风险后果严重,事故危害影响大、可能导致人员重伤甚至死亡的可纳入公司级进行管理;对其他风险可根据确定的级别,采取有针对性的管控措施,实施车间级或班组级管理。公司级管理的风险,车间和班组必管;车间级管理的风险,班组必管。

### 4.5.4 对安全风险管控措施的有效性实施监控及失效后及时处置情况。

本条规定了对风险管控措施的有效性进行管理的要求。

本条要求来自于河南三门峡义马气化厂"7·19"爆燃事故带给人们的教训。

化工生产过程中的风险是动态的，原来风险较低的场所经过一段时间也许会变成较大的风险，因此风险管控的措施也不能是一成不变的。风险管控的措施也是有有效期的，如压力表、安全阀需要定期检测，设备密封需要经常更换等。企业风险管控的设施或措施应定期进行维护和检查，通过建立管理制度，明确责任人员，对失效或存在问题的管控措施及时进行处理，确保设施完好、措施有效。如对视频监控系统、安全仪表系统、消防系统、氮封系统、紧急切断系统、供电系统、应急疏散系统、安全防护设施等运行及使用情况进行检查。在动火作业过程中监控可燃气体浓度，发现气体浓度变化及时停止作业避免引发爆炸事故等都属于此类情况。

对各级风险采用的不同管控措施要实施监控，确保现有管控措施有效。并通过定期开展风险隐患排查工作对管控措施的有效性进行排查，对管控措施失效的后果评估，及时采取措施进行治理。

### 4.5.5 全员参与安全风险辨识与培训情况。

本条规定了风险辨识全员参与的要求。

化工企业每名员工都要参加风险辨识活动，集众人智慧，彻查系统风险，并把辨识出的风险及采取的管控措施及时向其他员工告知。

另外，由于员工个体认知能力有限，不同的人对风险的认识也不一样，某个员工没有识别出的风险也许其他人就识别出来。因此动员全员力量，共查隐患是必要的。《危险化学品从业单位安全生产标准化通用规范》(AQ 3013—2008)指出：企业应全员参与风险辨识评价和管控工作，企业应将风险评价的结果及所采取的管控措施对从业人员进行培训，使其熟悉工作岗位和作业环境中存在的危险、有害因素，掌握、落实应采取的管控措施。

全员参与可以体现在参加各种形式的隐患排查工作、参与培训、参与应急演练、参与编制操作规程、管理制度等。

## 4.6 设计管理

**4.6.1 建设项目选址合理性情况；与周围敏感场所的外部安全防护距离满足性情况，包括在工厂选址、设备布局时，开展定量安全风险评估情况。**

本条规定了建设项目选址的安全要求及厂区内总平面布置的管理要求。

建设项目的正确选址是企业控制风险的第一步，企业选址错误或厂区内总图布局不合理直接影响着项目建成后的安全运行。

《危险化学品安全管理条例》(国务院令第 591 号)第十九条规定：危险化学品生产装置或者储存数量构成重大危险源的危险化学品储存设施(运输工具加油站、加气站除外)，与下列场所、设施、区域的距离应当符合国家有关规定：

(1) 居住区以及商业中心、公园等人员密集场所；

(2) 学校、医院、影剧院、体育场(馆)等公共设施；

(3) 饮用水源、水厂以及水源保护区；

(4) 车站、码头(依法经许可从事危险化学品装卸作业的除外)、机场以及通信干线、通信枢纽、铁路线路、道路交通干线、水路交通干线、地铁风亭以及地铁站出入口；

(5) 基本农田保护区、基本草原、畜禽遗传资源保护区、畜禽规模化养殖场(养殖小区)、渔业水域以及种子、种畜禽、水产苗种生产基地；

(6) 河流、湖泊、风景名胜区、自然保护区；

(7) 军事禁区、军事管理区；

(8)法律、行政法规规定的其他场所、设施、区域。

《危险化学品重大危险源监督管理暂行规定》(国家安全监管总局令第 40 号)第九条规定：有下列情形之一的，应当按照有关标准的规定采用定量风险评价方法(QRA)进行安全评估，确定个人和社会风险值：

（1）构成一级或者二级重大危险源，且毒性气体实际存在（在线）量与其在《危险化学品重大危险源辨识》中规定的临界量比值之和大于或等于1的；

（2）构成一级重大危险源，且爆炸品或液化易燃气体实际存在（在线）量与其在《危险化学品重大危险源辨识》中规定的临界量比值之和大于或等于1的。

《化工企业总图运输设计规范》（GB 50489—2009）也规定了基本要求。如厂址不应选择在下列地段或地区：

（1）地震断层及地震基本烈度高于9度的地震区；

（2）工程地质严重不良地段；

（3）重要矿床分布地段及采矿陷落（错动）区；

（4）国家或地方规定的风景区、自然保护区及历史文物古迹保护区；

（5）对飞机起降、电台通信、电视传播、雷达导航和天文、气象、地震观测以及军事设施等有影响的地区；

（6）供水水源卫生保护区；

（7）易受洪水危害或防洪工程量很大的地区；

（8）不能确保安全的水库，在库坝决溃后可能淹没的地区；

（9）在爆破危险区范围内；

（10）大型尾矿库及废料场（库）的坝下方；

（11）有严重放射性物质污染影响区；

（12）全年静风频率超过60%的地区。

《危险化学品生产装置和储存设施风险基准》（GB 36894—2018）规定危险化学品生产装置和储存设施对周边边防护目标的个人风险值及社会风险值应满足本标准要求；

《危险化学品生产装置和储存设施外部安全防护距离》（GB/T 37243—2019）规定不同类型防护目标外部安全防护距离应满足风险基准的要求。

《石油化工企业设计防火标准（2018年版）》（GB 50160—2008）规定了石化企业的选址要求；《化工企业总图运输设计规范》（GB 50489—2009）规定了一般化工企业的选址要求。如石油化工企业应远离人口密集区、饮用水源地、重要交通枢纽等区域，并宜位于邻近城镇或居民区全年最小频率风向的上风侧等。

《石油库设计规范》(GB 50074—2014)也在石油库的选址方面提出了要求，如石油库与库外居住区、公共建筑物、工矿企业、交通线的安全距离，不得小于该规范表4.0.10的规定。

光气建设项目的外部安全防护距离必须满足《光气及光气化产品生产安全规程》(GB 19041—2003)等有关标准。

建设项目在布置位于厂区内边缘的设施时，还应充分评估这些设施出现事故后可能存在的风险外溢，对厂外敏感区域、人员密集场所的影响。

靠近公路、铁路建设的化工企业要遵守《公路安全保护条例》(国务院令第593号)和《铁路运输安全保护条例》(国务院令第430号)的规定。

濒临江、河、湖、海的化工企业还应遵守当地政府的化工建设相关规定，并考虑洪涝期间的防范措施。

建设在化工园区内的项目还要结合《化工园区安全风险排查治理导则》的要求，根据项目位于园区内的位置及周边同类企业的分布情况，分析发生事故后带来多米诺效应的影响。

《危险化学品经营企业安全技术基本要求》(GB 18265—2019)对仓储经营企业的选址提出了要求。

《危险化学品生产装置和储存设施外部安全防护距离》(GB/T 37243—2019)进一步明确了化工企业开展外部安全防护距离评估工作的要求。

外部安全防护距离既不是防火间距，也不是卫生防护距离，而是根据可能发生事故的设备设施、场所在事故时造成的影响范围，考虑到给定的风险基准后，计算出的安全防护距离。外部安全防护距离可运用定量评估分析法(QRA)确定，可单独出具报告，也可和安全评价报告合并出具。

**涉及"两重点一重大"的生产装置、储存设施外部安全防护距离不符合国家标准要求被判定为重大生产安全事故隐患。**

4.6.2  开展正规设计或安全设计诊断情况；涉及"两重点一重

**大"的建设项目设计单位资质符合性情况。**

化工建设项目进行正规设计是确保项目建成后实现本质安全的前提,通过安全设计,系统评估项目存在的风险问题,并在设计中配备完善的安全设施,以实现项目建成后的安全生产。经过正规设计,实现本质安全是工艺安全"洋葱模型"中的第一个保护层,未经正规设计,就意味着第一个保护层失效。

《关于进一步加强危险化学品建设项目安全设计管理的通知》(安监总管三〔2013〕76号)规定:企业应委托具备国家规定资质等级的设计单位承担建设项目工程设计。涉及"两重点一重大"的大型建设项目,其设计单位资质应为工程设计综合资质或相应工程设计化工石化医药、石油天然气(海洋石油)行业、专业甲级资质。

《关于开展提升危险化学品领域本质安全水平专项行动的通知》(安监总管三〔2012〕87号)规定:危险化学品企业要聘请有相应设计资质的单位,对未经过正规设计的在役装置进行安全设计诊断,2013年底前完成所有未经正规设计的在役装置安全设计诊断工作。文件明确了2013年后不应再存在未经正规设计的建设项目。

调研结果表明,许多中小化工企业存在现场实际与设计专篇不一致的情形,提供的总平面布置图与实际也不相符。其主要原因就是项目建设前未经过正规设计,事后补设计,造成既成事实,从而埋下隐患。或者仅凭个别技术人员勾勾画画、指指点点就完成的建设项目存在极大的安全风险。如安徽中升药业"4·18"中毒事故和江苏连云港聚鑫生物"12·9"重大爆炸事故等。

**建设项目未经过正规设计或未开展安全设计诊断的现象均被判定为重大生产安全事故隐患。**

**4.6.3** 落实国家明令淘汰、禁止使用的危及生产安全的工艺、设备要求情况。

《关于印发淘汰落后安全技术装备目录(2015年第一批)的通知》

（安监总科技〔2015〕75号）和《淘汰落后安全技术工艺、设备目录（2016年）的通知》（安监总科技〔2016〕137号）规定了国家明令淘汰、禁止使用的危及生产安全的工艺、设备。如合成氨固定层间歇式煤气化装置、合成氨一氧化碳常压变换及全中温变换（高温变换）工艺、合成氨L型HN气压缩机、液氯釜式汽化工艺、液氯压料包装工艺、5-氯-2-甲基苯胺铁粉还原工艺设备、釜式夹套加热液氯气化工艺、液氯钢瓶手动充装设备、三足式离心机等。

企业在组织开展项目设计时，不得采用淘汰落后的工艺、设备；对现有装置及设备，应按照文件规定进行甄别，发现淘汰、禁止使用的工艺、设备及时予以更换。

**使用淘汰落后安全技术工艺、设备目录列出的工艺、设备被判定为重大生产安全事故隐患。**

**4.6.4**　总图布局、竖向设计、重要设施的平面布置、朝向、安全距离等合规性情况。

本条规定了厂区内总图、部分重要设施、场所设置的安全合规性要求。

厂区内各装置、设施总体布局是否合理决定着建设项目投入运行后能否安全运行，各区域、各装置在正常运行时是否存在相互影响，生产装置、储运系统一旦发生事故后是否对周边设施造成影响。总图布局不科学、不合理也是导致事故多米诺现象发生，造成事故后果扩大的因素之一，如临沂金誉石化"6·5"爆燃事故，波及到控制室而控制室未进行抗爆设计；宜宾恒达科技公司"7·12"重大爆炸着火事故中，总平面布局不合理，将危险性大的硝化装置二车间布置在一、三车间之间，且未考虑有效的防火防爆隔离措施，分析室与二车间防火间距不足且面向具有火灾、爆炸危险性装置一侧设计了玻璃窗户等，导致事故后果加重。

《化工企业总图运输设计规范》（GB 50489—2009）对化工企业厂区内总图布局提出了要求。如生产装置区宜布置在全年最小频率风向的上风侧，行政办公及生活服务设施区宜布置在全年最小频率风向的下风侧，辅助生产和公用工程设施区宜布置在生产装置区与行政办公及生活服务设施区之间等。

竖向设计、重要设施的平面布置、朝向是进行总图设计时需要考虑的重要因素。竖向布置是考虑到在丘陵地区或傍山建设的化工企业,由于地形起伏较大,厂内设施不能保持在同一水平面上。如果可燃液体罐组布置在高于工艺装置、全厂性重要设施或人员集中场所的阶梯上,则可能泄漏的可燃液体就会扩散或漫流到下一个阶梯,易发生火灾爆炸事故,且发生火灾时还会形成流淌火,导致过火区域增大,如大连"7·16"火灾事故。比空气重的可燃液化气体或有毒气体球罐布置在高处,在发生泄漏时,气体也会向低处扩散,造成低处设施或区域内的人员受到损害。若因地形条件受限,罐区必须布置在高处时,应采取防止泄漏的液体向低处漫流的措施。

重要设施是指全厂性办公楼、中央控制室、控制室的机柜间、操作室、分析化验室、变配电室、消防泵站、泡沫站、空分站等,其位置选择时要充分考虑到发生事故时保障人员密集场所的人身安全、应急保障设施的正常运行。《石油化工企业设计防火标准(2018 年版)》(GB 50160—2008)列出了第一类重要设施和第二类重要设施的举例。

《深度冷冻法生产氧气及相关气体安全技术规程》(GB 16912—2008)规定了深冷制氧氮的空分站要重点关注吸风口处的空气洁净,入口空气中不含可燃气体,应远离乙炔站、电石渣场和散发烃类及尘埃的场所。这是河南三门峡义马气化厂"7·19"爆燃事故发生前,容易被拥有深冷空分装置的企业忽视的问题。

建筑物的朝向要求是指建筑物,尤其是人员聚集的控制室和机柜间开有门窗、孔洞的一侧不得朝向易燃易爆场所,避免发生事故时受到波及。如《石油化工企业设计防火标准(2018 年版)》(GB 50160—2008)第 5.2.16 条规定:装置的控制室、机柜间、变配电所、化验室、办公室等不得与设有甲、乙$_A$类设备的房间布置在同一建筑物内。第 5.2.18 条规定:布置在装置内的控制室、机柜间面向有火灾危险性设备侧的外墙应为无门窗洞口、耐火极限不低于 3h 的不燃烧材料实体墙。目前,许多化工企业的中央控制室设置在生产区外,可以最大限度地避免事故对控制室的影响。

地区架空电力线路是不允许穿越化工企业厂区的,尤其是不得穿越生产区域；地区输油(输气)管道也不应穿越厂区。这是因为地区架空电力线路一般都在 10kV 以上，一旦出现线塔倒杆、断线或导线打火等意外事故，极有可能影响生产并引发火灾，造成人员伤亡和财产损失；反之，生产区域内一旦发生火灾，对架空电力线路也构成威胁。同样，地区输油(气)管道穿越厂区对油气输送和化工企业的安全生产都会产生相互影响。各防火标准规范对电力线路与厂界的距离都有相应要求。

安全距离是指厂区内各装置设施、各厂房、建构筑物之间的距离。安全距离不是单纯的防火间距，满足安全距离要求的前提首先是先要满足采用的防火规范规定的防火间距的要求，其次还要满足发生事故时避免人员、重要设施受到伤害的要求，因此安全距离的确定不拘泥于某一单个防火规范，而是基于风险分析的防火安全要求。《关于进一步加强危险化学品建设项目安全设计管理的通知》(安监总管三〔2013〕76 号)规定：设计单位应根据建设项目危险源特点和标准规范的适用范围，确定本项目采用的标准规范。对涉及"两重点一重大"的建设项目，应至少满足现行标准规范的要求，并以最严格的安全条款为准。同时还规定具有爆炸危险性的建设项目，其防火间距应至少满足 GB 50160 的要求。在国家安监总厅管三函〔2014〕5 号文中对爆炸危险性的建设项目进行了定义说明：危险化学品建设项目所涉及的物料(原料、中间产品、副产品、产品)有下列情形之一的，该建设项目应当认定为《关于进一步加强危险化学品建设项目安全设计管理的通知》(安监总管三〔2013〕76 号)第十五条中的"具有爆炸危险性的建设项目"：一是爆炸品或本身具有爆炸危险性，或者在遇湿、受热、接触明火、受到摩擦、震动撞击时可发生爆炸；二是在生产过程中具有爆炸危险性，包括可燃气体、可燃液体泄漏后与空气形成爆炸性混合物的情况。因此具有爆炸危险性的建设项目的设计必须采用 GB 50160。当然对于 GB 50160 没有明确要求的，仍可以执行 GB 50016 的要求。

化工企业布局可参考的防火规范主要有：《石油化工企业设计防火标准(2018 年版)》(GB 50160—2008)、《建筑设计防火规范(2018 年版)》(GB 50016—2014)和《石油库设计规范》(GB 50074—2014)等，其他还有《焦化安全规程》(GB 12710—2008)、《石油天然气工程设计防火规范》(GB 50183—2004)及相关总图布局的标准如《石油化工工厂布置设计规范》(GB 50984—2014)、《工业企业总平面设计规范》(GB 50187—2012)等。

在建设项目防火规范的采标方面,在安监总管三〔2013〕76号文出台以后,各设计院、安全评价公司、企业长期以来对到底是采用《石化标》(GB 50160)还是采用《建规》(GB 50016)一直存在含糊不清的争议,化工企业新建、改建、扩建项目设计如何正确应用两种规范一直以来备受关注,尤其是涉及精细化工建设项目的采标方面争议颇大。

《石化标》规定的适用范围为石油化工企业新建、扩建或改建工程的防火设计;同时还明确石油化工企业的防火设计除应执行本规范外,尚应符合国家现行的有关标准的规定。《建规》规定的适用范围为厂房;仓库;民用建筑;甲、乙、丙类液体储罐(区);可燃、助燃气体储罐(区);可燃材料堆场以及城市交通隧道的建设规划,同时还明确:人民防空工程、石油和天然气工程、石油化工工程和火力发电厂与变电站等的建筑防火设计,当有专门的国家标准时,宜从其规定。

根据两个标准的适用范围,可以得出结论:《建规》是我国的基本防火规范(母规),是综合性的防火技术标准,其政策性和技术性强,涉及面广。我国现行的一系列设计防火标准基本是以《建规》为原则制定的,并相互协调。但《建规》虽涉及面广,但也很难把各类建筑设备的防火内容和性能要求、实验方法等全部囊括其中,只能对其一般防火问题和建筑消防安全所需的基本防火性能作出规定,并声明:当有专门的国家现行标准时,宜从其规定。《建规》主要考虑了厂房(仓库)的耐火等级、平面布置、防火间距、防火分区、建筑物本身的防爆、安全疏散等要求,对于厂房内的设备布置、工艺要求、管道布置、消防等方面基本没有涉及。

对精细化工企业而言,精细化工与基本化工(石油化工)的生产、储存物料火灾危险虽同一属性,但其具有小规模,生产操作温度、压力条件温和等不同特点。因此片面采用《石化标》往往存在防火距离过大,浪费土地现象,不利于我国精细化工行业的发展。因此对于精细化工企业,生产装置露天化(含半敞开式或敞开式厂房)的部分,可以参照《石化标》；对于储运设施（包括储罐和装卸车设施），《石化标》在平面布置、管道布置、消防设施、控制系统、电气等各方面都提出了专业的、详尽的要求，故也应该参考《石化标》；对涉及封闭式厂房、仓库的，在有关厂房/仓库耐火等级、防火分区，建筑物之间的防火间距、厂房泄爆、安全疏散方面可采用《建规》。这也符合一个企业在防火间距方面只能执行一个规范的原则——统一执行的是《石化标》，只不过《石化标》在建筑物防火间距方面指明引用其他规范，而未列出具体数据，执行中按其他规范规定的数据要求，也是遵从《石化标》的要求。当然，并不是《石化标》中的所有条款相比《建规》而言都是最严格的，《建规》中也存在个别条款严于《石化标》的现象，如《建规》（GB 50016—2014）中4.2.1条规定甲类储罐50~200m³与室外变配电站距离规定35m，而《石化标（2018年版）》（GB 50160—2008）中4.2.12条规定甲类500m³以内储罐距离变配电间30m（二类重要设施）；再如《建规》（GB 50016—2014）中4.2.7条规定甲、乙、丙类液体泵房与储罐防火堤外侧基脚线的距离不小于5m，而《石化标（2018年版）》（GB 50160—2008）中5.3.5条仅要求专用泵区必须布置在防火堤外，而相对防火堤的距离未作要求，同时也未对泵房与罐区的距离作出要求。

总之，无论采用哪个防火规范，都是在基于风险的基础上确定防火间距的。

**企业控制室或机柜间面向具有火灾、爆炸危险性装置一侧不满足国家标准关于防火防爆要求被判定为重大生产安全事故隐患。**

**地区架空电力线路穿越生产区且不符合国家标准要求被判定为重大生产安全事故隐患。**

### 4.6.5 涉及"两重点一重大"装置自动化控制系统的配置情况。

本条规定了对涉及"两重点一重大"的生产、储存装置必须配备符合要求的自动化控制系统的要求。

涉及重点监管危险化学品、重点监管的危险工艺和构成危险化学品重大危险源的生产、储存装置具有危险性大、静态能量高的特点，尤其是硝化、氯化、聚合工艺和液化烃、液氯、液氨等危险化学品储存设施，风险极高，一旦工艺失控或物料泄漏，极易发生重大火灾爆炸或人员大量中毒事故，因此必须严格加强管理，采取更严格的管控措施，防止出现事故。

我国对"两重点一重大"的管理出台了一系列规范性文件和标准规定，如对危险化学品重大危险源的管理有《危险化学品重大危险源监督管理暂行规定》（国家安全监管总局令第40号）、《危险化学品重大危险源安全监控通用技术规范》（AQ 3035—2010）、《危险化学品重大危险源罐区现场安全监控装备设置规范》（AQ 3036—2010）、《关于进一步加强化学品罐区安全管理的通知》（安监总管三〔2014〕68号）等；对重点监管危险工艺的管理有《关于公布首批重点监管的危险化工工艺目录的通知》（安监总管三〔2009〕116号）、《关于公布第二批重点监管危险化工工艺目录和调整首批重点监管危险化工工艺中部分典型工艺的通知》（安监总管三〔2013〕3号）等；对重点监管危险化学品的管理有《关于公布首批重点监管的危险化学品名录的通知》（安监总管三〔2011〕95号）、《关于印发首批重点监管的危险化学品安全措施和应急处置原则的通知》（安监总厅管三〔2011〕142号）、《关于公布第二批重点监管危险化学品名录的通知》（安监总管三〔2013〕12号）等。

《关于进一步加强危险化学品建设项目安全设计管理的通知》（安监总管三〔2013〕76号）规定了涉及"两重点一重大"的建设项目，必须在基础设计阶段开展HAZOP分析，因此对生产工艺选择的安全措施应在开展HAZOP分析的基础上进行确定，尤其是重点监管的危险工艺的控制方式及控制措施的选择应根据工艺特点，按照设计阶段开展HAZOP分析后确定的控制方案进行配置，而不是单纯地按照文件通知要求，逐项配置。

《危险化学品重大危险源监督管理暂行规定》（国家安全监管总局令第40号）第十三条在重大危险源配备自动化控制系统、安全仪表系统和视频监控系统等方面提出了具体规定要求。《关于加强化工安全仪表系统管理的指导意见》（安监总管三〔2014〕116号）中对安全仪表的配备也提出了具体的指导要求。如重大危险源配备温度、压力、液位、流量、组分等信息的不间断采集和监测系统以及可燃气体和有毒有害气体泄漏检测报警装置，并具备信息远传、连续记录、事故预警、信息存储等功能；记录的电子数据的保存时间不少于30天；对重大危源中的毒性气体、剧毒液体和易燃气体等重点设施，设置紧急切断装置；涉及毒性气体、液化气体、剧毒液体的一级或者二级重大危险源，配备独立的安全仪表系统(SIS)等等。

**重大危险源的化工生产装置未装备满足安全生产要求的自动化控制系统；一、二级重大危险源，未设置紧急停车系统；重大危险源中的毒性气体、剧毒液体和易燃气体等重点设施未设置紧急切断装置；涉及毒性气体、液化气体、剧毒液体的一级或者二级重大危险源未装备独立安全仪表系统等现象均被判定为重大生产安全事故隐患。**

**涉及重点监管危险化工工艺的装置未实现自动化控制，系统未实现紧急停车功能，装备的自动化控制系统、紧急停车系统未投入使用被判定为重大生产安全事故隐患。**

**化工生产装置未按国家标准要求设置双重电源供电，自动化控制系统未设置不间断电源被判定为重大生产安全事故隐患。**

4.6.6  项目安全设施"三同时"符合性情况。

本条规定了化工建设项目必须开展"三同时"工作的要求。

开展建设项目"三同时"是保证建设项目投产后安全运行的前提，也是政府应急管理部门对化工建设项目进行安全监管的有效抓手。《安全生产法》第二十八条规定：生产经营单位新建、改建、扩建工程项目的安全设施，必须与主体工程同时设计、同时施工、同时投入生产和使用。同时还规定：用于生产、储存、装卸危险物品的建设项目，应当按照国家有关规定进行安全评价，安全设施设计应当按照国家有关规定报经有关部门审查，施工单位必须按照批准的安全设施设计施工，建设项目竣工投入生产或者使用前，应当由建设单位负责组织对安全设施进行验收，验收合格后，方可投入生产和使用。

《危险化学品建设项目安全监督管理办法》(国家安全监管总局令第45号)、《危险化学品生产企业安全生产许可证实施办法》(国家安全监管总局令第41号)、《危险化学品安全使用许可证实施办法》(国家安全监管总局令第57号)等文件均对建设项目开展"三同时"工作提出了严格要求，《关于进一步加强危险化学品建设项目安全设计管理的通知》(安监总管三〔2013〕76号)还对设计单位的资质提出了要求。

为督促企业对建设项目认真组织开展正规设计，严格施工，并认真组织试生产和竣工验收工作，坚决打击未批先建、边批边建、建后补批的行为和先施工后设计的现象，把风险管控的措施前移，把住建设项目"入口关"，严厉打击企业的非法建设、非法生产行为。

因"三同时"手续履行不严，私自投入生产，酿成事故的案例有安庆万华油品公司"4·2"爆燃事故以及山东日科化学股份公司"12·19"较大火灾事故等。

**4.6.7　涉及精细化工的建设项目，在编制可行性研究报告或项目建议书前，按规定开展反应安全风险评估情况；国内首次采用的化工工艺，省级有关部门组织专家组进行安全论证情况。**

本条规定了对新工艺、新技术必须进行风险预识别的管理要求。

化工生产涉及的工艺过程复杂、物料易燃易爆易中毒，危险性大，尤其是精细化工反应，物料名称结构复杂，反应机理不清，许多生产工艺和产品仅完成实验室小试或中试阶段工作，尚未实现工业化生产。精细化工反应过程中物料释放的热量不是简单地倍数放大，可能在某一条件下出现温度突跃现象，因此小试可行的项目不一定能够实现工业化，如浙江林江化工的"6·9"爆炸事故就是盲目放大生产规模，仅依据 500mL 规模小试结果，就盲目将中试规模放大至 10000 倍以上，最终造成物料升温过高引发热分解，进而引起爆燃。因此对精细化工项目必须在编制可行性研究报告或项目建议书前进行反应安全风险评估，评估其在不同的反应条件下的热效应情况。

国内首次采用的化工工艺，要进行安全论证，其目的也是通过分析其工艺过程、采用的物料、选用的控制参数等信息，审定其技术来源可靠性和生产过程的安全性。衡水天润化工"11·19"中毒事故中，未经安全论证、未进行安全分析是发生事故的原因之一。

《关于加强精细化工反应安全风险评估工作的指导意见》(安监总管三〔2017〕1号)中指出，企业中涉及重点监管危险化工工艺和金属有机物合成反应(包括格氏反应)的间歇和半间歇反应，满足情形要求的，要开展反应安全风险评估。新建精细化工项目要以反应安全风险评估结果为依据，开展工艺设计及安全设施设计。同时还规定：涉及的反应工艺危险度被确定为 2 级及以上的，要根据危险度等级和评估建议，设置相应的安全设施和安全仪表系统；反应工艺危险度被确定为 4 级及以上的，在全面开展过程危险分析（如危险与可操作性分析）基础上，通过风险分析（如保护层分析）确定安全仪表的安全完整性等级，并依据要求配置安全仪表系统；对于反应工艺危险度被确定为 5 级的，相关装置应设置在由防爆墙隔离的独立空间中，并设计超压泄爆设施，反应过程中操作人员不应进入隔离区域。企业要优先通过开展工艺优化或改变工艺路线降低安全风险。

《关于危险化学品企业贯彻落实〈国务院关于进一步加强企业安全生产工作的通知〉的实施意见》（安监总管三〔2010〕186 号）规定：新开发的危险化学品生产工艺，必须在小试、中试、工业化试验的基础上逐步放大到工业化生产。国内首次采用的化工工艺，要通过省级有关部门组织专家组进行安全论证。

**新开发的危险化学品生产工艺未经小试、中试、工业化试验直接进行工业化生产；国内首次使用的化工工艺未经过省级人民政府有关部门组织的安全可靠性论证均被判定为重大生产安全事故隐患。**

### 4.6.8　重大设计变更的管理情况。

本条规定了对重大设计变更的管理要求。

安全设施设计在审查通过后，如果出现生产工艺变化、生产规模变化、生产厂址变化、重要生产装置设施总图布局变化、厂区外敏感场所增加以及选用的设备设施性能发生较大变化等情形，都有可能增加建设项目的运行风险，应该对变化部分重新进行设计，并重新进行报批。

《危险化学品建设项目安全监督管理办法》（国家安全监管总局令第 45 号）第二十条规定：企业在建设项目详细设计和施工安装阶段，发生以下重大变更的，设计单位应按管理程序重新报批：

（1）改变安全设施设计且可能降低安全性能的；

（2）在施工期间重新设计的。

### 4.7　试生产管理

试生产阶段是指化工建设项目从中间交接完成后到转入正常生产

之前的一段时间，分为生产准备阶段、投料试车阶段、生产考核阶段。试生产阶段的主要工作包括实施准备、吹扫冲洗、置换气密、单机试车、联动试车、投料运行和性能考核等一系列活动。

建设项目的试生产是个非常重要的环节，通过试生产过程可以发现建设项目在设计过程中的漏项、施工过程中的缺项和施工质量的不合格项，考察装置运行能力是否达到设计能力，为后期的正常安全运行提供保障。项目建设期间参与单位和人员较多，有建设单位、总承包单位、设计单位、施工单位和监理单位等，还可能有专利设备供货商、工艺技术包提供商等。各参建单位技术质量控制水平不一，标准要求不同，基建期间各项工作千头万绪，而且还相互制约、相互影响，任何一个参建单位的工作不到位、问题考虑不周或整体工作未到达规定节点，都会影响到整体项目建设进度。设计方案需要通过试生产过程来验证装置是否能达到设计规定的各项技术指标，专利设备供货商需要验证专利设备的性能能否达到预期要求。因此涉及新、改、扩的建设项目都必须开展试生产工作。加强试生产期间的安全管理是化工过程安全管理的必然要求，企业可根据建设项目规模大小和参建单位、人员的多少对部分试生产环节进行适当简化。

近些年发生在试生产期间的安全事故不在少数。2015 年 2 月 19 日，湖北宜昌富升化工公司硝基复合肥建设项目在试生产过程中发生硝酸铵燃爆事故，造成 5 人死亡，2 人受伤。2011 年 1 月 6 日，新疆大黄山鸿基焦化公司年产 12 万吨合成氨、21 万吨尿素煤气综合利用生产项目，在试生产过程中发生煤气中毒事故，造成 3 人死亡。云南省昆明市安宁齐天化肥有限公司"6·12"事故就是在脱砷精制磷酸试生产过程中发生硫化氢中毒事故，造成 6 人死亡、29 人中毒。还有 2015 年 8 月 31 日山东东营滨源化学有限公司在试生产混二硝基苯过程中发生重大爆炸事故、大名县福泰生物科技有限公司"4·1"中毒事故，都是在试生产期间发生的。

为此，《导则》明确要求企业存在试生产的项目，试生产前必须开展安全隐患排查，这也是在进一步落实《关于加强化工过程安全管理的指导意见》(安监总管三〔2013〕88 号)对企业试生产的要求。

**4.7.1 试生产组织机构的建立情况；建设项目各相关方的安全管理范围与职责界定情况。**

本条规定了建立试生产组织机构，协调各项工作的要求。

在企业建设项目主体工程土建、安装工作基本结束后，即进入试生产阶段。试生产期间，各参建单位尚未撤离施工现场，项目区域内人员众多，各项工作的进行都需要进行统一协调。建立一个专门机构，由各参建单位代表参加，按照"精简、统一、效能"的原则，统一组织和协调、指挥生产试车各项事宜，对于顺利完成试生产工作是非常有必要的。尤其是在作业区域交错、同一区域不同高度上的多家单位施工作业或者在原有生产装置旁边开展改、扩、建项目的施工作业，必定会产生相互影响，很容易出现安全管理的"真空"地带。因此明确各自的安全责任范围，界定各自的权限，确保试生产期间生产、安全两不误是完全有必要的。

**4.7.2 试生产前期工作的准备情况，主要包括：**

**(1) 总体试生产方案、操作规程、应急预案等相关资料的编制、审查、批准、发布实施；**

**(2) 试车物资及应急装备的准备；**

**(3) 人员准备及培训；**

**(4) "三查四定"工作的开展。**

本条规定了试生产前期各项准备工作的开展要求。

建设单位在完成建设项目的土建安装工程进入试生产前期时，需要做好各项准备工作，包括组织准备、制度准备、人员准备、技术准备、安全准备、物资准备、产品储运准备、外部条件准备、其他准备等。

总体试生产方案是指导试生产工作的"纲"，是保证试生产工作顺利进行的指导性文件。总体试生产方案一般由建设单位负责编制，对于总承包项目、交钥匙工程可由总承包商编制。

《化学工业建设项目试车规范》(HG 20231—2014)规定了总体试车方案的内容。主要有：

（1）建设项目工程概况；

（2）编制依据与原则；

（3）试车组织机构及职责分工；

（4）试车目的及应达到的标准；

（5）试车应具备的条件；

（6）试车程序；

（7）操作人员配备及培训；

（8）技术文件、规章制度和试车方案的准备；

（9）水、电、气、汽、原料、燃料和运输量等外部条件；

（10）总体试车计划时间表；

（11）试车物资供应计划；

（12）试车费用计划；

（13）试车的难点和对策；

（14）试车期间的环境保护措施；

（15）职业健康、安全和消防；

（16）事故应急响应和处理预案。

同时还规定了试车程序文件应包括项目的总体试车方案、各装置各系统的冷试车程序、热试车程序、装置性能考核程序以及其他各类试车程序等内容。

建设单位应根据设计文件确定的生产定员定额，配备和培训技术人员、操作人员，参加试生产各阶段工作。

《关于加强化工过程安全管理的指导意见》（安监总管三〔2013〕88号）指出：项目建设单位或总承包商负责编制总体试生产方案、明确试生产条件，设计、施工、监理单位要对试生产方案及试生产条件提出审查意见；对采用专利技术的装置，试生产方案经设计、施工、监理单位审查同意后，还要经专利供应商现场人员书面确认；项目建设单位或总承包商负责编制联动试车方案、投料试车方案、异常工况处置方案等。试生产前，项目建设单位或总承包商要完成工艺流程图、操作规程、工艺卡片、工艺和安全技术规程、事故处理预案、化验分析规程、主要设备运行规程、电气运行规程、仪表及计算机运行规程、联锁整定值等生产技术资料、岗位记录表和技术台账的编制工作。建设项目试生产前，建设单位或总承包商要及时组织设计、施工、监理、生产等单位的工程技术人员开展"三查四定"（"三查"主要指"查设计漏项、查工程质量及安全隐患、查未完工程量"，"四定"指对检查出来的问题"定任务、定人员、定时间、定措施，限期完成"），对查出的问题及时予以消除，确保施工质量符合有关标准和设计要求，确认工艺危害分析报告中的改进措施和安全保障措施已经落实。

**4.7.3 试生产工作的实施情况，主要包括：**
**(1) 系统冲洗、吹扫、气密等工作的开展及验收；**
**(2) 单机试车及联动试车工作的开展及验收；**
**(3) 投料前安全条件检查确认。**

本条规定了试生产投料前，对生产系统进行预处理、安全条件确认的要求。

《关于加强化工过程安全管理的指导意见》（安监总管三〔2013〕88号）对试生产工作提出的具体安全管理要求是：

（1）系统吹扫冲洗安全管理。在系统吹扫冲洗前，要在排放口设置警戒区，拆除易被吹扫冲洗损坏的所有部件，确认吹扫冲洗流程、介质及压力。蒸汽吹扫时，要落实防止人员烫伤的防护措施。

（2）气密试验安全管理。要确保气密试验方案全覆盖、无遗漏，明确各系统气密的最高压力等级。高压系统气密试验前，要分成若干等级压力，逐级进行气密试验。真空系统进行真空试验前，要先完成气密试验。要用盲板将气密试验系统与其他系统隔离，严禁超压。气密试验时，要安排专人监控，发现问题，及时处理；做好气密检查记录，签字备查。

（3）单机试车安全管理。企业要建立单机试车安全管理程序。单机试车前，要编制试车方案、操作规程，并经各专业确认。单机试车过程中，应安排专人操作、监护、记录，发现异常立即处理。单机试车结束后，建设单位要组织设计、施工、监理及制造商等方面人员签字确认并填写试车记录。

（4）联动试车安全管理。联动试车应具备下列条件：所有操作人员考核合格并已取得上岗资格；公用工程系统已稳定运行；试车方案和相关操作规程、经审查批准的仪表报警和联锁值已整定完毕；各类生产记录、报表已印发到岗位；负责统一指挥的协调人员已经确定。引入燃料或窒息性气体后，企业必须建立并执行每日安全调度例会制度，统筹协调全部试车的安全管理工作。

（5）投料安全管理。投料前，要全面检查工艺、设备、电气、仪表、公用工程和应急准备等情况，具备条件后方可进行投料。投料及试生产过程中，管理人员要现场指挥，操作人员要持续进行现场巡查，设备、电气、仪表等专业人员要加强现场巡检，发现问题及时报告和处理。投料试生产过程中，要严格控制现场人数，严禁无关人员进入现场。

《化学工业建设项目试车规范》（HG 20231—2014）规定了试生产过程各项工作的方法和要求。主要要点有：

（1）对输送液体的管道和盛装液体的储罐应进行冲洗；对输送气体的管道和盛装气体的储罐应进行吹扫；对内部含杂物较多的气体系统也可以先冲洗再吹扫。

（2）管道系统应在压力试验合格后，再进行冲洗或吹扫，冲洗或吹扫过程中严禁系统超压或形成负压。

（3）设备、管道系统的化学清洗前应编制化学清洗方案，可采取系统循环法或浸泡法。

（4）化学清洗合格后，应立即进行管道的组装，当系统暂不使用时，应采取置换充氮等保护措施。

（5）经过化学清洗后的蒸汽管道仍需进行蒸汽吹扫；脱脂后的系统严禁使用含油介质进行吹扫和进行系统气密性试验。

（6）工艺系统气密性试验前应编制实验方案，试验介质宜采用空气或氮气，试验压力宜为设计压力。

（7）单机试车应编制试车方案，试车前相关安全联锁和报警已调试完毕并投用，按照设备的使用说明书和标准操作程序进行试车；大型机组、关键设备的试车操作应在供货商的指导和见证下进行。

（8）联动试车是指对规定范围的机器、设备、管道、电气、自动控制系统等，在各自达到试车标准后，以水、空气、氮气等为介质所进行的模拟试运行，以检验各系统、设备设施正常工作性能的完好性情况。

（9）正式投料前对各系统、人员、制度、台账、预案、物资进行再确认，在公用工程系统运行正常，水、电、气、汽引入后对各项条件进行再确认。

《石油化工金属管道工程施工质量验收规范》（GB 50517—2010）对清洗、吹扫、气密实验的方式及合格验收标准进行了明确。

《建设项目安全设施"三同时"监督管理暂行办法》（国家安全监管总局令第 36 号）规定了试运行时间应当不少于 30 日，最长不得超过 180 日。

试生产期间，企业应适时组织进行性能考核，《化学工业建设项目试车规范》（HG 20231—2014）给出了考核方案主要包括的内容：

（1）概述；

（2）考核依据；

（3）考核条件；

（4）生产运行操作的主要控制指标，如产品质量指标、生产能力指标、单位产品的能耗或消耗指标、主要工艺指标、环境保护指标等；

（5）原燃料、化学药品要求和公用工程条件；

（6）考核指标；

（7）分析测试和计算方法；

（8）考核测试记录；

（9）考核报告。

试生产总结是对整个试生产期间各项工作的完整总结，从人员组织、物资组织、进度安排、装置运行、性能考核、应急处置等各方面总结经验和不足，便于以后改进。

设计、施工过程中质量控制不过关，造成系统存在隐患，都有可能在试生产期间暴露问题，引发事故。如福建漳州腾龙公司"4•6"火灾爆燃事故等。

**新建装置未制定试生产方案投料开车被判定为重大生产安全事故隐患。**

## 4.8　装置运行安全管理

### 4.8.1　操作规程与工艺卡片管理制度制定及执行情况，主要包括：

（1）操作规程与工艺卡片的编制及管理；

（2）操作规程内容与《化工企业工艺安全管理实施导则》（AQ/T 3034）要求的符合性；

（3）操作规程的适应性和有效性的定期确认与审核修订；

（4）操作规程的发布及操作人员的方便查阅；

（5）操作规程的定期培训和考核；

（6）工艺技术、设备设施发生重大变更后对操作规程的及时修订。

本条规定了对操作规程和工艺卡片的管理要求。

操作规程是化工企业规范操作的"法"，违反操作规程进行操作就是违法操作。操作规程的编制、册页划分是由企业的工艺操作特点决定的，一般以操作岗位或操作单元为单位进行编制。企业应制定操作规程管理制度，规范操作规程内容，明确操作规程的编写、审查、批准、分发、使用、控制、变更修订及废止的程序和职责。

《化工企业工艺安全管理实施导则》（AQ/T 3034—2010）规定了操作规程应包含的内容，主要包括：

（1）使用的危险化学品物化性质；

（2）岗位生产工艺流程及关键控制点；

（3）主要设备一览表及主要设备操作、维护说明；

（4）报警及联锁一览表，报警、联锁及其投用与操作；

（5）初始开车、正常操作、临时操作、应急操作、正常停车、紧急停车等各个操作阶段的操作步骤；

（6）正常工况控制范围、偏离正常工况的后果；纠正或防止偏离正常工况的步骤；

（7）装置事故处理；

（8）安全设施及其作用；

（9）操作时的人身安全保障、职业健康注意事项等，如危险化学品的特性与危害、防止职业暴露的必要措施、发生身体接触或暴露后的处理措施等。

对操作规程的管理应坚持每 1 年评审一次，每 3 年修订一次的原则。虽然随着技术的发展，电子文档已成为常态，许多规程、文档都通过电脑保存，实现电子化、无纸化办公，但仍需要印制部分纸版操作规程发放到相关操作岗位，便于操作人员的及时查阅。

《关于加强化工过程安全管理的指导意见》（安监总管三〔2013〕88号）对操作规程安全管理提出的要求是：

（1）操作规程应及时反映安全生产信息、安全要求和注意事项的变化。企业每年要对操作规程的适应性和有效性进行确认，至少每3年要对操作规程进行审核修订；当工艺技术、设备发生重大变更时，要及时审核修订操作规程。

（2）企业要确保作业现场始终存有最新版本的操作规程文本，以方便现场操作人员随时查用；定期开展操作规程培训和考核。

工艺卡片是操作规程中工艺控制指标的简化版本，主要收录的是影响工艺运行安全的关键岗位的关键控制参数。企业应根据生产特点编制工艺卡片，运行控制指标应符合工艺卡片列出的参数规定。工艺卡片的管理同操作规程一样，每年需要进行有效性审核；但工艺卡片又与操作规程不同，工艺卡片中的工艺参数控制范围可以根据生产运行实际状况，在正确履行变更管理的基础上作临时调整，且可以多次调整。而操作规程仅需要每年审核调整一次即可，将经实际运行证明合理、安全的参数控制范围纳入规程中，以确保一致性。

部分企业编制的作业指导书给出了每一步过程的操作要求及操作参数，指导工人进行操作。作业指导书等同于工艺卡片。

**未制定操作规程和工艺控制指标被判定为重大生产安全事故隐患。**

### 4.8.2 装置运行监测预警及处置情况，主要包括：

本段规定了对装置配备的安全监控设施严格管理的要求。

化工装置安全运行除了"人防"外，更多的是"物防"和"技防"。"人防"就是现场的定时巡检，通过"听、嗅、摸、看、感"等方式对现场设备设施的运行情况进行判断；控制室人员就是负责人工处置各种报警。而"技防"则是通过控制手段、远传信号、安全仪表系统等实现自动化监测。"技防"监测系统是化工操作人员的另一只"眼睛"，它可以在第一时间发现系统运行中的不稳定因素，及时识别动态风险，通过自动处置或人工干预，可以将动态风险消灭在萌芽状态。要保证各项监控预警设施的正常运行，就必须认识到监测设施的重要性，加强管理工作。

## (1) 自动化控制系统设置及对重要工艺参数进行实时监控预警。

本条规定了对控制系统和工艺参数监控的管理要求。

化工生产过程需要对物料的温度、压力、液位、组分、浓度、流量、杂质含量、有害成分等参数进行监测，便于及时发现异常状况并进行处理。

《危险化学品重大危险源监督管理暂行规定》(国家安全监管总局令第 40 号)规定了构成重大危险源的化工生产装置应装备满足安全生产要求的自动化控制系统；重大危险源应配备温度、压力、液位、流量等信息的不间断采集和监测系统，并具备信息远传、记录、安全预警、信息存储等功能；记录的电子数据保存时间不少于 30 天；一级或者二级重大危险源，设置紧急停车系统；对重大危险源中的毒性气体、剧毒液体和易燃气体等重点设施，设置紧急切断装置；重大危险源中储存剧毒物质的场所或者设施，应设置视频监控系统等要求。

《危险化学品重大危险源安全监控通用技术规范》(AQ 3035—2010)规定了监控项目的分类，包括监控储罐以及生产装置内的温度、压力、液位、流量、阀位等可能直接引发安全事故的关键工艺参数；当易燃易爆及有毒物质为气态、液态或气液两相时，应监测现场的可燃/有毒气体浓度；气温、湿度、风速、风向等环境参数；音视频信号和人员出入情况；明火和烟气；避雷针、防静电装置的接地电阻以及供电状况等。

《危险化学品重大危险源罐区现场安全监控装备设置规范》(AQ 3036—2010)对各工艺监控参数的报警、检测仪器的选型、监测点的设置等提出了具体要求。指出了摄像头的设置个数和位置应根据罐区现场的实际情况而定，既要覆盖罐区全面，也要重点考虑危险性较大的区域，摄像头的安装高度应确保可以有效监控到储罐顶部。

《关于公布首批重点监管的危险化工工艺目录的通知》(安监总管三〔2009〕116 号)和《关于公布第二批重点监管危险化工工艺目录和调整首批重点监管危险化工工艺中部分典型工艺的通知》(安监总管三〔2013〕3 号)中都规定了对危险工艺监控相关重点工艺参数的要求。如氯化工艺的工艺参数监控要求是：氯化反应釜温度和压力；氯化反应釜搅拌速率；反应物料的配比；氯化剂进料流量；冷却系统中冷却介质的温度、压力、流量等；氯气杂质含量（水、氢气、氧气、三氯化氮等）；氯化反应尾气组成等。

《危险化学品重大危险源监督管理暂行规定》（国家安全监管总局令第40号）第十三条还规定：涉及毒性气体、液化气体、剧毒液体的一级或者二级重大危险源，应配备独立的安全仪表系统（SIS）。

**（2）可燃及有毒气体检测报警设施设置并投用。**

本条规定了对可燃及有毒气体检测报警设施的管理要求。

在作业现场可能发生危险化学品泄漏的场所设置可燃或有毒气体检测器，并具备声光报警功能，可以及时发现工艺系统物料的泄漏现象并进行处置，避免事态的进一步扩大。

《石油化工可燃气体和有毒气体检测报警设计标准》（GB 50493—2019）规定了气体检测器的设置要求，主要有：

① 在生产或使用可燃气体及有毒气体的生产设施及储运设施的区域内，泄漏气体中可燃气体浓度可能达到报警设定值时，应设置可燃气体探测器；泄漏气体中有毒气体浓度可能达到报警设定值时，应设置有毒气体探测器；既属于可燃气体又属于有毒气体的单组分气体介质，应设有毒气体探测器；可燃气体与有毒气体同时存在的多组分混合气体，泄漏时可燃气体浓度和有毒气体浓度有可能同时达到报警设定值，应分别设置可燃气体探测器和有毒气体探测器。

② 可燃气体和有毒气体的检测报警应采用两级报警。同级别的有毒气体和可燃气体同时报警时，有毒气体的报警级别优先。

③ 可燃气体和有毒气体检测报警信号应送至有人值守的现场控制室、中心控制室等进行显示报警；可燃气体二级报警信号、可燃气体和有毒气体检测报警系统报警控制单元的故障信号应送至消防控制室。

④ 可燃气体和有毒气体检测报警系统应独立于其他系统单独设置。

⑤ 检测比空气重的可燃气体或有毒气体时，探测器的安装高度宜距地坪（或楼地板）0.3～0.6m，检测比空气轻的可燃气体或有毒气体时，探测器的安装高度宜高出释放源2m内。检测比空气略重的可燃

气体或有毒气体时，探测器的安装高度宜在释放源下方 0.5~1m，检测比空气略轻的可燃气体或有毒气体时，探测器的安装高度宜高出释放源 0.5~1m 内。

⑥ 报警设定值应符合下列规定：可燃气体的一级报警设定值应小于或等于 25% 爆炸下限(LEL)；可燃气体的二级报警设定值应小于或等于 50% 爆炸下限；有毒气体的一级报警设定值应小于或等于 100% 职业接触限值，二级报警设定值应小于或等于 200% 职业接触限值。

有毒气体检测报警值的换算公式为：

$$1ppm = (22.4 \times 1mg/m^3) / 有毒气体相对分子质量$$

⑦ 可燃气体和有毒气体检(探)测器的探测点，应根据气体的理化性质、释放源的特性、生产场地布置、地理条件、环境气候、操作巡检路线等条件，并选择气体易于积累和便于采样检测之处布置。

为及时准确判断发生可燃有毒物质的泄漏险情，绘制现场可燃有毒气体检测器布置图是必要的，将检测器的编号和现场所处位置一一对应，可以及时发现问题予以处置。

《石油化工可燃气体和有毒气体检测报警设计标准》(GB 50493—2019)规定了"可燃气体和有毒气体检测报警系统的气体探测器、报警控制单元、现场警报器等的供电负荷，应按一级用电负荷中特别重要的负荷考虑，宜采用 UPS 电源装置供电"。

可燃、有毒气体检测器的设置还要考虑到管沟、窨井等容易被人们忽视的死角部位的泄漏检测要求。

可燃、有毒气体检测器报警时需要人工进行处置，确定报警的点位、记录报警的时间、分析报警的原因，将误报与泄漏区别开来。因此必须建立仪表报警管理制度，并建立报警处置台账。

**涉及可燃和有毒有害气体泄漏的场所未按国家标准设置检测报警装置被判定为重大生产安全事故隐患。**

**(3) 采用在线安全监控、自动检测或人工分析等手段，有效判断发生异常工况的根源，及时安全处置。**

本条规定了对异常工况报警必须及时处理的要求。

异常工况预警信号的及时处置是控制风险增加的有效措施，不能及时发现工艺报警，或发现工艺报警但未及时处理、未准确分析报警的原因，则有可能错过最佳管控时机，导致事故发生。河北盛华"11·28"事故的发生就是因为发生氯乙烯气柜液位报警后处理不当造成的；河南三门峡义马气化厂"7·19"事故也是已经检测到液氧发生泄漏，但未及时安全处理，最终导致重大事故的发生。

根据洋葱模型理论，单纯的工艺报警不能有效防止事故的发生，只有在采取了人工干预措施，对报警进行及时处理后，才能形成一个完整的保护层，使风险不能进一步演化。

企业应建立报警管理制度，加强监测预警、报警管理，实现操作人员在出现异常工况监测预警时，能够及时、有效响应。

《关于加强化工过程安全管理的指导意见》（安监总管三〔2013〕88号）在异常工况的管理要求中，规定了企业要采用在线安全监控、自动检测或人工分析数据等手段，及时判断发生异常工况的根源，评估可能产生的后果，制定安全处置方案，避免因处理不当造成事故。

**4.8.3 开停车安全管理情况，主要包括：**

**（1）开停车前安全条件的检查确认；**

**（2）开停车前开展安全风险辨识分析、开停车方案的制定、安全措施的编制及落实；**

**（3）开车过程中重要步骤的签字确认，包括装置冲洗、吹扫、气密试验时安全措施的制定，引进蒸汽、氮气、易燃易爆、腐蚀性等危险介质前的流程确认，引进物料时对流量、温度、压力、液位等参数变化情况的监测与流程再确认，进退料顺序和速率的管理，可能出现泄漏等异常现象部位的监控；**

**（4）停车过程中，设备和管线低点处的安全排放操作及吹扫处理后与其他系统切断、确认工作的执行。**

本条规定了化工装置非原始开车条件下的开停车管理要求。

化工生产过程中，出现的开停车状况很多，除项目建成后的原始开车外，还有正常状态下的开停车、临时停车、紧急停车后的再开车以及大检修后的开车等等。对每一种情形下的开停车操作都有不同的要求，必须分别制定方案进行管理。

由于实施开停车操作前，每一种情形对应的工况不同，公用工程的投用、物料的在线数量及分布情况不一，如有些设备存有物料、有些管线进行过检修、有些仪表进行过更换、有些排放底阀尚未关闭等等，因此必须进行开停车前的安全检查确认。

根据美国化学品安全委员会（CSB）的统计，开车期间的过程安全事故约占总过程安全事故的 8%。如果考虑到开车阶段的时间占工厂运行时间的比例，在单位时间内，开车期间的事故率远远高于正常生产时的事故率，而且事故的后果往往非常严重！美国化学工程师协会工艺安全管理中心（CCPS）统计了发生在美国本土 1976～1989 年的过程安全事故，对于连续化的工艺流程，大约 60%～75% 的重大工艺安全事故不是发生在正常生产期间，而是发生在开停车等非正常生产期间。

近些年发生在国内的开停车事故也不少。2019 年 3 月 25 日，山东烟台招远金恒化工有限公司发生一起爆裂着火事故，造成 1 人死亡，4 人受伤。该企业从 2011 年开始一直停产，在不具备开车条件的情况下，不顾监管指令，于 3 月 24 日擅自开始调试设备和投料生产，3 月 25 日零时 50 分左右即发生设备爆裂事故，导致其北侧车间发生火灾。新疆宜化化工有限公司"7·26"爆燃事故也是在对停产的造气车间进行复产期间发生的，事故造成 5 人死亡、15 人重伤。事故的间接原因就是未按照停车方案，将停用的 12 号造气炉炉顶煤仓中的煤及时清理，且未将造气炉的氧气管道进行隔离，造成留存的煤发生阴燃，在 12 号造气炉点火准备过程中也未检查 12 号造气炉炉顶煤仓中是否有留存的煤，为燃爆提供了点火源。还有福建腾龙芳烃（漳州）有限公司"4·6"爆炸着火事故，也是因为二甲苯装置停产检修后开车时物料泄漏，遇明火发生爆炸，并引燃装置西侧的重石脑油储罐和轻重整液储罐，在社会上产生较大影响。

在吸取这些事故教训的基础上，《导则》进一步落实化工过程安全管理的要求，对化工装置非原始开车条件下的开停车管理进行了规定。

开车前安全条件确认的要点有：

（1）确认设备检维修作业是否完毕，开孔是否封闭，检修时施加的盲板、丝堵是否已经拆除或恢复；

（2）确认需要进行吹扫、清洗和气密的系统是否已完成相应工作；

（3）确认前期停车时采取的紧急处理措施是否已恢复原状；

（4）确认在线物料数量及分布，安全性是否符合预期；

（5）确认水、电、气、汽运行是否正常；

（6）确认检修时摘除的联锁回路是否已恢复，并完成调试；电气系统现状是否已满足开车要求；

（7）确认应急装备是否已配备到位，消防系统是否已运行正常；

（8）确认各岗位人员是否已清楚自己的工作内容和工作步骤。

停车前安全条件确认的要点有：

（1）确认在线物料数量及分布，安全性是否符合预期；

（2）确认停车期间排放的各种物料是否均已明确各自去向，排放口部位是否已确定；

（3）确认停车后需检修的设备设施是否已按要求采取腾空或隔离措施；

（4）确认停车后需要隔离的管道、设备是否已做好盲板隔离的准备；

（5）确认停车期间的应急装备是否已配备到位；

（6）确认停车物料处理过程中可能出现的风险是否已识别到位并采取管控措施。

各种过程的确认工作，应有专人负责，并建立记录，尤其是重要环节、重要步骤、重要作业需要有责任人的签字确认。

《关于加强化工过程安全管理的指导意见》（安监总管三〔2013〕88号）对开停车管理提出的要求是：

企业要制定开停车安全条件检查确认制度。在正常开停车、紧急停车后的开车前，都要进行安全条件检查确认。开停车前，企业要进行风险辨识分析，制定开停车方案，编制安全措施和开停车步骤确认表，经生产和安全管理部门审查同意后，要严格执行并将相关资料存档备查。

企业要落实开停车安全管理责任，严格执行开停车方案，建立重要作业责任人签字确认制度。开车过程中装置依次进行吹扫、清洗、气密试验时，要制定有效的安全措施；引进蒸汽、氮气、易燃易爆、腐蚀性介质前，要指定有经验的专业人员进行流程确认；引进物料时，要随时监测物料流量、温度、压力、液位等参数变化情况，确认流程是否正确。要严格控制进退料顺序和速率，现场安排专人不间断巡检，监控有无泄漏等异常现象。

停车过程中的设备、管线低点的排放要按照顺序缓慢进行，并做好个人防护；设备、管线吹扫处理完毕后，要用盲板切断与其他系统的联系。抽堵盲板作业应在编号、挂牌、登记后按规定的顺序进行，并安排专人逐一进行现场确认。

### 4.8.4 工艺纪律、交接班制度的执行与管理情况。

本条规定了日常工艺管理的基本要求。

工艺纪律是企业在生产过程中，为维护工艺管理的严肃性，保证操作规程贯彻执行，确保产品质量和安全生产而制定的具有约束性的工艺管理规定，是确保企业有秩序地进行生产活动的重要法规之一。是否认真遵守工艺纪律决定着生产装置能否平稳运行，能否把隐患消除在萌芽状态。

执行工艺纪律的内容主要包括遵守操作规程、严控工艺指标、认真做好巡检、按时做好记录、及时处理报警、准确排除异常等各个方面；交接班制度则是从事连续生产的作业人员进行交接班时应该遵守的工艺纪律。

化工生产中的"五交五不交"一般指交接班的时候，五种情况下交班，五种情况下不可以交班，主要内容有：

（1）五交

①交本班生产负荷、机组配置情况、工艺指标、产品质量和任务完成情况；原料、燃料和辅助材料消耗和存量情况。

②交各种设备、仪表运行情况及设备、管道坚固和跑冒滴漏情况。

③交不安全因素及已采取的预防措施和事故处理情况。

④交原始记录是否正确完整和岗位辖区内的定置定位、清洁卫生和其他工种在辖区内活动情况。

⑤交上级指令、要求和注意事项。

（2）五不交

①生产工艺有大的波动，生产工艺、设备有异常但情况不清或问

题严重应先处理后交接。

②工具防护器材、消防器材不齐全，不完好不交。

③岗位秩序和卫生情况不好不交。

④原始记录不清不交。

⑤接班者不认真、不签字不交。

严格做好交接班，对化工企业来讲，是厘清事故责任的重要依据。化工生产因交接班不清，也可能导致事故的发生，如浙江华邦医药公司"1·3"爆燃事故和吉林省松原石油化工股份有限公司"2·17"爆炸事故等。

### 4.8.5 工艺技术变更管理情况。

本条规定了发生工艺变更时加强管理的要求。

工艺变更是变更中的一种，应严格执行变更管理制度，按照申请、审批、实施、验收的要求做好各项工作。尤其是变更实施前的风险分析、风险控制措施的落实和变更实施后的信息更新、员工培训等，是保证变更达到预期效果的必经环节。

工艺变更一般有以下几种情形：

（1）生产能力的变化；

（2）原辅材料(包括助剂、添加剂、催化剂等)种类和成分比例的变化；

（3）工艺路线、流程及操作条件的变化；

（4）工艺操作规程或操作方案的变化；

（5）工艺控制参数的变化；

（6）仪表控制系统(包括安全报警和联锁整定值的改变)的变化；

（7）水、电、汽、风等公用工程方面的变化等。

河北克尔化工公司"2·28"爆燃事故和大连"7·16"火灾事故都是因为工艺变更问题造成的。

### 4.8.6 重大危险源安全控制设施设置及投用情况，主要包括：

（1）重大危险源应配备温度、压力、液位、流量等信息的不间断采集和监测系统以及可燃气体和有毒有害气体泄漏检测报警装置，并具备信息远传、记录、安全预警、信息存储等功能；

（2）重大危险源的化工生产装置应装备满足安全生产要求的自动化控制系统；

（3）一级或者二级重大危险源，设置紧急停车系统；

（4）对重大危险源中的毒性气体、剧毒液体和易燃气体等重点设施，设置紧急切断装置；

（5）对涉及毒性气体、液化气体、剧毒液体的一级或者二级重大危险源，应具有独立安全仪表系统；

（6）对毒性气体的设施，设置泄漏物紧急处置装置；

（7）重大危险源中储存剧毒物质的场所或者设施，设置视频监控系统；

（8）处置监测监控报警数据时，监控系统能够自动将超限报警和处置过程信息进行记录并实现留痕。

本条规定了对重大危险源的特殊管理要求。

危险化学品重大危险源场所及设备具有能量聚集、风险偏高的特点，一旦发生事故，后果极其严重，因此必须对重大危险源进行特殊管理。

《危险化学品重大危险源监督管理暂行规定》（国家安全监管总局令第 40 号）、《危险化学品重大危险源安全监控通用技术规范》（AQ 3035—2010）、《危险化学品重大危险源罐区现场安全监控装备设置规范》（AQ 3036—2010)对重大危险源的管理均提出了具体要求，《关于加强化工安全仪表系统管理的指导意见》（安监总管三〔2014〕116 号）中对重大危险源配备的安全仪表系统提出了具体的指导要求。参见 4.6.5 和 4.8.2(1)相关解释。

重大危险源各项管控措施是否完好在用是确保重大危险源场所安全运行的前提。

### 4.8.7　重点监管的危险化工工艺安全控制措施的设置及投用情况。

本条规定了对重点监管的危险工艺的特殊管理要求。

2009 年，国家安全监管总局颁发《关于公布首批重点监管的危险化工工艺目录的通知》（安监总管三〔2009〕116 号），将光气及光气化工艺、电解工艺(氯碱)、氯化工艺、硝化工艺、合成氨工艺、裂解(裂化)工艺、氟化工艺、加氢工艺、重氮化工艺、氧化工艺、过氧化工艺、胺基化工艺、磺化工艺、聚合工艺和烷基化工艺列为重点监管的危险工艺,2013 年又颁布《关于公布第二批重点监管危险化工工艺目录和调整首批重点监管危险化工工艺中部分典型工艺的通知》(安监总管三〔2013〕3 号),增补了新型煤化工工艺、电石生产工艺和偶氮化工艺,从而确定了 18 种重点监管的危险工艺,并提出了推荐性的管理控制措施。

对涉及危险工艺的生产装置配备的安全控制措施是由项目初步设计阶段和运行期间通过开展 HAZOP 分析确定的,根据不同的生产工艺实际,通过一系列的 HAZOP-LOPA-SIL 评估,确定适当的控制方式。

安全控制措施的有效运行是保证工艺过程不失控的基本条件。常见的对重点监管危险工艺控制措施管控不到位的现象主要有以下七项。

(1)进料系统:未设置紧急切断阀或设置了紧急切断阀,但未投用。

(2)监测系统:设置的温度、压力检测仪表信号不能远传,不能与联锁系统挂钩。

(3)搅拌系统:未纳入联锁系统。

(4)冷却系统:现场切断阀处于关闭状态,需人工开启才能投运;紧急注冷冻水系统,注水泵需人工开启;对于前期加热、后期冷却的反应釜,忽视对热媒旁路阀的管理。

(5)泄放系统:安全阀泄放管道管径偏小,不能有效泄放;安全阀根部阀未处于全开位置;泄放管口设在室内或顶棚下。

(6)控制系统:未投用或部分投用。

(7)气体探测系统:缺乏声光报警和报警远传功能。

### 4.8.8 剧毒、高毒危险化学品的密闭取样系统设置及投用情况。

本条对密闭取样系统提出了管理要求。

化工生产过程中涉及到的液氯、液氨、光气、硫化氢等具有剧毒或高毒危害的化学品在人员取样过程中,如果操作不慎,出现泄漏,容易引起作业人员的中毒,因此应采用密闭取样方式。

《关于加强化工企业泄漏管理的指导意见》（安监总管三〔2014〕94号）提出了对存在剧毒及高毒类物质的工艺环节要采用密闭取样系统设计，有毒、可燃气体的安全泄压排放要采取密闭措施设计的管理要求。

《石油化工金属管道布置设计规范》（SH 3012—2011）规定了极度危害和高度危害的介质、甲类可燃气体和液化烃应采取密闭循环方式取样。

同时还规定取样口不得设在有振动的设备或管道上，否则应采取减振措施；可燃气体、液化烃和可燃液体的取样管道不得引入化验室。《石油化工密闭采样安全要求》（T/CCSAS 003—2019）提出了密闭采样系统设计尽可能实现全过程的本质安全且操作简便的要求，对密闭取样器的电气安全、压力安全、温度要求及材质要求、安装位置等均提出了具体要求。

### 4.8.9　储运设施的管理情况，主要包括：

易燃、易爆、有毒化学品储罐区是能量高度集聚的场所，也是构成重大危险源的关键场所。尤其是采用球罐存储的液化气体，风险极大，装卸过程中发生的事故也是屡见不鲜，如临沂金誉石化"6·5"爆炸着火事故、山东石大科技"7·16"爆炸事故等。河南三门峡义马气化厂"7·19"爆燃事故虽然因空分系统泄漏而引起，但造成如此严重后果的原因却是往往被人们忽视的液氧储罐。因此加强危险化学品储运系统的管理是非常必要的，同时也对液氧储罐的运行状况引起高度关注。

此外，危险化学品的储存还包括仓储，同样有相应的管理要求。

### （1）危险化学品装卸管理制度的制订及执行。

本条规定了危险化学品装卸管理的制度要求。

企业危险化学品的运输大多委托给专业运输公司承担，因此装卸作业时就涉及到企业方作业人员、承运方驾驶人员、押运员，还有可能有供应商人员。装卸作业过程中职责不清、管辖范围不明，随意乱动设施，就有可能引发事故。另外，氧气、氮气、乙炔、氢气、氯气等钢瓶装危险化学品充装也有特殊的管理规定，如作业人员持证上岗问题、搬运作业顺序问题、存储仓库的管理问题、消防应急设施的配备问题等，都需要有相应的管理要求，因此必须通过建立相关制度明确各自责任、义务和工作要求。

临沂金誉石化"6·5"爆炸着火事故后，国务院安委办在《关于山东临沂金誉石化有限公司"6·5"爆炸 着火事故情况的通报》(安委办〔2017〕19号)中规定了企业应建立易燃易爆有毒危险化学品装卸作业时装卸设施接口连接可靠性的确认制度；装卸设施连接口不得存在磨损、变形、局部缺口、胶圈或垫片老化等缺陷的要求。

《油气罐区防火防爆十条规定》(安监总政法〔2017〕15号)规定了装卸车作业环节应严格遵守安全作业标准、规程和制度，并在监护人员现场指挥和全程监护下进行。

装卸作业管理制度内容主要包括以下内容：

① 现场人员各自的安全责任、作业范围；

② 运输车辆的管理、证件的管理；

③ 作业前安全条件确认的管理

④ 作业过程中的应急管理、人员管理；

⑤ 作业完成后的确认管理。

**(2) 储运系统设施的安全设计、安全控制、应急措施的落实。**

本条规定了储运系统安全设施配备和管理的要求。

危险化学品储罐区因积聚了大量能量，风险大，大多罐区构成重大危险源，向来受到关注。河南三门峡义马气化厂"7·19"爆燃事故的发生也引发了人们对液氧储罐的高度关注。

对储罐区的设计除考虑罐区在全厂总图中的位置外，还根据储罐属于浮顶罐、拱顶罐、卧罐、球罐等罐型的不同确定了各自罐组间的防火间距、同一罐组内储罐间的防火间距；在储罐紧急切断阀的设计、防火堤的设计、防火堤内下水系统的设计、储罐固定式或移动式消防冷却水、泡沫系统的设计、重大危险源的监测设计等方面均有完善的国家标准或行业标准要求，对安全仪表系统的设计也有文件规定。严格按照这些标准规范要求进行设计并正常投用是保证罐区安全运行的关键。同时气柜也是不容忽视的部位，河北盛华"11·28"事故就是发生在气柜中。

在装卸过程中的设计要求包括输送管道的设计、紧急切断阀的安装位置设计、泵房或泵棚的位置设计、泄漏监测的设计等方面，都有相应的标准规范，必须严格执行。

涉及装卸系统的要求有很多，如：

① 罐组的专用泵区应布置在防火堤外，与储罐的防火间距应满足规范要求。

《石油化工企业设计防火标准（2018 年版）》（GB 50160—2008）5.3.5

② 甲$_B$、乙、丙$_A$类液体的铁路卸车严禁采用沟槽卸车系统；在距装车栈台边缘 10m 以外的可燃液体（润滑油除外）输入管道上应设便于操作的紧急切断阀。

《石油化工企业设计防火标准（2018 年版）》（GB 50160—2008）6.4.1

③ 甲$_B$、乙、丙$_A$类液体的汽车装车应采用液下装车鹤管；站内无缓冲罐时，在距装卸车鹤位 10m 以外的装卸管道上应设便于操作的紧急切断阀。

《石油化工企业设计防火标准（2018 年版）》（GB 50160—2008）6.4.2

④ 液化烃铁路和汽车的装卸设施应符合"液化烃严禁就地排放、低温液化烃装卸鹤位应单独设置"的要求。

《石油化工企业设计防火标准（2018 年版）》（GB 50160—2008）6.4.3

⑤ 液化烃、液氯、液氨管道不得采用软管连接，可燃液体管道不得采用非金属软管连接。

《石油化工企业设计防火标准（2018 年版）》（GB 50160—2008）7.2.18

涉及储存系统的标准规范和要求有很多，如：

① 罐组内相邻可燃液体地上储罐的防火间距应满足规范要求。

《石油化工企业设计防火标准（2018 年版）》（GB 50160—2008）6.2.8

② 立式储罐至防火堤内堤脚线的距离不应小于罐壁高度的一半。

《石油化工企业设计防火标准（2018 年版）》（GB 50160—

2008)6.2.13

③ 储罐的进出口管道应采用柔性连接。

《石油化工企业设计防火标准（2018 年版）》（GB 50160—
2008)6.2.25

④ 液化烃的储罐应设液位计、温度计、压力表、安全阀，以及高
液位报警和高高液位自动联锁切断进料措施。对于全冷冻式液化烃储
罐还应设真空泄放设施和高、低温度检测，并应与自动控制系统相联。

《石油化工企业设计防火标准（2018 年版）》（GB 50160—
2008)6.3.11

⑤ 气柜应设上、下限位报警装置，并宜设进出管道自动联锁切断
装置。

《石油化工企业设计防火标准（2018 年版）》（GB 50160—
2008)6.3.12

⑥ 液化烃球罐支腿从地面到支腿与球体交叉处以下 0.2m 的部位
耐火保护措施。

《石油化工企业设计防火标准（2018 年版）》（GB 50160—
2008)5.6.2

⑦ 罐壁高于 17m 储罐、容积等于或大于 10000$m^3$ 储罐、容积等于
或大于 2000$m^3$ 低压储罐应设置固定式消防冷却水系统。

《石油化工企业设计防火标准（2018 年版）》（GB 50160—
2008)8.4.5

⑧ 构成重大危险源的储罐信息采集、监测系统应满足 AQ 3035 和
AQ 3036 的要求。

⑨ 构成一级、二级重大危险源的危险化学品罐区应实现紧急切断
功能，并处于投用状态。

《危险化学品重大危险源监督管理暂行规定》（国家安全监管总局
令第 40 号）

⑩ 储存 Ⅰ 级和 Ⅱ 级毒性液体的储罐、容量大于或等于 3000$m^3$ 的
甲$_B$ 和乙$_A$ 类可燃液体储罐、容量大于或等于 10000$m^3$ 的其他液体储罐
应设高高液位报警及联锁，高高液位报警应联锁关闭储罐进口管道控
制阀。

《石油化工储运系统罐区设计规范》(SH/T 3007—2014)5.4.3

⑪ 较高浓度环氧乙烷设备的安全阀前应设爆破片，爆破片入口管道应设氮封，且安全阀的出口管道应充氮。

《石油化工企业设计防火标准（2018 年版）》（GB 50160—2008）5.5.9

环氧乙烷的安全阀及其他泄放设施直排大气的应采取安全措施。这是因为环氧乙烷具有一定的毒性，不能直接排入大气，应采取适当措施对其进行处理，多采用接入水吸收系统的方式。

⑫ 防火堤及隔堤的设置应符合下列规定：液化烃全压力式或半冷冻式储罐组宜设高度为 0.6m 的防火堤，全压力式、半冷冻式液氨储罐的防火堤和隔堤的设置同液化烃储罐的要求。

《石油化工企业设计防火标准（2018 年版）》（GB 50160—2008）6.3.5

**液化烃、液氨、液氯等易燃易爆、有毒有害液化气体的充装未使用万向管道充装系统被判定为重大隐患。**

**(3) 储罐尤其是浮顶储罐安全运行。**

> 本条规定了储罐的安全运行要求。

储罐的安全运行是危险化学品安全储存的前提。尤其是对内浮顶储罐而言，《油气罐区防火防爆十条规定》（安监总政法〔2017〕15号）规定了严禁内浮顶储罐运行中浮盘落底的要求。浮盘落底是指因存储可燃液体的储罐液位过低，浮盘落在了支撑腿上的现象。正常运行时浮盘落底后会在浮盘和油面之间形成气相空间，在物料流速过快时物料管线管口静电易聚集，极易引发着火爆炸事故。2011 年发生的大连石化公司"8·29"火灾爆炸事故就是由于事故储罐送油造成液位过低，浮盘与柴油液面之间形成气相空间，造成空气进入。正值上游装置操作波动，进入事故储罐的柴油中轻组分含量增加，在浮盘下形成爆炸性气体，加之进油流速过快，产生大量静电无法及时导出产生放电，引发爆炸。

关于储罐安全运行的要求有很多，如：

(1) 甲$_B$、乙类液体的固定顶罐应设阻火器和呼吸阀；对于采用氮气或其他气体气封的甲_B、乙类液体的储罐还应设置事故泄压设备；阻火器和呼吸阀应完好在用。

《石油化工企业设计防火标准（2018 年版）》（GB 50160—2008）6.2.19

（2）全压力式储罐应采取防止液化烃泄漏的注水措施。

《石油化工企业设计防火标准（2018 年版）》（GB 50160—2008）6.3.16

（3）有氮气保护设施的储罐要确保氮封系统完好在用。

《关于进一步加强化学品罐区安全管理的通知》（安监总管三〔2014〕68 号）第二（四）条

（4）多个化学品储罐尾气联通回收系统，需经安全论证合格后方可投用。

《关于进一步加强化学品罐区安全管理的通知》（安监总管三〔2014〕68 号）

（5）严禁内浮顶储罐运行中浮盘落底。

《关于进一步加强化学品罐区安全管理的通知》（安监总管三〔2014〕68 号）

2017 年，国家安监总局在连云港聚鑫生物科技公司"12·9"爆炸事故通报中要求：切实加强环保尾气系统改建项目的安全风险评估。环保部门要研究出台新建、改建环保尾气系统安全风险评估管理办法，督促企业科学设计与建设、改造环保尾气系统，加强尾气系统的变更管理。企业要聘请工艺、自动控制等专家对所有涉及环保尾气系统新建、改造工程，从原生产装置、控制手段、操作方式、人员资质等方面开展安全风险辨识，实施有效管控，严防环保隐患转化成安全生产隐患，导致生产安全事故发生。

**全压力式储罐未采取防止液化烃泄漏的注水措施被判定为重大生产安全事故隐患。**

**（4）危险化学品仓库及储存管理。**

*本条规定了对危险化学品仓库及储存的管理要求。*

除罐装危险化学品外，还存在桶装、袋装、钢瓶装危险化学品，

90

需要在仓库内储存。对仓库内危险化学品的管理主要包括：

（1）对仓库建（构）筑物的管理。

《建筑设计防火规范（2018年版）》（GB 50016—2014）根据危险化学品火灾危险性特点对所使用的危险化学品仓库规定了甲、乙、丙、丁、戊等不同的火灾危险性类别。对每一种火灾类别的仓库从周边间距、占地面积、防火分区、仓库层数、仓库内照明设置、消防系统设置等均有明确的要求。此外还规定了甲、乙类物品仓库不应设置在地下或半地下。

《安全生产法》第三十九条规定：生产、经营、储存、使用危险物品的车间、商店、仓库不得与员工宿舍在同一座建筑物内，并应当与员工宿舍保持安全距离。

（2）对存储危险化学品种类的管理。

危险化学品根据危险特性有可燃液体、可（自）燃固体、压缩气体、液化气体、腐蚀性液体、剧毒物品等，对每一种物品均有相关的仓储要求。各类危险化学品的仓储在《易燃易爆商品储藏养护技术》（GB 17914—2013）、《腐蚀性商品储藏养护技术条件》（GB 17915—2013）、《毒性商品储藏养护技术》（GB 17916—2013）等规范里均有明确要求。

（3）对储存方式的管理。

《常用化学危险品贮存通则》（GB 15603—1995）规定了危险化学品根据其物化性质可采用隔离贮存、隔开贮存和分离贮存等三种存储方式。其中隔离贮存即是在同一房间或同一区域内，不同的物料之间分开一定的距离，非禁忌物料间用通道保持空间的贮存方式；隔开贮存即是在同一建筑或同一区域内，用隔板或墙，将其与禁忌物料分离开的贮存方式；分离贮存即是在不同的建筑物或远离所有建筑的外部区域内的贮存方式。

《危险化学品经营企业安全技术基本要求》（GB 18265—2019）规定危险化学品仓储应满足以下条件：

① 爆炸物宜按不同品种单独存放，当受条件限制，不同品种爆炸物需同库存放时，应确保爆炸物之间不是禁忌物且包装完整无损。

② 有机过氧化物应储存在危险化学品库房特定区域内，避免阳光

直射，并应满足不同品种的存储温度、湿度要求。

③ 遇水放出易燃气体的物质和混合物应密闭储存在设有防水、防雨、防潮措施的危险化学品库房中的干燥区域内。

④ 自燃物和混合物的储存温度应满足不同品种的存储温度、湿度要求，并避免阳光直射。

⑤ 自反应物质和混合物应储存在危险化学品库房特定区域内，避免阳光直射并保持良好通风，且应满足不同品种的存储温度、湿度要求，自反应物质及其混合物只能在原装容器中存放。

（4）对剧毒化学品的管理。

《危险化学品安全管理条例》（国务院令第 591 号）规定：剧毒化学品以及储存数量构成重大危险源的其他危险化学品，应当在专用仓库内单独存放，并实行双人收发、双人保管制度。

（5）对库区监测设施的管理。

《危险化学品安全管理条例》（国务院令第 591 号）规定：生产、储存危险化学品的单位，应当根据其生产、储存的危险化学品的种类和危险特性，在作业场所设置相应的监测、监控、通风、防晒、调温、防火、灭火、防爆、泄压、防毒、中和、防潮、防雷、防静电、防腐、防泄漏以及防护围堤或者隔离操作等安全设施、设备，并按照国家标准、行业标准或者国家有关规定对安全设施、设备进行经常性维护、保养，保证安全设施、设备的正常使用；在其作业场所设置通信、报警装置，并保证处于适用状态。

常用的监测设施有：有毒可燃气体检测报警系统、库房温湿度监测系统、火灾报警系统、视频监控系统、通风系统、防雷防静电系统、火焰探测系统等。

（6）对消防系统的管理。

《建筑设计防火规范（2018 年版）》（GB 50016—2014）规定：甲、乙、丙类液体仓库应设置防止液体流散的设施；遇湿会发生燃烧爆炸的物品仓库应设置防止水浸渍的措施。

《仓储场所消防安全管理通则》（GA 1131—2014）规定仓库内堆放物品应满足以下要求：

① 堆垛上部与楼板、平屋顶之间的距离不小于 0.3m；

② 物品与照明灯之间的距离不小于 0.5m；

③ 物品与墙之间的距离不小于 0.5m；

④ 物品堆垛与柱之间的距离不小于 0.3m；

⑤ 物品堆垛与堆垛之间的距离不小于 1.0m。

甲、乙类桶装液体不应露天堆放。必须露天存放时，在炎热季节应采取隔热、降温措施。液化气体、压缩气体钢瓶不应露天堆放。

进入易燃、可燃物资存储场所的蒸汽机车和内燃机车应设置防火罩；汽车、拖拉机不应进入甲、乙、丙类物品的室内存储场所，进入甲、乙类物品室内存储场所的电瓶车、铲车应为防爆型。

同时，对库区配备灭火器、消防沙、室内消火栓系统、火灾报警器等各消防系统均有明确的规范要求。参见"应急管理"的相关条文解释。

（7）对作业人员的管理。

《危险化学品安全管理条例》（国务院令第 591 号）规定：危险化学品应当储存在专用仓库、专用场地或者专用储存室（以下统称专用仓库）内，并由专人负责管理。剧毒化学品以及储存数量构成重大危险源的其他危险化学品，实行双人收发、双人保管制度。

（8）其他管理要求。

① 仓库区的安全标志牌不应设在门、窗、架等可移动的物体上，以免标志牌随母体物体相应移动，影响认读。

② 配电箱及开关应设置在仓库外。

危险化学品仓储和出入库过程中管理不善，也易发生生产安全事故。如危险化学品安全标签缺失、误领误用而发生的四川宜宾"7·12"爆燃事故，因禁忌物品混存发生的深圳清水河"8·5"爆炸事故等。

**未按国家标准分区分类储存危险化学品，超量、超品种储存危险化学品，相互禁配物质混放混存等现象均被判定为重大生产安全事故隐患。**

**4.8.10 光气、液氯、液氨、液化烃、氯乙烯、硝酸铵等有毒、易燃易爆危险化学品与硝化工艺的特殊管控措施落实情况。**

本条规定了对一些风险危害大的危险化学品进行特殊管控的要求。

将以上内容列入特殊管控检查表，考量的因素主要有两方面：

一方面是安全风险高。6 种危险化学品均属于重点监管的危险化学品，具有自身风险性大、泄漏后事故后果严重的特点，如果在生产、储存或使用过程中安全设施不健全、管理不到位，极易发生严重事故。硝化工艺作为重点监管的危险工艺中的一种，因反应放热量大，工艺失控造成的事故后果往往也较其他工艺严重。

另一方面是历史上事故较多。譬如，涉及液化烃的山东石大科技"7·16"爆燃事故、山东金誉石化"6·5"爆燃事故；涉及硝化反应或硝化物的山东滨源化学"8·31"爆炸事故、河北克尔化工"2·28"爆炸事故、江苏响水天嘉宜"3·21"爆炸事故；涉及光气或光化反应的安徽中升药业"4·18"中毒事故、印度博帕尔中毒事故；涉及氯气的河北利兴特种橡胶"5·13"中毒事故、重庆天原化工"4·16"泄漏事故；涉及液氨的阜阳市昊源化工集团有限公司"5·4"液氨泄漏事故；涉及到硝酸铵生产过程中的陕西兴化"1·6"爆炸事故、湖北枝江市富升化工"2·19"燃爆事故；涉及氯乙烯的河北盛华"11·28"爆燃事故、内蒙古乌兰察布东兴化工"4·24"爆燃事故等。而且，事故暴露出的一些新情况、新问题，需要在以后的生产及监管中给予特别关注。对上述危险化学品的管理，国家已制定有一系列法规要求。如对光气管理有《关于印发光气及光气化产品安全生产管理指南的通知》（安监总厅管三〔2014〕104 号）、《光气及光气化产品生产安全规程》（GB 19041—2003）；对液氨、氯乙烯、液化烃的管理有《关于印发首批重点监管的危险化学品安全措施和应急处置原则》（安监总厅管三〔2011〕142 号）；对液氯的管理有《氯气安全规程》（GB 11984—2008）、《液氯使用安全技术要求》（AQ 3014—2008）和《液氯钢瓶充装自动化控制系统技术要求》（AQ 3051—2015）等，此外，中国氯碱工业协会也下发《关于氯气安全设施和应急技术的指导意见的通知》（（2010）协字第 070 号）和《关于氯气安全设施和应急技术的补充指导意见》（2012）协字第 012 号）文件等。

特殊管控措施是在通用管控措施基础上的"补充条款"，绝大部分排查内容是检验企业对国家相关法规标准及当前安全发展要求的落实，部分排查依据未列出的，则是基于行业多年生产实践经验的积累及对历史事故教训的吸取。对涉及这些危险化学品或工艺的企业要求在遵守通用要求的基础上，再配备特殊的控制措施，确保万无一失。

特殊管控措施强调的几个要点是：

（1）对液化烃、液氨、液氯的充装管道必须采用万向节钢管。

（2）对液化烃、氯乙烯的球罐必须采用泄漏时的紧急注水设施。

（3）液化烃压力储罐配套的管道、法兰、垫片、螺栓选型应能满足设计压力和设计温度的要求。

（4）光气封闭式厂房应设机械排气系统，重要设备宜设局部排风罩，排气必须接入应急破坏处理系统；光气敞开式厂房应设置可移动式弹性软管负压排气系统，将有毒气体送至破坏处理系统。

（5）在液氯泄漏时应禁止直接向罐体喷水，应将泄漏点朝上（气相泄漏位置），宜采用专用工具堵漏，并将液氯瓶阀液相管抽液氯或紧急使用；液氯气瓶充装厂房、液氯重瓶库宜采用密闭结构，多点配备可移动式非金属软管吸风罩；半敞开式厂房必须在充装场所配备2个以上移动式真空吸收软管，并与事故氯吸收装置相连；禁止液氯>1000kg的容器直接液氯气化，禁止液氯贮槽（罐）、罐车或半挂车槽罐直接作为液氯气化器使用。

"剧毒，吸入高浓度气体可致死，包装容器受热有爆炸的危险"，这是《首批重点监管的危险化工工艺安全控制要求、重点监控参数及推荐的控制方案》中对氯的特别警示内容。而且，液氯在常压下即气化成气体，密度比空气大，泄漏后容易沿地面到处扩散，给周围群众和排险人员带来严重威胁。重庆天原化工"4·16"泄漏事故就是典型的氯气泄漏事故，造成9人失踪或死亡，3人重伤，15万人被紧急疏散。救援过程中，储气罐的引爆甚至动用了坦克。

鉴于此，液氯特殊管控排查表中强化了防止泄漏氯气扩散、尽可能回收处理的要求，排查内容包括"液氯气瓶充装厂房、液氯重瓶库宜采用密闭结构，多点配备可移动式非金属软管吸风罩，软管半径覆盖密闭结构厂房、库房内的设备、管道和液氯重瓶堆放范围""若采用半敞开式厂房，必须在充装场所配备二个以上移动式真空吸收软管，并与事故氯吸收装置相连"等。这些要求在《关于氯气安全设施和应急技术的指导意见》（中国氯碱工业协会〔2010〕协字第070号）以及《关于氯气安全设施和应急技术的补充指导意见》(中国氯碱工业协会〔2012〕协字第012号)中也有明确提出。

针对液氯泄漏的处置，排查表强调"液氯贮槽（罐）泄漏时禁止直接向罐体喷淋水"。这一点主要是因为液氯贮槽泄漏时，周围环境温度急剧下降，地面产生积冰等现象，有助于氯气泄漏速度减慢。但如果此时启动碱喷淋系统，虽然可中和泄漏的氯气，但同时会使环境温度上升，反而加快了氯气泄漏速度。不过，可以在厂房、罐区围堰外围设置雾状水喷淋装置，喷淋水中可以适当加烧碱溶液，最大限度洗消氯气对空气的污染。

（6）硝酸铵生产和使用、储存过程中应避免硝酸铵与油类物质、氯离子接触。

（7）对氯乙烯气柜增加了压力和柜位联锁的强制要求，并明确了必须设置高高或低低的三选二联锁动作；明确了氯乙烯气柜的进出口管道应设远程紧急切断阀。

氯乙烯是国家列入《危险化学品目录》的一种易燃易爆、有毒有害危险化学品。河北盛华"11·28"爆燃事故和内蒙古乌兰察布东兴化工"4·24"爆燃事故暴露出的氯乙烯气柜管理等相关问题，引起业界高度关注。根据事故报告，"11·28"事故的直接原因是氯乙烯气柜长期失修，出现卡顿、倾斜，最后导致泄漏，压缩机入口压力降低，操作人员没有发现气柜卡顿，仍然按照常规操作方式调大压缩机回流，进入气柜的气量加大，使氯乙烯冲破水封，向厂区外扩散，遇火源发生爆燃。东兴化工"4·24"也存在类似问题。

围绕氯乙烯气柜是否取消、如何管控等问题，业界专家曾反复开展深入讨论，并形成了一些意见建议。这些建议虽然尚未写入法规标准，但在氯乙烯特殊管控排查表中有了一定体现。

关于氯乙烯气柜，排查表明确了对"氯乙烯生产企业应制定氯乙烯精馏和废碱液系统的液体氯乙烯排放回收至气柜的管理制度和管控措施""液体氯乙烯不应直接通入气柜""氯乙烯气柜的进出口管道应设远程紧急切断阀""氯乙烯单体储罐应设置注水设施"等内容的排查，而且要求"气柜增加压力和柜位检测"，且"气柜压力和柜位联锁应设置高高或低低的三选二联锁动作"。这些内容都是为了确保氯乙烯气柜的完好运行，以及事故状态下的应急措施能切实发挥作用，避免事故扩大。

为吸取"11·28"事故教训，避免氯乙烯在地势低洼处聚集，国务院安委办关于该事故的通报中曾提出，严格化工企业下水管网安全管理。各有关企业要对本企业现有下水管网进行认真排查和评估，严禁物料泄漏后或事故救援过程中带有化工物料的污水排出厂外；定期对下水管网内可燃、有毒气体进行监测等。这一点也列入了排查表的排查内容。

(8) 对硝化工艺的安全控制设施应严格按照规范要求配备，严格控制作业场所人员，设置防爆和泄爆设施。

从沧州大化 TDI 装置"5·11"爆炸事故，到内蒙古阿拉善盟立信化工"2·21"爆炸事故、江西九江之江化工"7·2"爆炸事故、山东滨源化学"8·31"爆炸事故，再到江苏聚鑫生物科技"12·9"爆炸事故……近些年，硝化领域事故频发。而且，反应速度快、放热量大；反应物料燃爆危险性；硝化剂具有强腐蚀性、强氧化性，与油脂、有机化合物(尤其是不饱和有机化合物)接触能引起燃烧或爆炸；硝化产物、副产物具有爆炸危险性等的特点，让硝化工艺一旦发生事故，往往反应时间短，破坏威力大，极易造成群死群伤。

这几年国内发生的硝化事故还表明，很多企业对硝化工艺的安全风险不了解，从业人员素质也较低。根据山东滨源化学"8·31"爆炸事故调查报告，该公司在第三次投料试车紧急停车后，车间和工段负责人违反相关规定，强令操作人员卸开硝化再分离器物料排净管道法兰，打开了放净阀，向地面排放含有混二硝基苯的物料。这种对工艺危险性认识不足、强令冒险作业的行为，最终导致了事故的发生。江苏聚鑫生物科技公司"12·9"爆炸事故同样暴露了此类问题。

本着从问题出发、吸取事故教训的原则，为提高硝化工艺的安全性，降低事故危害，硝化工艺的特殊管控排查内容突出了以下几点要求：

一是减人。排查表要求"硝化控制室应设置在远离硝化车间的安全地带，在采用远程 DCS 控制基础上、采用远程视频监管、在线检测、设备故障自诊断等技术措施，减少现场常驻操作人员数量和工作时间"

"设置滴加物料管道视镜（设置远程视频监控）"，目的是通过提升自动化水平，减少现场作业人员数量和驻留时间，尽可能减少爆炸对人的伤害。

二是将危害尽量控制在一定范围。排查表要求"在发生事故会有相互影响的硝化釜与硝化釜、硝化物贮槽等设施之间，应增设应急自动隔断阀（隔离措施）""硝化工艺设置的紧急排放收集系统，应有控制紧急排放物料安全收集存放的措施；根据工艺控制难易和物料危险性等特点，合理设置硝化系统的泄爆方式""硝化车间应设置有效的防火防爆隔离措施，减少车间内不同工艺间的相互影响"，一旦发生事故，这些措施可以将危害最大可能控制在一定范围，避免发生次生事故，防止事故扩大化。

三是确保设施设备可用。硝化工艺对温度非常敏感，有时候仅仅是1℃的变化，就可能导致反应状态大不同，甚至失控，故检查表要求"应严格控制硝化反应温度上下限，禁止温度超限特别是超下限状态，避免物料累积、反应滞后引发的过程失控；硝化釜中设置双温度计，确保温度测量的可靠性"。

此外，《导则》提出了精细化工企业应按要求开展反应安全风险评估的要求。这对硝化企业来说更是刚性要求，必须给予足够重视。还要强调的一点是，从近几年的硝化工艺事故不难看出，即使是半自动工艺也很容易发生事故，更别说一些企业采用手动控制的工艺。所以，控制硝化反应风险的最根本方法是推动工艺进步，通过使用连续硝化工艺，从源头消除发生事故的可能性。

**全压力式液化烃储罐未按国家标准设置注水措施被判定为重大生产安全事故隐患；**

**液化烃、液氨、液氯等易燃易爆、有毒有害液化气体的充装未使用万向管道充装系统被判定为重大生产安全事故隐患；**

**光气、氯气等剧毒气体及硫化氢气体管道穿越除厂区（包括化工园区、工业园区）外的公共区域被判定为重大生产安全事故隐患。**

4.8.11　空分系统的运行管理情况。

本节对空分系统提出了特别管理的要求。

空分系统作为化工企业公辅工程的一部分，涉及到空气、氮气和氧气，常常因过程风险性较小而被人们所忽视，尤其是深冷空分系统。河南三门峡义马气化厂"7·19"爆炸事故让人们对深冷空分系统有了重新的认识，管理不到位同样也会发生事故。故《导则》增设对深冷空分系统的运行管理要求。

深冷空分系统一般由空气在低温下分离出氧、氮，液氧、液氮的储存、气化等环节组成。深冷法空气分离原理是以空气为原料，经过压缩、净化、用热交换使空气在-196℃左右液化成为液态空气，再利用液氧和液氮的沸点不同，通过精馏，使它们分离来获得纯净的氮气和氧气。

《深度冷冻法生产氧气及相关气体安全技术规程》（GB 16912—2008）对空分装置的吸风口、空气中烃类物质含量有明确规定，要求空分装置的吸风口与散发碳氢化合物（尤其是乙炔）等有害气体发生源应有一定的安全距离；规定了宜连续从空分装置中抽取部分液氧以防止空分装置液氧中的乙炔积聚；定期化验液氧中的乙炔、碳氢化合物和油脂等有害杂质的含量；对大、中型制氧机液氧中乙炔含量规定不超过 $0.1 \times 10^{-6}$，小型制氧机的不应超过 $1 \times 10^{-6}$，超过时应及时排放的要求。

空分系统的风险一般有液氧储罐破裂后富氧环境造成的火灾爆炸风险、冷箱内换热器盘管泄漏的液氧气化造成的风险、空气中烃类物质超标造成的火灾爆炸风险、空气中二氧化碳含量超标给低温换热过程带来的风险、冷箱低温环境对人体的冻伤风险、低温环境对冷箱基础的影响、压缩气体储罐超压造成的物理爆炸风险以及空气压缩过程中噪声带来的风险等等。

空分系统冷箱内盘管出现泄漏将导致冷箱内氧含量升高和冷箱夹层内压力升高，因此必须对冷箱夹层氧含量进行检测，一般氧含量在5%左右尚能接受，超过20%即认为出现泄漏，必须尽快停车检修。河南三门峡义马气化厂"7·19"事故就是冷箱内液氧严重泄漏引起的。根据事故通报，事故直接原因是空气分离装置冷箱泄漏未及时处理，发生"砂爆"（空分冷箱发生漏液，保温层珠光砂内就会存有大量低温液体，当低温液体急剧蒸发时冷箱外壳被撑裂，气体夹带珠光砂大量喷出的现象），进而引发冷箱倒塌，导致附近液氧贮槽破裂，大量液氧迅速外泄，周围可燃物在液氧或富氧条件下发生爆炸、燃烧，造成周边人员大量伤亡。

《氧气站设计规范》（GB 50030—2013）也规定了空分装置应设置冷箱主冷蒸发器液氧中乙炔、碳氢化合物含量连续在线分析仪并设置超标报警功能，也是通过分析判断入口空气中乙炔、碳氢化合物的含量，确保空分系统的安全运行。

## 4.9 设备设施完好性

设备设施包括保证工艺装置正常运行的设备、电气和仪表系统。设备设施完好性反映了设备设施的综合效能，是其安全性、可靠性、维修性等特性的综合，设备设施的完好性管理体系是在设备设计、制造、安装、使用、维护等全寿命周期管理过程中采用系统性方法，以最低的成本费用实现设备设施完好性的目标，满足对设备效能、安全运行、经济性及环保的要求。

设备设施完好性也可称为资产完整性，是确保设备持续的耐用性和功能性的管理系统，系统地执行检查和测试等必要的活动，实施预防性维修，以确保重要设备设施在寿命周期内适合于其预期的使用。包括：正确地设计、制造和安装设备设施；在设备设施设计极限内操作工艺单元；由经过培训且获得资质的人员按照规定的程序如期完成检查维护和测试工作；遵照规范、标准和制造商的建议开展维修工作；采取适当的措施来解决设备的缺陷和不足等。

设备设施完好性管理需要建立管理体系，企业可参照《危险化学品企业设备完整性管理导则》（T/CCSAS 004—2019）的内容，建立、实施和持续改进设备设施完好性管理体系。

### 4.9.1 设备设施管理制度的建立情况。

本条规定了设备设施管理的制度要求。

对设备设施的日常管理任务繁多，机、电、仪各专业均有相应的管理要求。建立相应制度可以规范管理，确保设备设施的正常运行。

《关于加强化工过程安全管理的指导意见》（安监总管三〔2013〕88号）对设备管理制度提出的要求是：

100

（1）建立设备台账管理制度。对所有设备进行编号，建立设备台账、技术档案和备品配件管理制度，编制设备操作和维护规程。设备操作、维修人员要进行专门的培训和资格考核，培训考核情况要记录存档。

（2）建立电气安全管理制度。编制电气设备设施操作、维护、检修等管理制度。定期开展企业电源系统安全可靠性分析和风险评估。要制定防爆电气设备、线路检查和维护管理制度。

（3）建立仪表自动化控制系统安全管理制度。新（改、扩）建装置和大修装置的仪表自动化控制系统投用前、长期停用的仪表自动化控制系统再次启用前，必须进行检查确认。建立健全仪表自动化控制系统日常维护保养制度，建立安全联锁保护系统停运、变更专业会签和技术负责人审批制度。

此外，设备专业需建立的管理制度还有：设备采购验收管理制度、机泵、大型机组等转动设备管理制度、静设备管理制度、备品配件管理制度、检维修管理制度、巡回检查管理制度、保温管理制度、设备润滑管理制度、设备台账管理制度、日常维护保养管理制度、设备检查和考评管理制度、设备拆除和报废管理制度、设备安全附件管理制度等。

仪表专业需建立的管理制度一般有：仪表自动化控制系统安全管理制度、日常维护保养管理制度等。

几个制度可分别编制，也可以在各专业的综合管理制度中包含相关内容。

### 4.9.2 设备设施管理制度的执行情况，主要包括：

本条规定了管理制度的具体执行要求。

管理制度的执行是需要人来完成的，设置专门的设备管理机构，配备适当的专业人员是保证制度顺利执行的关键。特种设备的操作人员、电气作业人员、危险工艺的自动化仪表调试维护人员均被列为特种作业人员，需要考核合格后持证上岗操作。

**（1）设备设施管理台账的建立，备品配件管理，设备操作和维护规程编制，设备维保人员的技能培训。**

本条规定了设备设施管理制度的具体执行要求。

工艺安全信息中包含有设备信息，以此为基础建立设备设施台账，开展对设备设施的日常管理工作。台账内容一般包含：设备位号、设备名称、制造厂家、出厂编号、设备规格、设备材质、使用场合、工艺介质、设计条件、操作条件、保温(保冷)情况、安全附件的配备情况、电机功率、电机配电情况、仪表配备情况、定期检测情况、日常检维修情况、大检修情况、零部件的更新情况等，要求做到"一机一档"。

设备的变更主要包括设备设施的更新改造、非同类型替换(包括型号、材质、安全设施的变更)、布局改变、备件、材料的改变等，发生变更应严格按照变更管理制度执行。

江西之江化工"7·2"压力容器爆炸事故就与设备变更管理不到位有关。

《安全生产法》第三十五条规定了企业不得使用国家明令淘汰、禁止使用的危及生产安全的设备，并将此列入重大生产安全事故隐患。

**(2)电气设备设施安全操作、维护、检修工作的开展，电源系统安全可靠性分析和安全风险评估工作的开展，防爆电气设备、线路检查和维护管理。**

本条规定了电气管理制度的具体执行要求。

电气设施的管理涉及到电气设备的设计、制造、安装、使用和维修各个阶段。对单个化工企业而言，管理范围包括变电系统、配电系统和输电系统，管理的设施及场所包括总降压站、总变压器、总变电所、分配电室、分变压器、电机、照明系统、热力发电系统、柴油发电机系统、输电线路等等，遍布企业厂区各个角落，电力系统工作电压也从220V~110kV不等。一般而言，将1000V以上的电气作业划为高压电气作业。

电气作业是一种风险较高的特种作业，操作过程稍有不慎，极有可能发生触电和电气火灾事故，并造成电气设施的损坏，因此作业人员必须持证上岗。根据《特种作业人员安全技术培训考核管理规定》(国家安全监管总局令第 30 号)规定，电工作业是指电气设备进行运行、维护、安装、检修、改造、施工、调试等作业(不含电力系统进网作业)，需要取证作业的类别有高压电工、低压电工和防爆电气作业工，其中只有防爆电气作业工才能从事爆炸危险区域内电气设施的安装、检修作业及对防爆电气设备防爆状况进行检查、维护工作。

电气作业是特种作业，必须严格凭作业票作业，执行电工作业票制度是保证电气作业安全的基本要求。依据作业性质和范围不同，分为第一种工作票和第二种工作票两种。

电源系统安全可靠性分析是指供电系统的配置和运行能否满足安全生产需要。《供配电系统设计规范》(GB 50052—2009)根据电力供应在生产系统中的作用将供电等级分为三级，其中一级供电负荷要求由双重电源供电；二级供电负荷宜由双回路供电，在负荷较小或地区供电条件困难时，也可由一回 6kV 及以上专用的架空电路供电。对于一级供电负荷中，当中断供电将造成人员伤亡或重大设备损坏或发生中毒、爆炸和火灾等情况的负荷，以及特别重要场所的不允许中断供电的负荷，应列为特别重要的负荷，除应由双重电源供电外，尚应设置应急电源，如发电机组、蓄电池和专用馈电线路等；同时还要求设备的应急电源供电电源切换时间应满足设备允许中断供电的要求。安全风险评估就是评估规定等级的供电系统发生故障可能造成的损失能否在可接受范围内，是否有应对措施。对于柴油发电机而言，要评估柴油储备能否满足发电机应急供电运行时间要求。

电气设备、线路检查和维护管理就是检查防爆电气设施的配备是否满足相应防爆等级，线路接线能否满足密封、防水防尘要求、变压器运行是否正常。《爆炸危险环境电力装置设计规范》(GB 50058—2014)按照ⅡA、ⅡB、ⅡC 规定了的电气的防爆选型要求，按照 T1~T6 规定了电气工作温度分组的要求，其中ⅡC 为最高防爆级别的配置。对于涉氢、涉乙炔、涉二硫化碳、涉硝酸乙酯、涉水煤气等场所或设施提出了必须配备ⅡC 级电气的要求。对于容易引发粉尘爆炸的涉粉尘作业环境也规定了相应级别的防爆电气，如ⅢA~ⅢC。粉尘爆炸环境下的电气设施不能用于气体爆炸环境，反之也如此。同时 GB 50058 还对爆炸危险区域内的电气设施的阻燃电缆的选择、钢管配线提出了要求，规定了敷设电气线路的沟道、电缆桥架或导管，所穿过的不同分区之间墙或楼板处的孔洞应采用非燃烧性材料严密堵塞。

涉及电气运行安全的常用规范标准还有：《3～110kV 高压配电装置设计规范》（GB 50060—2008）、《20kV 及以下变电所设计规范》（GB 50053—2013）、《35～110kV 变电站设计规范》（GB 50059—2011）、《用电安全导则》（GB/T 13869—2017）和《低压配电设计规范》（GB 50054—2011）等。

爆炸危险区域的电气、仪表设备设施的选用，应满足设备所在环境的防爆要求，如电动机、控制开关、电缆、照明、变送器、电磁阀、温度计、气体检测仪表、视频监控设施、消防设施等。此外，设在爆炸危险区域内的分析小屋也不容忽视。分析小屋是个相对封闭的环境，不仅有被分析的可燃介质，还有供电及照明设施，因此选用的电气和仪表设备防爆等级也必须满足所涉及的可燃介质和区域的防爆要求。

防雷防静电工作也是电气日常管理的一项工作。尤其是涉及易燃易爆场所的人体静电消除以及高大设备群区域、总降压站的防雷工作。《石油化工静电接地设计规范》（SH/T 3097—2017）规定：在生产加工、储运过程中，设备、管道、操作工具等，有可能产生和积聚静电而造成静电危害时，应采取静电接地措施；同时还规定：储罐罐顶平台上取样口（量油口）两侧 1.5m 之外，应各设一组消除人体静电设施，设施应与罐体做电气连接并接地，取样绳索、检尺等工具应与设施连接。

《工业金属管道工程施工规范》（GB 50235—2010）对管道静电跨接提出了要求：在爆炸危险区域内设计有静电接地要求的管道，当每对法兰或其他接头间电阻值超过 0.03Ω 时，应设导线跨接。

《石油化工企业设计防火标准（2018 年版）》（GB 50160—2008）规定：可燃气体、液化烃、可燃液体、可燃固体的管道在下列部位应设静电接地设施：

① 进出装置区或设施处；

② 爆炸危险场所的边界；

③ 管道泵及泵入口永久过滤器、缓冲器等。

同时 GB 50160 还对设备防雷设施的设计也提出了要求。

电气设施的变更主要包括电气设备的变更和增加临时的电气设备等，发生变更应严格按照变更管理制度执行。

《石油化工企业设计防火标准（2018 年版）》（GB 50160—2008）还规定了"可燃气体压缩机、液化烃、可燃液体泵不得使用皮带传动；在爆炸危险区范围内的其他转动设备若必须使用皮带传动时，应采用防静电皮带。"的要求，以避免产生静电。

《石油库设计规范》（GB 50074—2014）还规定有在爆炸危险区域内的工艺管道的金属法兰连接处应跨接。当不少于 5 根螺栓连接时，在非腐蚀环境下可不跨接。

《石油化工静电接地设计规范》（SH/T 3097—2017）还规定：

① 长距离管道应在始端、末端、分支处以及每隔 100m 接地一次。

② 平行管道净距小于 100mm 时，应每隔 20m 加跨接线。当管道交叉且净距小于 100mm 时，应加跨接线。

同时，《石油化工静电接地设计规范》（SH/T 3097—2017）还给出了各种接地的接地线的选择及接地极的制作、连接方式等。

电气设施管理不善，防爆区域内未配备相应防爆等级的电气设备极易引发事故，如上海赛科"5·12"火灾爆炸事故、安庆万华油品公司"4·2"爆燃事故及山东海明化工"3·18"爆炸事故等。

**易燃易爆作业场所未使用防爆电气被判定为重大生产安全事故隐患。**

**（3）仪表自动化控制系统安全管理制度的执行，新（改、扩）建装置和大修装置的仪表自动化控制系统投用前及长期停用后的再次启用前的检查确认、日常维护保养，安全联锁保护系统停运、变更的专业会签和审批。**

本条规定了仪表自动化控制系统管理制度的具体执行要求。

仪表自动化控制系统安全管理制度的执行，主要关注以下几点：

① 新（改、扩）建装置和大修装置的仪表自动化控制系统投用前、长期停用的仪表自动化控制系统再次启用前，必须进行检查确认。这是由于新建控制系统或长期停用的控制系统由于生产环境介质腐蚀或

安装质量问题，存在测量信号不准确、执行器不动作或动作不到位以及联锁信号不能带来联锁动作等现象，必须进行重新调试确认，并建立调试记录；

② 定期开展联锁回路的调试工作。尤其是安全仪表系统的定期调试，建立调试记录；

③ 测量仪表的定期校验工作。尤其是纳入联锁回路的控制仪表的测量精准性校验，建立校验记录。

④控制系统故障检修后的重新组态调试工作，建立组态调试记录。

⑤安全联锁保护系统停运、变更专业会签和技术负责人审批制度的执行情况，建立变更记录。

⑥仪表系统的日常维护保养。如保持现场测量仪表的清洁、现场联锁元器件的挂牌；机柜间内设施完好；仪表柜内接线标识清晰；电缆槽内敷设整齐、盖板完好；静电接地完好等，建立巡检记录。

仪表设施的变更主要包括监控、测量仪表的变更、计算机及软件的变更和联锁系统的摘除等，发生变更应严格按照变更管理制度执行。

### 4.9.3 设备日常管理情况，主要包括：

### （1）设备操作规程的编制及执行。

本条规定了设备操作规程的管理要求。

设备的日常维护保养，是始终保持其设备完好性的基础工作。

大机组、加热炉、大功率重要机泵及关键设备、专利设备大多为"独生子"，其正确的操作直接关乎到整个生产装置的平稳运行，制定专门的设备操作和维护规程是必要的。设备操作规程的编制可在设备制造厂家提供的操作说明的基础上，结合企业实际操作运行经验进行编制。

企业编制的关键设备、大型机组和专有设备的操作规程，规定了设备的运行参数、操作方法、备品备件的配备、检维修周期的确定、检修方法、作业步骤和应急处理措施等等，是保证设备设施平稳、长周期运行的基础。严格按照操作规程执行，可充分发挥设备的使用性能，同时大大降低设备的故障率，延长设备使用寿命。企业应加强对设备操作规程的管理。

特种设备的管理是设备日常管理的一项重要工作，企业应编制相应的操作规程并正确操作。化工企业涉及的特种设备主要是压力容器(含气瓶)、压力管道、锅炉、起重机械、厂内运输车辆等。在严格遵守《特种设备安全法》(国家主席令第 4 号)和《特种设备安全监察条例》(国务院令第 549 号)的基础上，执行相应的具体标准。如《特种设备使用管理规则》(TSG 08—2017)、《固定式压力容器安全技术监察规程》(TSG 21—2016)、《压力管道安全技术监察规程——工业管道》(TSG D0001—2009)、《气瓶搬运、装卸、储存和使用安全规定》(GB/T 34525—2017)以及《锅炉安全技术监察规程》(TSG G0001—2012)等。

**(2) 大机组和重点动设备运行参数的自动监测及运行状况的评估。**

本条规定了关键设备安全运行的管理要求。

大型机组是根据企业生产实际情况按照一定划分标准经研究确定、并列入相应管理范围的机组。大型机组具有功率大，在生产中有主要作用的特点。一般把同时满足下列条件者列为大型机组：

（1）机组功率大于或等于 500kW；

（2）机组有独立的润滑系统；

（3）工艺生产中起重要作用、结构复杂、技术密集的机组。

大型机组具有转速高、出口压力高等特点，润滑油系统一旦停运，极易造成设备轴承因温度超高而损坏，因此需要对大机组的运行工况进行监测。监测的参数主要有转速、出口压力、振动、位移、腐蚀性介质含量、轴承箱温度、供油温度、供油压力等，通过监测运行参数来判定机组的运行状况。对大机组而言，多为成套设备，由厂家直接提供，一般都会配置有运行参数的自动监控系统，可直接进行监测。另外，还要对机组的紧急停车系统进行调试，确保在紧急情况发生时能够及时远程停运机组，避免安全事故的发生。

重点动设备功率大，需要的电力负荷高，许多设备多采用 1000V 或 10kV 作为工作电压，其工作运行状态对整个生产影响颇大，因此监测其工作压力、流量、轴承箱温度、电机温度等运行参数可以及时发现设备故障，把隐患消灭在萌芽状态。

**(3)关键储罐、大型容器的防腐蚀、防泄漏相关工作。**

本条规定了防腐蚀、防泄漏工作的管理要求。

① 化工生产过程中的泄漏主要包括易挥发物料的逸散性泄漏和各种物料的源设备泄漏两种形式。逸散性泄漏主要是易挥发物料从装置的阀门、法兰、机泵、人孔、压力管道焊接处等密闭系统密封处发生非预期或隐蔽泄漏;源设备泄漏主要是物料非计划、不受控制地以泼溅、渗漏、溢出等形式从储罐、管道、容器、槽车及其他用于转移物料的设备进入周围空间,产生无组织形式排放。

《关于加强化工过程安全管理的指导意见》(安监总管三〔2013〕88号)对设备防泄漏工作提出的要求是:

建立装置泄漏监(检)测管理制度。统计和分析可能出现泄漏的部位、物料种类和最大量。定期监(检)测生产装置动静密封点,发现问题及时处理。定期标定各类泄漏检测报警仪器,确保准确有效。

《关于加强化工企业泄漏管理的指导意见》(安监总管三〔2014〕94号)规定了在设备和管线的排放口、采样口等排放阀的设计时,通过加装盲板、丝堵、管帽、双阀等措施,减少泄漏的可能性,对存在剧毒及高毒类物质的工艺环节要采用密闭取样系统设计,有毒、可燃气体的安全泄压排放要采取密闭措施设计的要求,同时从优化装置设计,选用的管道、法兰、垫片、紧固件选型必须符合安全规范和国家强制性标准的要求,从源头全面提升防泄漏水平;系统识别泄漏风险,规范工艺操作行为;建立健全泄漏管理制度;全面加强泄漏应急处置能力等几方面提出了管理要求。

《石油化工企业设计防火标准(2018年版)》(GB 50160—2008)规定:连续操作的可燃气体管道的低点应设两道排液阀,排出的液体应排放至密闭系统;仅在开停工时使用的排液阀,可设一道阀门并加丝堵、管帽、盲板或法兰盖。

泄漏部位的检测发现可通过人工定期巡检发现,也可以通过技术手段,目前常用的是采用泄漏检测与修理(LDAR)方式,使用专门的仪器对密封点进行检测,发现泄漏及时处理。该检测方式可以对VOC(挥发性有机化合物)介质流经的,且介质中含VOC质量百分比含量大于 10% 的设备、阀门、管配件等的泄漏情况进行检测。

《化工企业安全卫生设计规范》(HG 20571—2014)规定了具有化学灼伤危害的物料不应使用玻璃等易碎材料制成管道、管件、阀门、流量计、压力计等的要求,并对防止腐蚀性化学品泄漏给人体造成的灼伤提出了要采取防止物料外泄或喷溅措施的要求。

② 设备、管道的腐蚀是造成泄漏的主要原因之一,腐蚀性介质(如氯离子、盐酸、二氧化硫、硫化氢等)长期包围着处于腐蚀环境中的机电设备和其他设备,含有腐蚀性介质的物料对设备、管道造成腐蚀,液体中含有的固体细微颗粒会在物料输送过程中对管道造成冲刷、磨损,最后都会导致设备管道的泄漏,造成设备检修间隔年限缩短。

硫化氢腐蚀是指油气管道中含有一定浓度的硫化氢($H_2S$)和水产生的腐蚀。硫化氢($H_2S$)溶于水中后电离呈酸性,使管材受到电化学腐蚀,造成管壁减薄或局部点蚀穿孔。腐蚀过程中产生的氢原子被钢铁吸收后,在管材冶金缺陷区富集,可能导致钢材脆化,萌生裂纹,导致开裂。影响硫化氢($H_2S$)腐蚀的因素有硫化氢浓度、pH 值、温度、流速、二氧化碳与氯离子($Cl^-$)的浓度等。

不锈钢在氯离子存在下的环境中,腐蚀很快,甚至超过普通的低碳钢,在沿海化工企业,受海水、海风、土壤影响,可能会发生氯离子对不锈钢材质的侵蚀现象;此外还有稀酸对碳钢材质的腐蚀等。

《关于加强化工过程安全管理的指导意见》(安监总管三〔2013〕88号)对设备防腐蚀工作提出的要求是:

加强防腐蚀管理,确定检查部位,定期检测,建立检测数据库。对重点部位要加大检测检查频次,及时发现和处理管道、设备壁厚减薄情况;定期评估防腐效果和核算设备剩余使用寿命,及时发现并更新更换存在安全隐患的设备。

**(4) 安全附件的维护保养。**

本条规定了设备安全附件的管理要求。

压力容器上的安全附件主要包括安全阀、爆破片和紧急切断阀等,安装的仪表有压力表、液位计等。常压储罐上的安全附件主要有阻火器、呼吸阀、泡沫发生器、通气管等。

① 对压力容器上安全阀、爆破片、紧急切断阀、压力表的管理要求有：

a.《固定式压力容器安全技术监察规程》（TSG 21—2016）规定：易爆介质或者毒性危害程度为极度、高度或者中度危害介质的压力容器，应当在安全阀或者爆破片的排出口增设导管，将排放介质引至安全地点，并进行妥善处理，毒性介质不得直接排入大气；新安全阀应当校验合格后方可使用；安全阀应垂直安装。

b.《安全阀安全技术监察规程》（TSG ZF001—2006）规定：安全阀的进出口管道一般不允许设置截断阀，必须设置时，需要加铅封锁定，并保持在阀门全开状态。同时还规定：安全阀的校验一般每年至少 1 次，经解体、修理或更换部件的安全阀，需重新进行校验。

c.《固定式压力容器安全技术监察规程》（TSG 21—2016）规定了压力表的管理要求：压力表表盘刻度极限值应当为工作压力的 1.5～3.0 倍；压力表安装前应进行检定，在刻度盘上划出指示工作压力的红线，注明下次检定日期；压力表检定后应加铅封。

d.《爆破片装置安全技术监察规程》（TSG ZF003—2011）规定：爆破片装置定期检查周期可以根据使用单位具体情况作出相应的规定，但是定期检查周期最长不得超过 1 年。爆破片更换周期应根据设备使用条件、介质性质等具体影响因素，或者设计预期使用年限合理确定，一般为 2～3 年，对于腐蚀性、毒性介质以及苛刻条件下使用的爆破片应缩短更换周期。

e.《弹性元件式一般压力表、压力真空表和真空表》（JJG 52—2013）规定了压力表的检定周期可根据使用环境及使用频繁程度确定，一般不超过 6 个月。

f.《锅炉安全技术监察规程》（TSG G0001—2012）规定：每台锅炉应至少装设 2 个安全阀，每台蒸汽锅炉锅筒至少应装设 2 个彼此独立的直读式水位表。

g.《石油化工液化烃球形储罐设计规范》（SH 3136—2003）对液化烃球罐的特殊管理要求：液化石油气球形储罐液相进出口应设紧急切断阀，其位置宜靠近球形储罐；其他设备设置紧急切断阀的要求按照重大危险源的管理规定设置和管理。

② 对常压储罐上的阻火器、呼吸阀、泡沫发生器、通气管等安全附件的管理要求由企业自行建立相应制度定期开展检查，一般阻火器每季度或半年检查一次，呼吸阀和泡沫发生器每月检查一次。检查内容包括阻火器防火网或波纹形散热片是否清洁畅通，有无冰冻、垫片是否严密；呼吸阀内部的阀盘、阀座、导杆、导孔、弹簧等有无生锈和积垢，阀盘活动是否灵活，有无卡死现象，密封面（阀盘与阀座的接触面）是否良好，阀体封口网是否完好，有无冰冻、堵塞等现象，压盖衬垫是否严密等；通气管检查是否畅通；泡沫发生器是否有堵塞等。

③ 对设备其他安全设施的管理还包括对转动设备安全罩、作业平台护栏、爬梯的管理，输送皮带拉线开关等的管理。主要有：

a.《化工企业安全卫生设计规范》（HG 20571—2014）规定了高速旋转或往复运动的机械零部件位置应设计可靠的防护设施、挡板或安全围栏；

b.《固定式钢梯及平台安全要求 第 1 部分：钢直梯》（GB 4053.1—2009）规定了梯段高度大于 3m 时宜设置安全护笼，单梯段高度大于 7m 时，应设置安全护笼。

c.《固定式钢梯及平台安全要求 第 2 部分：钢斜梯》（GB 4053.2—2009）规定了固定式钢斜梯与水平面的倾角应在 30°~75°范围内，优选倾角 30°~35°。

d.《固定式钢梯及平台安全要求 第 3 部分：工业防护栏杆及钢平台》（GB 4053.3—2009）规定了距下方相邻地板或地面 1.2m 及以上的平台、通道或工作面的所有敞开边缘应设置防护栏杆，当平台、通道及作业场所距基准面高度小于 2m 时，防护栏杆高度应不低于 900mm，2~20m 的作业场所防护栏杆高度应不低于 1050mm；

e.《机械安全防止意外启动》（GB/T 19670—2005）规定了企业应设置机组、机泵防止意外启动的措施。如断开、分离、拆除等。

对设备安全附件的维护管理不善，会造成事故。如山东石大科技的"7·16"事故就与球罐安全阀根部阀关闭有关。

**安全阀、爆破片等安全附件未正常投用被判定为重大生产安全事故隐患。**

（5）日常巡回检查。

本条规定了对设备设施日常巡检管理的要求。

设备的点检就是根据相关的标准、周期对设备的薄弱环节进行状态检查，将可能发生的故障隐患消除在萌芽状态。设备点检的特点是定人、定点、定量、定周期、定标准、定计划、定记录、定作业流程。点检的方式及要求包括操作工人的岗位点检；设备人员的定期点检和专业技术人员的精密点检。

设备设施的日常巡检是企业隐患排查的基本工作，通过设备专业人员、生产操作人员的定期巡回检查，确保设备设施发挥正常效能。设备设施的现场巡检一般通过"听、嗅、摸、看、感"等方式进行。巡检检查的内容至少包括以下内容：

① 设备运行工况是否在正常范围内，转动设备的轴承温升、振动是否正常，是否存在异常声音；

② 安全附件是否齐全完好并投入使用；

③ 现场是否存在跑、冒、滴、漏现象；

④ 现场检测仪表外表是否清洁、是否粘有物料；

⑤ 处于检维修过程的设备设施是否与生产工艺系统隔离，是否处于检修状态；

⑥ 备用设备是否处于完好备用状态。

转动设备的润滑工作是设备管理的重要内容。良好的设备润滑不仅可以减少设备摩擦，还能起到润滑、冷却、防锈、清洁、密封和缓冲等作用，保护机械及加工件的安全运行。设备润滑工作应认真按照"五定三过滤"（定点、定质、定量、定期、定人，入库过滤、发放过滤、加油过滤。）要求做好相应工作。

对储罐类静止设备的检查内容一般有：

① 外观检查。查储罐是否存在变形现象，保温层、保护层、耐火涂层是否脱落。

② 安全附件检查。查罐顶的安全阀、阻火器、呼吸阀、泡沫发生器等、通气管是否投用正常。

③ 仪表的检查。查储罐的液位计、压力表、温度计是否投用正常，气动紧急切断阀气源供应是否正常。

④ 防护设施的检查。查储罐的护栏、平台、踏步是否完好无损；氮封系统投用是否正常。

⑤ 泄漏检查。查储罐、管道是否存在泄漏现象。

⑥ 其他检查。查大型储罐基础是否产生沉降、储罐防雷接地是否脱开等等。

**(6) 异常设备设施的及时处置。**

本条规定了对故障设备的处置要求。

设备设施出现故障，如设备发生泄漏、异音、振动值大幅度增加、超温、超压、超负荷运行等，将直接影响工艺的安全运行。设备设施出现故障如不及时处理，轻则损坏设备，重则引发重大事故。如河南三门峡义马气化厂"7·19"爆炸事故。

出现异常状况的设备设施的及时处置，一方面是要求企业建立相应的应急处置机制，对设备设施出现故障后可能造成的后果进行预判，根据后果大小明确责任人和应急处置程序；另一方面完善设备的自动保护系统，如超限联锁自动停车系统、人为紧急停车系统等，有备机的及时切换到备机运行。

**(7) 备用机泵的管理。**

本条规定了对备用设备的管理要求。

重要转动设备的备机管理是设备完好性管理的重要工作，必须引起企业的高度关注。处于检维修状态的设备应根据检维修计划尽快完成检修工作，对具备盘车条件的机泵应明确相应的盘车管理要求，坚持定期盘车。搞好备件管理，可以减少维修停机时间，提高设备的利用率；降低流动资金占用，提高资金利用率。

备用设备的定期盘车可根据设备大小确定盘车周期，通过设置明显标记的方式来进行管理，切实做到备机可备。

### 4.9.4 设备预防性维修工作开展情况，主要包括：

预防性维修是现代对设备管理的一种科学方法。它是通过对设备使用情况的综合分析，预测设备未来使用性能情况，在设备出现故障前及时开展维修，使设备始终保持良好的运行状态，可大大避免设备故障造成的损失，同时延长设备的经济寿命。

预防性维修是将设备维修由传统的"事后维修"转变成"预防性维修或预知性维修"。预防性维修的特点包括：以时间为基础的、系统性的；计划、组织更好，减少了时间上的损失；绝大部分故障能在发生前进行处理；设备性能大大提高。事后维修也称故障性或纠正性维修，其缺点有：设备可靠性差、设备效率低、增加维修加班时间、需要的备件库存大、维修成本高等。

开展预防性维修的基础是编制预防性维修计划，企业应根据预防性维修管理计划，制定并实施设备预防性维修任务，至少包括：

① 静设备专业：压力容器、常压储罐、加热炉预防性维修、RBI 风险策略所确定的预防性维修等；

② 动设备专业：大型机组、机泵设备预防性维修、设备润滑等；

③ 电气专业：电气设备、电机的预防性维修等；

④ 仪表专业：过程控制系统、控制阀、仪表风过滤装置预防性维修等。

实施预防性维修的技术支撑是开展检测、检查、监测，建立故障模型，对失效/损伤机理进行识别。

**（1）关键设备的在线监测。**

本条规定了对关键设备实行在线监测的要求。

在线监测技术是在被测设备处于运行的条件下，对设备的状况进行连续或定时的监测，通常是自动进行的。关键设备运行参数的在线监测可以及时准确地判定设备运行工况，为设备的预防性维修提供依据。

对关键设备设置在线监测系统，利用计算机的海量存储空间不丢点的记录设备运行各种参数(如振动、温度、压力、流量等)，使设备始终处于监控状态，设备一旦出现故障前兆，能够及时报警，并尽可能多的采集故障信息，以了解故障现象和分析故障原因。系统自动生成日数据库、历史数据库及报警库，从而实现了故障报警、故障追忆和故障诊断。对关键性设备应建立标准运行参数库，按"定设备、定测点、定周期、定标准、定参数"的原则进行监测，对设备状态监测的数据及故障原因做定期分析，提出维修建议。通过互联网，可以远程浏览设备运行的各种状态，实现远程监测和诊断。

**(2) 关键设备、连续监(检)测检查仪表的定期监(检)测检查。**

对关键设备、连续监(检)测检测仪表的定期监(检)测检查，是保证检测仪表系统正常工作的基础。如对温度计、压力表、液位计的定期检测，对紧急停车系统的定期调试，对有备机的设备定期切换等，均可使设备设施始终保持良好的工作状态。

**(3) 静设备密封件、动设备易损件的定期监(检)测。**

静设备密封件主要包括螺栓、垫片等，离心泵等转动设备的易损件主要有机械密封、轴套、轴承、轴承压盖、叶轮螺母等。对密封件、易损件的定期检测，对出现故障的配件及时进行更换，可以消除其安全隐患，减少泄漏，保证设备良好运行。

企业应根据物料特性选用符合要求的优质垫片、金属软管等配件；合理选择动设备的密封配件和密封介质。静设备应通过开展基于风险的检验(RBI)、动设备应通过开展故障模式与影响分析(FMEA)，根据风险状况有针对性地采取措施，加强动设备(液态烃、高温油泵)的管理，确保其在运行过程中的完好性。

《国家安全监管总局关于加强化工企业泄漏管理的指导意见》(安监总管三〔2014〕94号)规定了定期对易发生逸散性泄漏的部位(如管道、设备、机泵等密封点)进行泄漏检测，排查出发生泄漏的设备要及时维修或更换。

**(4) 压力容器、压力管道附件的定期检查(测)。**

按照《关于加强化工过程安全管理的指导意见》(安监总管三〔2013〕88号)要求，对压力容器、压力管道附件的检查是指对阀门、螺栓等附件的检查。由于压力容器、压力管道长时间工作在腐蚀性环境下，阀门、螺栓也难免存在因腐蚀而降低性能的现象。如发生螺栓因锈蚀断裂、含硫化氢的介质对阀门的阀体、阀盖、衬里、密封面、手轮带来的腐蚀，含氯离子介质对不锈钢材质的腐蚀等。因此需要定期对这些附件进行检查、除锈，严重时进行更换。另外还要求承压部位的连接件螺栓配备齐全、紧固到位，这些都是防止物料泄漏的措施要求。

**(5) 对可能出现泄漏的部位、物料种类和泄漏量的统计分析情况，生产装置动静密封点的定期监(检)测及处置。**

本条规定了防泄漏工作的实施要求。

发生物料泄漏除因物料对设备材质的腐蚀或输送时对管道冲刷、磨损造成外，大多属于紧固点密封处发生的泄漏，如法兰、阀门、弯头、盲板、导淋、排气口等处，对转动设备而言，则是机械密封、轴套等密封点处。确定可能出现泄漏的部位，并对泄漏情况进行检测分析，可以查找原因，制定对策，消除泄漏。

**(6) 对易腐蚀的管道、设备开展防腐蚀检测，监控壁厚减薄情况，及时发现并更新更换存在安全隐患的设备。**

本条规定了对防腐蚀工作的实施要求。

管道、设备的腐蚀会降低其使用性能，造成物料的泄漏。因此必须开展防腐蚀检测，运用超声波技术探测易腐蚀部位的壁厚情况，对壁厚低于设计要求的管道及时进行更换，达到预防性维修之目的。

**4.9.5 安全仪表系统安全完整性等级评估工作开展情况，主要包括：**

**(1) 安全仪表功能(SIF)及其相应的功能安全要求或安全完整性等级(SIL)评估。**

本条规定了开展安全仪表完整性等级评估的要求。

《关于加强化工安全仪表系统管理的指导意见》(安监总管三〔2014〕116号)指出：化工安全仪表系统(SIS)包括安全联锁系统、紧急停车系统和有毒有害、可燃气体及火灾检测保护系统等。安全仪表系统独立于过程控制系统(例如分散控制系统等)，生产正常时处于休眠或静止状态，一旦生产装置或设施出现可能导致安全事故的情况时，能够瞬间准确动作，使生产过程安全停止运行或自动导入预定的安全状态，因此必须有很高的可靠性（即功能安全）和规范的维护管理，如果安全仪表系统失效，往往会导致严重的安全事故。根据安全仪表功能失效产生的后果及风险，将安全仪表功能划分为不同的安全完整性等级（SIL1~SIL4，最高为 SIL4 级）。

《过程工业领域安全仪表系统的功能安全》（GB/T 21109—2007）给出了安全仪表系统（SIS）的定义：用来实现一个或几个仪表安全功能的仪表系统。可以由传感器、逻辑解算器和最终元件的任意组合组成；仪表安全功能（SIF）是指具有某个特定 SIL 的，用来达到功能安全的安全功能，既可以是一个仪表安全保护功能，也可以是一个仪表安全控制功能；安全完整性等级是用来规定分配给安全仪表系统的仪表安全功能的安全完整性要求的离散等级。

《石油化工安全仪表系统设计规范》（GB/T 50770—2013）规定了安全完整性等级可根据过程危险分析和保护层功能分配的结果评估并确定，评估方法应根据工艺过程复杂程度、国家现行标准、风险特性和降低风险的方法、人员经验等确定，一般委托专业咨询公司通过开展 HAZOP-LOPA-SIL 分析来判定，确定好等级后还需要进行 SIL 等级验证。

《关于危险化学品企业贯彻落实<国务院关于进一步加强企业安全生产工作的通知>的实施意见》（安监总管三〔2010〕186 号）规定了新建大型和危险程度高的化工装置，在设计阶段要进行仪表系统安全完整性等级评估，选用安全可靠的仪表、联锁控制系统，配备必要的有毒有害、可燃气体泄漏检测报警系统和火灾报警系统，提高装置安全可靠性。

**（2）安全仪表系统的设计、安装、使用、管理和维护。**

本条规定了安全仪表系统的设计及使用要求。

《石油化工安全仪表系统设计规范》（GB/T 50770—2013）规定了不同安全完整性等级的仪表系统的配置设计要求。其中 SIL1 级安全仪表功能，测量仪表可与基本过程控制系统共用；SIL2 级安全仪表功能，测量仪表宜与基本过程控制系统分开；SIL3 级安全仪表功能，测量仪表应与基本过程控制系统分开；SIL1 级安全仪表功能，可采用单一测量仪表；SIL2 级安全仪表功能，宜采用冗余测量仪表；SIL3 级安全仪表功能，应采用冗余测量仪表。

《危险化学品重大危险源监督管理暂行规定》(国家安全监管总局令第40号)规定了涉及毒性气体、液化气体、剧毒液体的一级或者二级重大危险源，一级、二级重大危险源的危险化学品罐区配备独立的安全仪表系统(SIS)的要求。

《关于加强化工安全仪表系统管理的指导意见》(安监总管三〔2014〕116号)规定的对安全仪表系统的工作要求是：

① 设计安全仪表系统之前要明确安全仪表系统过程安全要求、设计意图和依据。要通过过程危险分析，充分辨识危险与危险事件，科学确定必要的安全仪表功能，并根据国家法律法规和标准规范对安全风险进行评估，确定必要的风险降低要求。根据所有安全仪表功能的功能性和完整性要求，编制安全仪表系统安全要求技术文件。

② 规范化工安全仪表系统的设计。严格按照安全仪表系统安全要求技术文件设计与实现安全仪表功能。通过仪表设备合理选择、结构约束(冗余容错)、检验测试周期以及诊断技术等手段，优化安全仪表功能设计，确保实现风险降低要求。要合理确定安全仪表功能(或子系统)检验测试周期，需要在线测试时，必须设计在线测试手段与相关措施。详细设计阶段要明确每个安全仪表功能(或子系统)的检验测试周期和测试方法等要求。

③ 严格安全仪表系统的安装调试和联合确认。制定完善的安装调试与联合确认计划并保证有效实施，详细记录调试(单台仪表调试与回路调试)、确认的过程和结果，并建立管理档案。施工单位按照设计文件安装调试完成后，企业在投运前应依据国家法律法规、标准规范、行业和企业安全管理规定以及安全要求技术文件，组织对安全仪表系统进行审查和联合确认，确保安全仪表功能具备既定的功能和满足完整性要求，具备安全投用条件(PSSR)。

④ 加强化工企业安全仪表系统操作和维护管理。化工企业要编制安全仪表系统操作维护计划和规程，保证安全仪表系统能够可靠执行所有安全仪表功能，实现功能安全。要按照符合安全完整性要求的检

验测试周期，对安全仪表功能进行定期全面检验测试，并详细记录测试过程和结果。要加强安全仪表系统相关设备故障管理(包括设备失效、联锁动作、误动作情况等)和分析处理，逐步建立相关设备失效数据库。要规范安全仪表系统相关设备选用，建立安全仪表设备准入和评审制度以及变更审批制度，并根据企业应用和设备失效情况不断修订完善。

《石油化工储运系统罐区设计规范》(SH/T 3007—2014)给出了储存 I 级和 II 级毒性液体的储罐、容量大于或等于 3000m³ 的甲$_B$和乙$_A$类可燃液体储罐、容量大于或等于 10000m³ 的其他液体储罐应设高高液位联锁和报警，装置原料储罐宜设低低液位报警的指导意见，并规定罐区储罐高高、低低液位报警信号的液位测量仪表应采用单独的液位连续测量仪表或液位开关，报警信号传送至自动控制系统。

**(3) 检测报警仪器的定期标定。**

本条规定了对检测报警仪器必须定期进行标定的要求。

化工安全仪表系统中的有毒有害、可燃气体检测系统及火灾检测保护系统等均需要定期标定，才能保证其准确好用。

《可燃气体检测报警器》(JJG 693—2011)、《硫化氢气体检测仪检定规程》(JJG 695—2003)和《氨气检测报警仪技术规范》(AQ/T 3044—2013)等标准规范均规定了气体检测仪器的检定周期一般不超过 1 年。

气体检测仪的标定一般委托专业检测机构完成，需要运用标气进行对照标定；对于一些较为生僻的稀有气体，标气不易提供，一般采用定期直接更换气体检测仪的方式。

### 4.10 作业许可管理

包括《化学品生产单位特殊作业安全规范》(GB 30871—2014)规定的动火作业、受限空间作业、高处作业等八大作业在内的特殊作业、储罐切水、液化烃充装以及安全风险较大的设备检维修在内的危险作业，由于操作过程中安全风险较大，容易发生人身伤亡或设备损坏，导致产生严重后果的事故，因此需要建立许可管理制度，进行许可管理。

危险作业环节发生的事故很多，伤亡也较惨重。如涉及动火作业的事故有吉林松原化工"2·17"爆炸事故、河南济源豫港焦化"4·28"爆炸事故、石家庄炼化公司"6·15"火灾事故、山东齐鲁天和惠世制药公司"4·15"火灾事故；涉及受限空间内作业的中毒事故有潍坊滨海香荃化工"4·9"中毒窒息事故、钟祥市金鹰能源科技公司"11·11"较大中毒事故、湖北大江化工"9·24"窒息事故及上海赛科的"11·26"人员氮气窒息事故；受限空间内的火灾爆炸事故还有上海赛科的"5·12"事故等；涉及液化烃装卸作业的事故有临沂金誉石化公司"6·5"事故；涉及储罐切水作业的事故有山东石大科技公司"7·16"事故；涉及设备检维修作业的事故有大连西太化工公司"11·18"人员中毒事故、乌石化公司"11·30"机械伤害事故以及上海赛科的"5·12"事故；震惊世界的印度博帕尔中毒事故也是因为系统冲洗作业时没有按照要求，对管道法兰施加盲板与系统隔离，从而使水分漏入系统，进而产生有毒气体所致等等。

### 4.10.1 危险作业许可制度的建立情况。

本条规定了危险作业必须建立许可制度的要求。

危险作业由于风险大，必须建立相应的许可制度来规范作业过程。《化学品生产单位特殊作业安全规范》（GB 30871—2014）规定了动火作业、受限空间作业、高处作业、临时用电作业、动土作业、断路作业、盲板抽堵作业和吊装作业等八大特殊作业的管理要求，明确了作业前开展风险分析、落实安全措施、票证分级审批和监护人实施监护的要求，并提供了推荐的作业票证基本格式。企业应按照 GB 30871 要求，结合实际情况建立自己的特殊作业许可管理制度，明确本企业开展特殊作业的风险分析、票证审批和安全监护等的管理要求，并遵照执行。

由于储罐切水、液化烃充装等作业近年发生多起较大以上事故，因此将储罐切水、液化烃充装列为危险性作业，要求参照特殊作业管理要求，建立管理制度，开展作业前风险分析，规范作业许可，管控事故风险。

企业应结合自身生产实际，通过开展风险识别，合理确定安全风险较大的设备检维修作业的范围。如带压堵漏作业、有毒、腐蚀性环境下的作业、大型设备的拆卸等。对于此类作业，也需要建立许可制度，规范作业过程。

**4.10.2  实施危险作业前，安全风险分析的开展、安全条件的确认、作业人员对作业安全风险的了解和安全风险控制措施的掌握、预防和控制安全风险措施的落实情况。**

本条规定了作业前落实风险管控措施的要求。

危险作业开始前，必须进行风险分析，并根据风险分析的结果确定采取的风险控制措施并一一落实。作业前风险分析推荐采用作业危害分析法（JHA），通过对危险作业的每一个步骤进行风险分析，对安全措施的可靠性进行评估，对安全条件是否满足作业条件进行确认。如动火作业前与系统隔离、清除易燃物、可燃气体浓度分析、配备消防器材，监护人到位等；动火部位与生产系统的隔离应采用加装盲板的方式，不得仅靠关闭阀门或设置水封来简单隔离。对特级动火要预先制定作业方案，坚持采用连续分析可燃气体浓度的原则，防止作业期间气体串入动火区域。作业现场负责人、作业人员、监护人员应对作业现场的风险管控情况进行了解掌握，确保安全措施落实到位。

各种危险作业可能存在不同的风险，甚至存在风险重叠的现象，如动火作业可能存在的风险有火灾、其他爆炸、触电、灼烫、中毒和窒息、物体打击；进入受限空间内作业可能存在的风险有中毒和窒息、火灾、其他爆炸、物体打击、机械伤害、触电、灼烫等。因此必须认真识别全部风险，采用安全可靠措施，确保作业过程安全。

**4.10.3  危险作业许可票证的审查确认及签发，特殊作业管理与《化学品生产单位特殊作业安全规范》（GB 30871）要求的符合性；检维修、施工、吊装等作业现场安全措施落实情况。**

本条规定了危险作业安全措施落实的要求。

涉及的危险作业均要办理相应的作业许可票证，GB 30871 规定了《动火作业票》《受限空间内作业票》《临时用电作业票》等各种特殊作业票证的基本格式要素，对每一种作业根据不同的场所及危险性划分了不同的作业级别，规定了相应的审批权限。未经审批或审批级别不符合要求不得作业。

GB 30871 中对特殊作业可能采取的安全措施在作业票证中进行了明确，对涉及关联特殊作业的还需要办理关联票证。企业应结合实际作业情况选择相应措施并严格落实。对其他危险作业安全措施根据实际情况确定。

储罐切（脱）水的安全措施主要有：

（1）必须办理申请票证，明确责任人、作业时间和拟切（脱）水储罐；

（2）必须双人进行，一人操作，一人监护；

（3）必须佩戴便携式气体检测报警仪；

（4）脱水场地周围 30m 内不得有动火作业或明火；

（5）不能同时进行多个储罐的脱水作业，脱水过程中作业现场不得离人；

（6）雷雨天气和强风天气禁止从事作业。

液化烃充装的安全措施主要有：

（1）必须使用万向节钢管，不得使用软管充装；

（2）必须佩戴便携式气体检测报警仪；

（3）作业场地周围 30m 内不得有动火作业或明火；

（4）必须有可靠的静电接地设施和紧急切断设施；

（5）必须对充装接口进行可靠性确认；

（6）必须双人作业；

（7）充装车过程中，应设专人在车辆紧急切断装置处值守，确保可随时处置紧急情况。

检维修、施工、吊装作业过程中可采取的安全措施有：

（1）对重点设备的检维修应预先制定检维修方案，按照方案有计划、有步骤地开展检修工作。涉及动火、吊装、断路等特殊作业的，应按照 GB 30871 要求办理相应审批票证，其他风险性较大的作业应编制检维修作业安全规程。检维修方案内容应包含作业安全分析、安全风险管控措施、应急处置措施及安全验收标准等。

（2）施工作业现场应与原生产装置采用可靠设施进行有效的硬隔

离，施工作业应按照《石油化工建设工程施工安全技术规范》（GB 50484—2008）要求进行，尤其是登高作业要做好脚手架的搭设工作，并验收合格；气焊作业应保证乙炔气瓶始终处于直立状态并采取防倾倒措施，与氧气瓶的相互距离保持 5m 以上，距离动火点 10m 以上；断路作业应设置警示标识，夜间设置警示灯；吊装作业区应设置警戒线，并坚持"十不吊"原则。

危险作业涉及到 GB 30871 所包含的特殊作业的，均应由取得相应特种作业资格证的人员操作，这也是危险作业安全措施的基本要求。

**未按照国家标准制定动火、进入受限空间等特殊作业管理制度，或者制度未有效执行被判定为重大生产安全事故隐患；特殊作业人员无证上岗被判定为重大生产安全事故隐患。**

**4.10.4 现场监护人员对作业范围内的安全风险辨识、应急处置能力的掌握情况。**

本条规定了对监护人员的能力要求。

现场监护人员对于危险作业的顺利进行起着至关重要的作用，它既可以监督作业人员是否严格按照规章制度开展作业，又能在人员作业期间及时发现作业现场突然出现的险情，并承担险情报告和作业人员出现异常状况时的及时抢救职责。因此作为一名现场危险作业监护人员，首先就必须具备强烈的风险识别和应急处置能力，在做好自身保护的同时，正确处置作业现场各种险情。现场监护人员的职责主要有：

（1）监督作业票证的办理和审批合规性情况；

（2）监督作业人员持证上岗及作业过程中的遵章守纪情况；

（3）监督作业现场发生异常险情情况及在发生险情后及时将受伤人员撤出险情区域；

（4）承担向上级领导及其他救援人员汇报作业现场出现的险情及应急处置情况的职责；

（5）在作业过程中，监护人员不得离开现场。

鉴于危险作业，尤其是特殊作业大多委托承包商进行，因此在有承包商实施的特殊作业进行过程中，承包商一方的监护人员和企业一方的监护人员必须同时在场监督作业过程，直至作业结束。

### 4.10.5 作业过程中，管理人员现场监督检查情况。

本条规定了危险作业过程中管理人员的监督要求。

危险作业过程中，除监护人员需要持续对作业过程进行监护外，企业方、作业方的安全管理人员应不定期对作业现场进行巡回监督。巡回监督的主要内容是：

（1）作业人员是否按照规定要求进行作业；

（2）监护人员是否严格坚守岗位，履行自己的职责；

（3）作业现场是否存在影响作业安全的危险因素及风险；

（4）是否有其他违规现象。

### 4.11 承包商管理

在企业生产过程中，承包商起着重要的作用。从机电仪设备的检维修、保运、土建施工、设备安装、防腐保温，到危险化学品运输、技术服务、劳务外委等，大多委托承包商完成。对承包商的管理不到位也是企业事故多发的原因，如上海赛科的"5·12"事故、大连石化的"7·16"事故以及乌鲁木齐石化的"11·30"事故等。目前，已明确规定了承包商在企业发生的事故就属于企业的事故。因此，搞好企业的安全生产，对承包商的管理不容忽视。

### 4.11.1 承包商管理制度的建立情况。

本条规定了对承包商管理的基本要求。

《关于加强化工过程安全管理的指导意见》（安监总管三〔2013〕88号）对建立承包商管理制度的基本要求是：

企业要建立承包商安全管理制度，将承包商在本企业发生的事故纳入企业事故管理。企业选择承包商时，要严格审查承包商有关资质，定期评估承包商安全生产业绩，及时淘汰业绩差的承包商。企业要对承包商作业人员进行严格的入厂安全培训教育，经考核合格的方可凭证入厂，禁止未经安全培训教育的承包商作业人员入厂。企业要妥善保存承包商作业人员安全培训教育记录。

承包商管理制度一般包括以下内容：

(1) 适用范围；

(2) 管理职责与分工；

(3) 承包商的选择；

(4) 承包商的进厂培训要求；

(5) 与承包商安全管理职责与范围的确定；

(6) 对承包商的施工过程监控，方案的审定及绩效考核。

(7) 安全交底要求；

(8) 承包商的作业管理；

(9) 承包商的续用及退出管理。

**4.11.2　承包商管理制度的执行情况，主要包括：**

**(1) 对承包商的准入、绩效评价和退出的管理；**

**(2) 承包商入厂前的教育培训、作业开始前的安全交底；**

**(3) 对承包商的施工方案和应急预案的审查；**

**(4) 与承包商签订安全管理协议，明确双方安全管理范围与责任；**

**(5) 对承包商作业进行全程安全监督。**

**本条规定了对承包商全过程加强管理的要求。**

对承包商的管理就是对承包商在厂区内作业的全过程、全员进行管理，包括对承包商及其作业人员的能力、资格的审查，作业方案的审查、作业过程的监督管理等。尤其是涉及危险作业过程的安全监督检查，杜绝因承包商原因造成事故的发生。

承包商员工进入现场前应接受企业组织的教育培训，考核合格后方可进入现场，培训内容至少包括入厂安全要求、作业场所内的主要工艺装置主要风险点、装置内的主要化学和物理危害、装置内主要危险化学品的危险特性、作业许可要求、应急处置办法和人员急救知识。

《关于加强化工过程安全管理的指导意见》(安监总管三〔2013〕88号)对加强承包商管理的基本要求是：

落实安全管理责任。承包商进入作业现场前，企业要与承包商作业人员进行现场安全交底，审查承包商编制的施工方案和作业安全措施，与承包商签订安全管理协议，明确双方安全管理范围与责任。现场安全交底的内容包括：作业过程中可能出现的泄漏、火灾、爆炸、中毒窒息、触电、坠落、物体打击和机械伤害等方面的危害信息。承包商要确保作业人员接受了相关的安全培训，掌握与作业相关的所有危害信息和应急预案。企业要对承包商作业进行全程安全监督。

企业应按照"谁引入谁负责"的原则，明确承包商的管理部门和管理要求，对承包商提出明确要求，确保承包商安全作业且不危及企业的正常生产安全。

## 4.12  变更管理

### 4.12.1  变更管理制度的建立情况。

本条规定了变更管理的基本要求。

变更可分为工艺技术变更、设备设施变更和管理变更，其中：

工艺技术变更主要包括生产能力，原辅材料(包括助剂、添加剂、催化剂等)和介质(包括成分比例的变化)，工艺路线、流程及操作条件，工艺操作规程或操作方法，工艺控制参数，仪表控制系统(包括安全报警和联锁整定值的改变)，水、电、汽、风等公用工程方面的改变等；

设备设施变更主要包括设备设施的更新改造、非同类型替换(包括型号、材质、安全设施的变更)、布局改变，备件、材料的改变，监控、测量仪表的变更，计算机及软件的变更，电气设备的变更，增加临时的电气设备等；

管理变更主要包括人员、供应商和承包商、管理机构、管理职责、管理制度和标准等发生变化。

变更会造成企业风险发生变化，不正确的变更可能导致火灾、爆炸或有毒气体泄漏等灾难性事故发生，变更过程管理不严，也极易发生安全事故。如大连"7·16"火灾事故、连云港聚鑫生物公司"12·9"火灾爆炸事故、河北克尔化工"2·28"重大爆炸事故以及上海赛科"5·12"事故等。其中聚鑫生物公司"12·9"火灾爆炸事故就是典型的变更管理失控，原设计保温釜物料压入高位槽的介质为氮气，因制氮机损坏，企业擅自改用压缩空气；擅自将改造后的尾气处理系统与原有的氯化水洗尾气处理系统在三级碱吸收前连通，中间仅设置了一个管道隔膜阀，在使用过程中，原本两个独立的尾气处理系统实际串连成一个系统；同时擅自取消保温釜爆破片。河北克尔化工"2·28"重大爆炸事故也是严重的变更管理失控，随意将原料尿素变更为双氰胺，随意提高导热油温度（将导热油加热器出口温度设定高限由215℃提高至255℃，使反应釜内物料温度接近了硝酸胍的爆燃点270℃），未经设计增设一台导热油加热器；在反应釜底部伴热导热油软管发生泄漏着火后，外部火源使反应釜底部温度升高，局部热量积聚，造成釜内反应产物硝酸胍和未反应的硝酸铵急剧分解爆炸。1974年发生的英国博立克斯镇（Flix borough）一化工厂己内酰胺装置火灾爆炸事故被公认为是化工变更管理的始祖。因此化工企业必须高度重视变更管理，通过建立并严格执行制度来规范变更管理。而评估变更可能产生的风险，并采取有效措施降低与管控风险，是变更管理的核心。

企业应建立变更管理制度，并严格执行制度来规范变更管理。《关于加强化工过程安全管理的指导意见》（安监总管三〔2013〕88号）对建立变更管理制度的基本要求是：企业在工艺、设备、仪表、电气、公用工程、备件、材料、化学品、生产组织方式和人员等方面发生的所有变化，都要纳入变更管理。实施变更前，企业要组织专业人员进行检查，确保变更具备安全条件；明确受变更影响的本企业人员和承包商作业人员，并对其进行相应的培训。变更完成后，企业要及时更新相应的安全生产信息，建立变更管理档案。

《关于危险化学品企业贯彻落实<国务院关于进一步加强企业安全生产工作的通知>的实施意见》（安监总管三〔2010〕186号）规定：企业要制定并严格执行变更管理制度。对采用的新工艺、新设备、新材料、新方法等，要严格履行申请、安全论证审批、实施、验收的变更程序，实施变更前应对变更过程产生的风险进行分析和控制。任何未履行变更程序的变更，不得实施。任何超出变更批准范围和时限的变更必须重新履行变更程序。

变更管理制度一般包含以下内容：

（1）变更范围及变更类型；

（2）变更审批工作程序和权限；

（3）变更后的培训；

（4）变更后信息的更新，变更资料的归档管理；

（5）变更奖惩管理等。

变更工作票一般包含以下内容：

（1）变更的事项、变更类型、起始时间；

（2）变更方案及目的；

（3）变更的技术基础、可能带来的安全风险分析；

（4）消除和控制安全风险的措施；

（5）是否修改操作规程；

（6）变更实施后的安全验收；

（7）变更的审批。

**4.12.2　变更管理制度的执行情况，主要包括：**

**（1）变更申请、审批、实施、验收各环节的执行，变更前安全风险分析；**

**（2）变更带来的对生产要求的变化、过程安全信息的更新及对相关人员的培训；**

**（3）变更管理档案的建立。**

本条规定了变更管理制度的实施要求。

变更实施从风险分析开始，既要分析变更后带来的风险情况，也要分析变更实施过程中的风险情况。尤其是涉及到动火、进入受限空间等特殊作业，更是要充分将风险识别到位。上海赛科"5·12"事故就是承包商检修方案发生变更，未正确进行风险分析造成事故的典型案例。

变更过程的管理主要包括变更申请、变更审批、变更实施和变更验收四个环节。《关于加强化工过程安全管理的指导意见》（安监总管三〔2013〕88号）对变更过程四个环节的管理要求是：

变更申请。按要求填写变更申请表，由专人进行管理；

变更审批。变更申请表应逐级上报企业主管部门，并按管理权限报主管负责人审批；

变更实施。变更批准后，由企业主管部门负责实施。没有经过审查和批准，任何临时性变更都不得超过原批准范围和期限；

变更验收。变更结束后，企业主管部门应对变更实施情况进行验收并形成报告，及时通知相关部门和有关人员。相关部门收到变更验收报告后，要及时更新安全生产信息，载入变更管理档案。

变更申请环节也是变更风险的识别过程，变更的原因、变更方案及变更风险都在此进行详细分析和介绍。

变更申请内容应包括：

① 变更目的；

② 变更内容；

③ 变更涉及的相关技术资料；

④ 对健康、安全、环境的影响(如需要进行工艺危害分析，应提交符合工艺危害分析管理要求，且经批准的工艺危害分析报告)；

⑤ 涉及操作规程修改的，审批时应提交修改后的操作规程；

⑥ 对受变更影响的所有人员培训和沟通的要求；

⑦ 变更的限制条件(如时间期限、物料数量等)；

⑧ 变更实施后的安全验收条件。

完成变更的工艺、设备在运行前，应对变更影响或涉及的如下人员进行培训或沟通。培训内容包括变更目的、作用、程序、变更内容，变更中可能的风险和影响，以及同类事故案例。变更涉及的人员都应参与培训，包括：

① 变更所在区域的人员，如维修人员、操作人员等；

② 变更管理涉及的人员，如设备管理人员、培训人员等；

③ 承包商、供应商及其他外来人员；

④ 相邻装置(单位)或社区的人员；

⑤ 其他相关的人员。

### 4.13 应急管理

应急管理工作是企业安全生产的最后一道防线，也是阻止事故进一步扩大的有力措施。应急工作不到位，就有可能将小事故演化成大事故，造成人员的重大伤亡。2019 年新颁布的《生产安全事故应急条例》(国务院令第 708 号)，标志着我国将应急管理工作作为一个单独的体系进行强化，为我国应急管理工作提供了基本的法律支撑和法规遵循，推动国家安全生产应急管理工作真正走上法治化、规范化、制度化轨道。

### 4.13.1　企业应急管理情况，主要包括：
**（1）应急管理体系的建立。**

> 本条规定了应急管理体系的建立要求。

应急管理体系的建立完善主要体现在三方面：

一是应急预案体系的建立；

二是应急器材装备的配置；

三是应急人员及能力的配置。

应急预案是企业应急管理工作的基础，是企业启动应急响应后应急处置的指导性文件。通过应急预案，明确企业各部门、各人员在应急组织中的位置及作用，进一步明确在应急状态下各自的责任内容和责任范围。根据《生产经营单位生产安全事故应急预案编制导则》(GB/T 29639—2013)的要求，化工企业的应急预案体系主要由综合应急预案、专项应急预案和现场处置方案构成。

综合应急预案是企业应急预案体系的总纲，主要从总体上阐述事故的应急工作原则，包括企业的应急组织机构及职责、应急预案体系、事故风险描述、预警及信息报告、应急响应、保障措施、应急预案管理等内容。

专项应急预案是企业为应对某一类型或某几种类型事故，或者针对重要生产设施、重大危险源、重大活动等内容而定制的应急预案。专项应急预案主要包括事故风险分析、应急指挥机构及职责、处置程序和措施等内容。

现场处置方案是企业根据不同事故类型，针对具体的场所、装置或设施所制定的应急处置措施，主要包括事故风险分析、应急工作职责、应急处置和注意事项等内容。企业应根据风险评估、岗位操作规程以及危险性控制措施，组织本单位现场作业人员及安全管理等专业人员共同编制现场处置方案。

并不是每个化工企业都必须编制综合应急预案、专项应急预案和现场处置方案。企业可根据本单位组织管理体系、生产规模、危险源的性质以及可能发生的事故类型确定应急预案体系,并根据本单位的实际情况,确定是否编制专项应急预案。风险因素单一的小微型企业可只编写综合应急预案和现场处置方案。

《生产安全事故应急条例》(国务院令第 708 号)具体规定了安全生产应急管理监督职责、事故应急救援职责、应急救援队伍和人员的素质要求、事故应急救援预案及演练等内容。

及时修订应急预案是因为预案体现的是合规有效性和可操作性,要根据实际面临的安全风险、事故种类特点、现有应急资源状况,合理调整预案。如果预案不能有效发挥其指导作用,则不具备指导性。

《生产安全事故应急条例》(国务院令第 708 号)规定了有下列情形之一的,预案制定单位应当及时修订相关预案:

① 制定预案所依据的法律、法规、规章、标准发生重大变化;

② 应急指挥机构及其职责发生调整;

③ 安全生产面临的风险发生重大变化;

④ 重要应急资源发生重大变化;

⑤ 在预案演练或者应急救援中发现需要修订预案的重大问题;

⑥ 其他应当修订的情形。

《危险化学品单位应急救援物资配备要求》(GB 30077—2013)规定了企业应急器材的配备要求。应急人员正确操作和使用应急器材,可避免重大事故的发生;健全完善应急预案、应急器材和应急人员的建设,可以使应急工作切实发挥作用,减少人员和财产损失。

**(2) 应急预案编制符合《生产经营单位生产安全事故应急预案编制导则》(GB/T 29639)的要求,与周边企业和地方政府的应急预案衔接。**

本条规定了应急预案的编写及相互协调的要求。

《生产经营单位生产安全事故应急预案编制导则》(GB/T 29639)规定了编写综合应急预案应包含的内容,主要有:

① 总则

• 编制目的。简述应急预案编制的目的。

- 编制依据。简述应急预案编制所依据的法律、法规、规章、标准和规范性文件以及相关应急预案等。
- 适用范围。说明应急预案适用的工作范围和事故类型、级别。
- 应急预案体系。说明生产经营单位应急预案体系的构成情况。
- 应急预案工作原则。说明生产经营单位应急工作的原则。

② 事故风险描述

简述生产经营单位存在或可能发生的事故风险种类、发生的可能性以及严重程度及影响范围等。

③ 应急组织机构及职责

明确生产经营单位的应急组织形式及组成单位或人员，明确构成部门的职责。应急组织机构根据事故类型和应急工作需要，可设置相应的应急工作小组，并明确各小组的工作任务及职责。

④ 预警及信息报告

- 预警。根据生产经营单位检测监控系统数据变化状况、事故险情紧急程度和发展势态或有关部门提供的预警信息进行预警，明确预警的条件、方式、方法和信息发布的程序。
- 信息报告。主要包括信息接收与通报、明确 24 小时应急值守电话、事故信息接收、通报程序和责任人。
- 信息上报。明确事故发生后向上级主管部门、上级单位报告事故信息的流程、内容、时限和责任人。
- 信息传递。明确事故发生后向本单位以外的有关部门或单位通报事故信息的方法、程序和责任人。

⑤ 应急响应

- 响应分级。针对事故危害程度、影响范围和生产经营单位控制事态的能力，对事故应急响应进行分级，明确分级响应的基本原则。
- 响应程序。根据事故级别的发展态势，描述应急指挥机构启动、应急资源调配、应急救援、扩大应急等响应程序。
- 处置措施。针对可能发生的事故风险、事故危害程度和影响范围，制定相应的应急处置措施，明确处置原则和具体要求。
- 应急结束。明确现场应急响应结束的基本条件和要求。

⑥ 信息公开。明确向有关新闻媒体、社会公众通报事故信息的部门、负责人和程序以及通报原则。

⑦ 后期处置。主要明确污染物处理、生产秩序恢复、医疗救治、人员安置、善后赔偿、应急救援评估等内容。

⑧ 保障措施。

● 通信与信息保障。明确可为生产经营单位提供应急保障的相关单位及人员通信联系方式和方法，并提供备用方案。同时，建立信息通信系统及维护方案，确保应急期间信息通畅。

● 应急队伍保障。明确应急响应的人力资源，包括应急专家、专业应急队伍、兼职应急队伍等。

● 物资装备保障。明确生产经营单位的应急物资和装备的类型、数量、性能、存放位置、运输及使用条件、管理责任人及其联系方式等内容。

● 其他保障。根据应急工作需求而确定的其他相关保障措施(如经费保障、交通运输保障、治安保障、技术保障、医疗保障、后勤保障等)。

《生产安全事故应急条例》(国务院令第708号)规定了生产经营单位应当针对本单位可能发生的生产安全事故的特点和危害，进行风险辨识和评估，制定相应的生产安全事故应急救援预案，并向本单位从业人员公布。同时规定了易燃易爆物品、危险化学品等危险物品的生产、经营、储存、运输单位，应当将其制定的生产安全事故应急救援预案报送县级以上人民政府负有安全生产监督管理职责的部门备案，并依法向社会公布。

企业应急预案体系要与周边企业和地方政府的应急预案相衔接，是由于单个企业发生事故，往往会波及到周边企业，如果事故后果严重，影响范围广，还可能动用社会力量参与救援。如黄岛东黄输油管道"11·22"爆燃事故和天津"8·12"爆炸事故都是没有很好地将企业预案与当地政府的预案衔接到位造成事故后果的扩大。

企业编制的应急预案需要经过相关专家的评审，审查其预案内容的符合性、风险辨识的完整性、事故后果的合理性、安全设施的可靠性、处理措施的针对性以及整体方案的可行性，经过评审，可操作性强的预案才能作为企业的应急指导方案。

《生产安全事故应急预案管理办法》（国家安全监管总局令第 88 号）对预案的评估修订提出了要求：易燃易爆物品、危险化学品等危险物品的生产、经营、储存企业、使用危险化学品达到国家规定数量的化工企业，应当每 3 年进行一次应急预案评估。

应急处置卡是应急预案的简化版。《生产安全事故应急预案管理办法》（国家安全监管总局令第 88 号）规定：生产经营单位应当在编制应急预案的基础上，针对工作场所、岗位的特点，编制简明、实用、有效的应急处置卡。应急处置卡应当简要规定重点岗位、部位紧急情况下人员的应急处置程序和措施，以及相关联络人员和联系方式，并便于从业人员携带。

**4.13.2 企业应急管理机构及人员配置，应急救援队伍建设，预案及相关制度的执行情况。**

本条规定了应急管理体系中应急队伍建设的要求。

完善的应急管理体系需要制度的保障，应急救援队伍的建设对预案的有效实施起着关键的作用，应急救援队伍是实施事故应急处置的中坚力量，直接决定着事故应急处置工作的成败。

企业应建立相关制度，完善应急管理的相关要求，对应急预案的修订、应急器材的维护保养、应急预案的培训演练、应急队伍的能力建设、应急资金保障等方面的管理进行明确。

《生产安全事故应急条例》（国务院令第 708 号）规定了应急队伍的建设要求：大中型化工企业应当建立应急救援队伍，小型或微型企业可不建立应急救援队伍，但应当指定兼职的应急救援人员，并与邻近的应急救援队伍签订应急救援协议。同时还规定：危险物品的生产、经营、储存、运输单位及其他行业单位应建立应急值班制度，配备应急值班人员；规模较大、危险性较高的易燃易爆物品、危险化学品等危险物品的生产、经营、储存、运输单位应当成立应急处置技术组，实行 24 小时应急值班。

《关于加强化工过程安全管理的指导意见》(安监总管三〔2013〕88号)对应急队伍建设管理的要求是：

企业要建立应急响应系统，明确组成人员(必要时可吸收企外人员参加)及职责。可建立应急救援专家库，必要情况时便于对应急处置提供技术支持。发生紧急情况后，应急处置人员要在规定时间内到达各自岗位，按照应急预案的要求进行处置。要建立现场应急处置人员在紧急情况下可获得授权进行紧急停车操作和人员疏散的机制。

### 4.13.3 应急救援装备、物资、器材、设施配备和维护情况；消防系统运行维护情况。

本条规定了应急装备的管理要求。

配备完善的应急器材，是保证应急能力的有力体现。企业应根据自身生产危害性特点，配备相应的应急器材装备，如可能发生火灾的单位应配备消防灭火系统，可能出现人员中毒的企业应配备空气呼吸器或过滤式防毒面具。

《危险化学品单位应急救援物资配备标准》(GB 30077—2013)规定了不同规模的化工企业需要配备的应急器材的种类和数量。

《关于加强化工过程安全管理的指导意见》(安监总管三〔2013〕88号)对应急器材管理的要求是：企业要建立应急物资储备制度，加强应急物资储备和动态管理，定期核查并及时补充和更新。

《关于印发<首批重点监管的危险化学品安全措施和应急处置原则>的通知》(安监总厅管三〔2011〕142号)和《关于公布<第二批重点监管危险化学品名录>的通知》(安监总管三〔2013〕12号)对重点监管的危险化学品所需要的应急装备进行了规定，尤其是对配备正压式空气呼吸器和重型防护服的危险化学品种类进行了明确。

应急照明和灭火器是应急器材中必不可少的物资。《建筑设计防火规范(2018年版)》(GB 50016—2014)对应急照明的管理要求有：消防控制室、消防水泵房、自备发电机房、配电室、防排烟机房以及发生火灾时仍需正常工作的消防设备房应设置备用照明，同时要求其作业面的最低照度不应低于正常照明的照度；同时 GB 50016 还规定了应急照明的连续供电时间不低于 30min；《石油化工企业设计防火标准（2018 年版）》（GB 50160—2008）规定了消防水泵房及其配电室的消防应急照明采用蓄电池作备用电源时，其连续供电时间不应少于 3h。

《建筑灭火器配置验收及检查规范》（GB 50444—2008）规定了灭火器的检查要求：灭火器应每月进行一次检查，堆场、罐区、石油化工装置区、锅炉房等场所的灭火器应每半月进行一次检查。此外，企业还应根据实际情况，配备适当的消防沙、灭火毯等消防设施。

《石油化工企业设计防火标准（2018 年版）》（GB 50160—2008）、《消防给水及消火栓系统技术规范》（GB 50974—2014）、《火灾自动报警系统设计规范》（GB 50116—2013）和《泡沫灭火系统设计规范》（GB 50151—2010）等消防规范对于消防水系统和泡沫系统的配备、运行及维护管理提出了要求。如：

（1）全厂消防水系统根据生产特点可配备临时高压水系统或稳高压水系统，临时高压系统可以在事故发生时启动消防主泵供应消防用水，对于稳高压水系统必须配备稳压泵连续运行。《石油化工企业设计防火标准（2018 年版）》（GB 50160—2008）规定了大型石油化工企业的工艺装置区、罐区等，应设独立的稳高压消防给水系统，其压力宜为 0.7~1.2MPa；

（2）消防水泵、稳压泵应分别设置备用泵；消防水泵应设双动力源；当采用柴油机作为动力源时，柴油机的油料储备量应能满足机组连续运转 6h 的要求。为保证柴油发电机在紧急情况下能够及时启动，企业应建立柴油发电机定期启动试运行的管理制度；

（3）消防泡沫应在有效期内使用，并将泡沫液的更换信息张贴在泡沫储罐上；

（4）企业消防控制室应有相应的竣工图纸、消防设备使用说明书、系统操作规程、应急预案、值班制度、消防设施维护保养制度及值班记录等文件资料。

（5）消防水池应设置就地水位显示装置，并应在消防控制中心或值班室等地点设置显示消防水池水位的装置，同时应有最高和最低报警水位。

（6）消防水泵和稳压泵等供水设施的维护管理应符合下列规定：

● 每月应手动启动消防水泵运转一次，并检查供电电源的情况；

● 每周应模拟消防水泵自动控制的条件自动启动消防水泵运转一次，且应自动记录自动巡检情况，每月应检测记录；

● 每日对稳压泵的停泵启泵压力和启泵次数等进行检查和记录运行情况；

● 每日应对柴油机消防水泵的启动电池的电量进行检测，每周应检查储油箱的储油量，每月手动启动柴油机消防水泵运行一次；

● 每季度应对消防水泵的出流量和压力进行一次试验；

● 每月应对气压水罐的压力和有效容积等进行一次检测。

《石油化工企业设计防火标准（2018 年版）》（GB 50160—2008）同时还对含可燃液体的生产污水、事故下水管线的管理提出要求：

（1）生产污水管道的下列部位应设水封，水封高度不得小于 250mm：

● 工艺装置内的塔、加热炉、泵、冷换设备等区围堰的排水出口；

● 工艺装置、罐组或其他设施及建筑物、构筑物、管沟等的排水出口；

● 全厂性的支干管与干管交汇处的支干管上；

● 全厂性支干管、干管的管段长度超过 300m 时，应用水封井隔开。

（2）罐组内的生产污水管道应有独立的排出口，且应在防火堤外设置水封，并应在防火堤与水封之间的管道上设置易开关的隔断阀。

### 4.13.4 应急预案的培训和演练，事故状态下的应急响应情况。

本条规定了应急预案的演练、响应的要求。

《关于进一步加强生产经营单位一线从业人员应急培训的通知》（安监总厅应急〔2014〕46 号）指出：企业一线从业人员是安全生产的第一道防线，是生产安全事故应急处置的第一梯队。进一步加强企业一线从业人员的应急培训，既是全面提高企业应急处置能力，也是有效防止因应急知识缺乏导致事故扩大的迫切要求。企业要将应急培训作为安全培训的应有内容，纳入安全培训年度工作计划，与安全培训同时谋划、同时开展、同时考核。

《关于加强化工过程安全管理的指导意见》（安监总管三〔2013〕88号）对应急培训及演练管理的要求是：企业要建立完整的应急预案体系，定期开展各类应急预案的培训和演练，评估预案演练效果并及时完善预案。

《危险化学品应急救援管理人员培训及考核要求》（AQ/T 3043—2013）规定了承担应急救援管理人员的基本要求。

对应急预案进行演练，是锻炼企业应急人员实际应急处置技能的有效方式。通过演练，提高员工对预案的熟悉程度，明确自己在应急预案中的角色及职责，熟练应对真正的事故。《生产安全事故应急演练指南》（AQ/T 9007—2011）规定了应急演练目的是：检验预案，发现应急预案中存在的问题，提高应急预案的科学性、实用性和可操作性；锻炼队伍，熟悉应急预案，提高应急人员在紧急情况下妥善处置事故的能力；磨合机制，完善应急管理相关部门、单位和人员的工作职责，提高协调配合能力；宣传教育，普及应急管理知识，提高参演和观摩人员风险防范意识和自救互救能力；完善应急管理和应急处置技术，补充应急装备和物资，提高其适用性和可靠性。

《生产安全事故应急预案管理办法》（国家安全监管总局令第88号）规定：生产经营单位应当制定本单位的应急预案演练计划，根据本单位的事故风险特点，每年至少组织一次综合应急预案演练或者专项应急预案演练，每半年至少组织一次现场处置方案演练。应急预案演练结束后，演练组织单位应当对应急预案演练效果进行评估，撰写应急预案演练评估报告，分析存在的问题，并对应急预案提出修订意见。

事故状态下的应急响应要求企业在发生事故的第一时间，迅速启动应急响应机制，分析事故险情和可能造成的事故后果大小，确定启动预案的级别。各级别应急人员应迅速赶到相应工作岗位，行使应急职责。一线处置人员应按照"救人优先"的原则迅速将处于危险场所的受伤人员移出至安全地带，再进行下一步的处置。企业应根据事故危害程度、影响范围和控制事态的能力，对事故应急响应进行分级，明确各级响应的基本原则。在应急响应状态下，根据应急预案体系及事态发展趋势，启动现场处置方案(包括应急处置卡)、专项应急预案，保证应急指挥机构、应急资源调配、应急救援、扩大应急、与政府及相关单位的联动等机制有效运行。

调研发现，当前部分企业厂区内设立的二道门系统管理混乱，不能准确掌握生产区域内人员数量，另外还存在一些将二道门大门锁闭，仅凭小门出入的现象，企业应保证在应急情况下的有效救援。

### 4.13.5  应急人员的能力建设情况。

本条对应急队伍人员的能力培养提出了要求。

负有应急救援使命的专业或兼职应急救援人员是事故发生时第一时间承担救援任务的队伍，其个人救援能力和应急处置水平决定着救援的成效，这就要求应急救援人员必须具有过硬的素质和能力，保证事故发生后"黄金五分钟"的有效救援。

《生产安全事故应急条例》(国务院令第 708 号)规定了应急人员队伍建设的相关要求：应急救援队伍的应急救援人员应当具备必要的专业知识、技能、身体素质和心理素质；应急救援队伍建立单位或者兼职应急救援人员所在单位应当按照国家有关规定对应急救援人员进行培训；应急救援人员经培训合格后，方可参加应急救援工作；应急救援队伍应当配备必要的应急救援装备和物资，并定期组织训练。

正确佩戴空气呼吸器是员工应急能力的基本体现。《工业空气呼吸器安全使用维护管理规范》(AQ/T 6110—2012)明确了空气呼吸器的佩戴要求，规定 1min 内正确佩戴到位为合格标准。

消防救援人员"四懂四会"能力建设的要求是：四懂：即懂火灾危险性，懂预防火灾的措施，懂火灾扑救的方法，懂火场逃生的办法；四会：即会报火警，会使用灭火器材，会扑救初期火灾，会组织人员疏散。

### 4.14  安全事故事件管理

化工企业的生产安全事故是由于企业风险识别不到位，管控措施失效,隐患排查不及时造成的。安全事件是未遂的安全事故。按照海因里希安全管理法则给出的 1:29:300 理论,当一个企业有 300 起隐患或违章时,必然要发生 29 起轻伤或故障,另外还有一起重伤、死亡或重大事故。因此抓好安全事件管理,分析常见事件发生的根本原因,可以大大减少安全事故的发生,加强事故管理就必须首先加强对安全事件的管理工作。

### 4.14.1 安全事故事件管理制度的建立情况。

本条规定了事故事件管理的制度保障要求。

对生产安全事故的管理首先要从抓好安全事件的管理抓起,安全事件是未遂的事故,只有抓好安全事件管理才能防范事故的发生。搞好安全事故事件的管理首先从制度建设开始。《关于加强化工过程安全管理的指导意见》(安监总管三〔2013〕88 号)指出:企业要制定安全事件管理制度,加强未遂事故等安全事件(包括生产事故征兆、非计划停车、异常工况、泄漏、轻伤等)的管理。要建立未遂事故和事件报告激励机制。要深入调查分析安全事件,找出事件的根原因,及时消除人的不安全行为和物的不安全状态。

安全事故事件管理制度内容一般包括:

(1) 事故事件的范围;

(2) 事故事件的上报;

(3) 事故事件原因的调查分析;

(4) 事故事件的建档统计管理;

(5) 事故事件预防措施的制定;

(6) 事故事件上报的奖励机制;

(7) 事故事件的分享;

(8) 外部事故的收集管理。

### 4.14.2 安全事故事件管理制度执行情况,主要包括:

(1) 开展安全事件调查、原因分析;

(2) 整改和预防措施落实;

(3) 员工与相关方上报安全事件的激励机制建立;

(4) 安全事故事件分享、档案建立及管理。

安全事故事件发生的原因无外乎就是人的不安全因素、物的不安全状态和管理上的缺陷。企业要建立员工与相关方上报安全事件的激励机制，并通过认真调查分析事故事件发生的根原因，避免同类问题的重复发生。

员工对安全事件的分享和上报对于企业加强事故事件管理有着很好的促进作用。很多安全事件的发生，都是企业在某些地方存在缺陷，未造成事故的发生可能是一时的侥幸，但隐患已切实存在，如果不及时采取措施防范，则下一次就有可能发生事故。目前企业普遍存在着隐瞒安全事件的现象，事件当事人担心受到惩处，从而不能将造成事件发生的风险之处与大家分享，导致可能在同一部位因同一原因发生同类事件，最终酿成事故。因此企业应鼓励员工积极上报事件，并建立奖励政策，激发员工上报安全事件的积极性。

对安全事件的统计分析可以总结事件发生的规律，查找安全事件发生的根原因。比如哪个部位可能发生事件、哪个时间段可能发生事件、哪些人可能发生事件、哪些设备容易发生事件、哪些作业过程可能发生事件、某一部位可能会发生哪些事件等等。通过统计分析，可以有针对性地制定对策，避免事件演变成事故。

事故事件的统计分析是需要依靠档案作支撑的，因此必须建立相应台账，记载每一起的事故事件，有助于举一反三，防范事故的发生。

### 4.14.3 吸取本企业和其他同类企业安全事故及事件教训情况。

本条规定了吸取事故教训的要求。

化工行业每次事故发生的原因几乎都不完全相同。发生事故的企业要认真分析事故原因，制定防范措施，而作为同类企业特别是有同类生产装置或者同类生产工艺的企业，或者与事故企业存在类似事故原因的企业，则应该及时吸取事故企业的教训，在相关方面采取有利措施，加强对事故案例的培训学习，避免类似事故再次发生。正如人们常说的：一厂出事故、万厂受教育；一地有隐患，全国受警示。

《关于进一步严格危险化学品和化工企业安全生产监督管理的通

知》(安监总管三〔2014〕46号)规定了化工企业发生事故必须要进行严肃事故查处的要求。《通知》要求：对取得危险化学品安全许可证，且事故调查认定对事故发生负有责任的企业：发生死亡事故的，要依法暂扣其安全许可证1个月以上6个月以下；在动火、进入受限空间等直接作业环节发生死亡事故的，要依法暂扣其安全许可证2个月以上6个月以下；发生较大事故或一年内发生2次人员死亡事故的，要依法暂扣其安全许可证3个月以上6个月以下；发生重大以上事故及一年内发生2次较大事故的，要依法吊销其安全许可证。

《关于加强化工过程安全管理的指导意见》(安监总管三〔2013〕88号)指出：企业完成事故(事件)调查后，要及时落实防范措施，组织开展内部分析交流，吸取事故(事件)教训。要重视外部事故信息收集工作，认真吸取同类企业、装置的事故教训，提高安全意识和防范事故能力。

总而言之，企业应加大对事故事件的管理和本行业同类企业事故的警示学习，吸取教训，采取对策，积极防范，确保安全，否则将会付出沉重代价。

### 4.14.4 将承包商在本企业发生的安全事故纳入本企业安全事故管理情况。

本条规定了承包商事故事件的管理要求。

承包商在企业的安全生产过程中起着重要的影响作用。企业生产离不开承包商，承包商的工作离不开企业的支持和配合。但是，我们也看到，部分承包商自身管理水平低、人员安全意识淡漠、技术素质差，在企业从事维保工作时违章现象较为严重，如特殊作业不按规定办理票证、作业现场人员着装不符合要求、施工现场未与生产装置隔离、特种作业人员未持证上岗等等，因此发生事故的概率较高。如上海赛科的"5·12"事故、大连西太平洋石油化工有限公司"11·18"中毒事故和大连"7·16"事故等，都暴露出承包商违章现象严重。

对承包商的管理除要求承包商强化自身管理以外，更多地需要企业对承包商严格加强监管和考核，并安排专人配合承包商开展作业工作。企业配合不力，对承包商的管理、审查不认真，对承包商的违章现象不闻不问，不进行坚决制止，最后发生的事故都要列入企业的事故统计范畴。因此，将承包商在本企业发生的安全事故纳入本企业事故管理，就是要督促企业认真落实自己的主体责任，管好承包商。

# 5 安全风险隐患闭环管理

## 5.1 安全风险隐患管控与治理

**5.1.1 对排查发现的安全风险隐患，应当立即组织整改，并如实记录安全风险隐患排查治理情况，建立安全风险隐患排查治理台账，及时向员工通报。**

> 本条规定了安全风险隐患治理的管理要求。

安全风险隐患是导致事故发生的根本原因，一旦发现，必须立即采取措施予以治理。《安全生产法》第三十八条规定：生产经营单位应当建立健全生产安全事故隐患排查治理制度，采取技术、管理措施，及时发现并消除事故隐患。事故隐患排查治理情况应当如实记录，并向从业人员通报。

《国务院安委会办公室关于实施遏制重特大事故工作指南构建双重预防机制的意见》(安委办〔2016〕11号)明确指出：企业要将隐患排查责任逐一分解落实，推动全员参与自主排查隐患，尤其要强化对存在重大风险的场所、环节、部位的隐患排查，同时加强政府监管体系建设，督促企业建立和完善长效机制，遏制事故的发生。对排查出的安全风险隐患做到"五定"，将整改落实情况纳入日常管理进行监督，及时协调在隐患整改中存在的资金、技术、物资采购、施工等各方面问题。

企业应建立相应机制，按照隐患治理"五落实"(责任、措施、资金、时限和预案落实)的规定要求，落实责任人，尽快实施整改，并建立相应档案，便于分析隐患存在的根本原因，努力从根原因上消除隐患，避免同类事情的发生，同时避免隐患酿成事故。尤其是那些多次出现的典型问题，应引起企业领导、主要负责人的关注，从管理上查找原因予以排除。隐患排查治理情况及时向员工通报，是为了发挥发挥全体员工的集体力量，共同防范隐患，避免事故发生。

隐患档案应包括以下信息：隐患名称、隐患内容、隐患编号、隐患所在单位、专业分类、归属职能部门、评估等级、整改期限、治理方案、整改完成情况、验收报告等。事故隐患排查、治理过程中形成的传真、会议纪要、正式文件等，也应归入事故隐患档案。

**5.1.2　对排查发现的重大事故隐患，应及时向本企业主要负责人报告；主要负责人不及时处理的，可以向主管的负有安全生产监督管理职责的部门报告。**

> 本条规定了对重大隐患的处理要求。

《化工和危险化学品生产经营单位重大生产安全事故隐患判定标准（试行）》（安监总管三〔2017〕121号）列出了化工和危险化学品企业构成重大隐患的20种情形。重大隐患会导致企业生产过程中发生重大事故，因此不容忽视。企业员工对发现的重大隐患向企业主要负责人报告或直接向政府应急管理部门报告是《安全生产法》赋予的基本权利。一方面约束企业主要负责人高度重视企业存在的重大隐患问题，并立即组织整改，另一方面也通过政府管理部门依法履行职责，对企业采取强有力监督措施。

对于重大隐患，企业要结合自身的生产经营实际情况，立即采取充分的风险控制措施，防止事故发生，同时编制重大事故隐患治理方案，尽快进行隐患治理，必要时立即停产治理。企业主要负责人应组织制定并实施事故隐患治理方案，方案内容应包括：治理的目标和任务、采取的方法和措施、经费和物资的落实、负责治理的机构和人员、治理的时限和要求、防止整改期间发生事故的安全措施等。

《安全生产法》第四十三条规定：生产经营单位的安全生产管理人员在检查中发现重大事故隐患，依照前款规定向本单位有关负责人报告，有关负责人不及时处理的，安全生产管理人员可以向主管的负有安全生产监督管理职责的部门报告，接到报告的部门应当依法及时处理。

《安全生产法》也规定了县级以上地方各级人民政府负有安全生产监督管理职责的部门应当建立健全重大事故隐患治理督办制度，督促生产经营单位消除重大事故隐患的要求。

**5.1.3** 对于不能立即完成整改的隐患，应进行安全风险分析，并应从工程控制、安全管理、个体防护、应急处置及培训教育等方面采取有效的管控措施，防止安全事故的发生。

> 本条规定了难以整改的重大隐患的管理要求。

对重大隐患立即进行整改是企业的应尽义务和职责。但对于一些短时间内确实不具备整改条件的问题，《导则》也规定了解决办法，就是通过开展风险分析，从工程控制、安全管理、个体防护、应急处置及培训教育等方面采取相应防范措施，落实责任人定期检查重大隐患的演化情况，监督防范措施的到位情况以及向政府主管部门的通报情况。对重大隐患不管不问，置之不理的现象，法律也规定了相应管理要求。

《安全生产法》第六十二条规定：重大事故隐患排除前或者排除过程中无法保证安全的，应当责令从危险区域内撤出作业人员，责令暂时停产停业或者停止使用相关设施、设备；重大事故隐患排除后，经审查同意，方可恢复生产经营和使用。

**5.1.4** 利用信息化手段实现风险隐患排查闭环管理的全程留痕，形成排查治理全过程记录信息数据库。

> 本条规定了风险隐患排查治理的记录要求。

企业按照"五定"原则开展风险隐患排查治理工作，实行闭环管理，对防范事故发生是极其有效的。但是隐患的存在原因多样，大多与管理不善有关。如果不对隐患问题出现的原因进行统计分析，查找根原因，并举一反三，从根本上解决问题，类似隐患仍会重复出现。

运用互联网技术可以将隐患治理及可能存在隐患的部位进行远程监控、动态分析。通过与历史统计数据进行对比分析，剖析可能出现隐患的部位、时机、现象、原因、对策，可以大大提高风险隐患判定的准确性和治理的高效性。

建立隐患排查治理台账有助于对历史数据进行统计分析，也有助于追根溯源。在当今信息时代，隐患排查治理台账可以电子版形式建立，并有专人负责维护管理。

## 5.2 安全风险隐患上报

**5.2.1 企业应依法向属地应急管理部门或相关部门上报安全风险隐患管控与整改情况、存在的重大事故隐患及事故隐患排查治理长效机制的建立情况。**

本条规定了企业隐患上报的管理要求。

企业对存在的隐患应立即采取措施进行整改，并做好记录。对于一般隐患，可向属地管理部门上报隐患排查及整改完成情况、对产生隐患根原因的分析情况以及事故隐患排查治理长效机制的建立情况。

重大事故隐患容易导致生产企业发生重大事故，必须引起企业的高度重视，同时也是属地应急管理部门关注的重点。因此企业应及时、主动、如实地将存在的重大隐患信息上报给属地应急管理部门，对可能对外部环境造成影响的重大隐患，尤其是对一些企业自身力量无法解决的重大隐患，政府部门必要时可对企业进行帮扶，协调其他有关部门予以解决。

企业建立隐患排查治理的长效机制是避免类似隐患重复出现、确保企业长周期安全生产运行的有力举措。企业应在建立相应隐患排查治理制度基础上，从频次、内容、报告、整改、责任、奖惩等方面明确相关要求，鼓励员工积极主动地去识别风险，排查隐患。企业负责人不得以员工上报安全隐患数量太多而对员工进行处罚、打击。建立长效机制主要体现在是否对隐患发生的根原因进行分析查找，采取的对策措施针对性是否强硬、有效，是否开展举一反三消除类似问题等三个方面。长效机制的有效运作，需要企业主要负责人的高度重视和积极支持，这也是体现主要负责人安全管理能力的一个方面。

**5.2.2 重大事故隐患的报告内容至少包括：**
**（1）现状及其产生原因；**
**（2）危害程度分析；**
**（3）治理方案及治理前保证安全的管控措施。**

本条规定了重大隐患报告的内容要求。

对重大隐患的监管一直以来都是政府应急管理部门监管的重点，

因此企业在上报重大事故隐患的信息时，应按照报告内容要求详实填报，便于政府监管部门准确掌握重大隐患的动态信息，做好应急管理各项工作，避免隐患演化成事故。

分析现状及其产生原因时要认真客观，既要客观分析原始设计上的缺陷，也不能回避自身管理上的问题；危害程度分析要通过分析预测，给出可能发生的后果及造成的影响，做到尽可能量化；治理方案及治理前保证安全的管控措施则是要明确管控措施及应急处理方案以及责任人，防患于未然。

# 6 特殊条款

重大隐患导致重大事故的发生，给人民群众的生命财产造成了巨大损失。为督促企业及时整改重大隐患，严厉惩处那些找出种种借口拖延整改或故意不改的不良企业，《导则》最后特增设特殊条款，以强有力的法律手段督促企业完成重大隐患的整改工作。特殊条款的每一条都是从事故血的教训中总结而来，从某种意义上讲特殊条款就是"保命条款"，其作用是明确危险化学品企业安全生产的高压线，丝毫不能触碰，一旦违规就要受到严惩。

**6.1 依据《化工和危险化学品生产经营单位重大生产安全事故隐患判定标准（试行）》，企业存在重大隐患的，必须立即排除，排除前或排除过程中无法保证安全的，属地应急管理部门应依法责令暂时停产停业或者停止使用相关设施、设备。**

本条规定了对存在重大隐患企业的惩处要求。

对存在重大隐患，且排除前或排除过程中无法保证安全的企业，属地应急管理部门采取暂时停产停业或者停止使用相关设施、设备的举措是法律赋予应急管理部门的权力，是为了保障安全生产的有效措施。企业拒不执行指令，则构成违法行为。

《安全生产法》第六十二条规定：重大事故隐患排除前或者排除过程中无法保证安全的，应当责令从危险区域内撤出作业人员，责令暂时停产停业或者停止使用相关设施、设备；重大事故隐患排除后，经审查同意，方可恢复生产经营和使用。第六十七条还规定：负有安全生产监督管理职责的部门依法对存在重大事故隐患的生产经营单位作出停产停业、停止施工、停止使用相关设施或者设备的决定，生产经营单位应当依法执行，及时消除事故隐患。生产经营单位拒不执行，有发生生产安全事故的现实危险的，负有安全生产监督管理职责的部门可以强制生产经营单位履行决定。

2017年，国家安全监管总局下发的《关于印发<化工和危险化学品生产经营单位重大生产安全事故隐患判定标准(试行)>和<烟花爆竹生产经营单位重大生产安全事故隐患判定标准(试行)>的通知》(安监总管三〔2017〕121号)中明确了当涉及20项情形时可判定为重大事故隐患，要求"各级安全监管部门要按照有关法律法规规定，将《判定标准》作为执法检查的重要依据，强化执法检查，建立健全重大生产安全事故隐患治理督办制度，督促生产经营单位及时消除重大生产安全事故隐患。"

**6.2　企业存在以下情况的，属地应急管理部门应依法暂扣或吊销安全生产许可证：**

本条规定了依法暂扣或吊销许可证的几种情形。

**(1) 主要负责人、分管安全负责人和安全生产管理人员未依法取得安全合格证书。**

**这条属于重大生产安全事故隐患**。人的因素是制约企业安全生产的最重要因素。企业的主要负责人和安全生产管理人员具备的安全意识、风险意识，以及危险化学品安全生产的基础知识和管理技能，是落实企业安全生产主体责任的前提。然而，近年来，部分危险化学品生产安全事故暴露出企业主要负责人及安全生产管理人员安全生产管理知识欠缺、安全生产意识不强、安全管理能力不足的问题仍然十分突出。应急管理部组织的明查暗访对一些化工企业进行"应知应会"考试，不少企业主要负责人都不及格。

《安全生产法》第二十四条对此已有规定："生产经营单位的主要负责人和安全生产管理人员必须具备与本单位所从事的生产经营活动相应的安全生产知识和管理能力。危险物品的生产、经营、储存单位以及矿山、金属冶炼、建筑施工、道路运输单位的主要负责人和安全生产管理人员，应当由主管的负有安全生产监督管理职责的部门对其安全生产知识和管理能力考核合格。"

《危险化学品生产企业安全生产许可证实施办法》（国家安全监管总局令第41号）也指出："企业取得安全生产许可证后发现其不具备本办法规定的安全生产条件的，依法暂扣其安全生产许可证1个月以上6个月以下；暂扣期满仍不具备本办法规定的安全生产条件的，依法吊销其安全生产许可证。"而文件规定的安全生产条件就包括：企业主要负责人、分管安全负责人和安全生产管理人员必须具备与其从事的生产经营活动相适应的安全生产知识和管理能力，依法参加安全生产培训，并经考核合格，取得安全资格证书。

《关于印发化工（危险化学品）企业主要负责人安全生产管理知识重点考核内容等的通知》（安监总厅宣教〔2017〕15号）列出了主要负责人需要考核的12大类内容，以及安全生产管理人员需要考核的20大类内容。

**（2）涉及危险化工工艺的特种作业人员未取得特种作业操作证、未取得高中或者相当于高中及以上学历。**

**特种作业人员无证上岗属于重大生产安全事故隐患**，也是近年多起事故暴露出来的问题。如2017年江苏连云港聚鑫生物"12·9"重大爆炸事故，事故车间的特种作业人员未持证上岗。

《安全生产法》第二十七条规定："生产经营单位的特种作业人员必须按照国家有关规定经专门的安全作业培训，取得相应资格，方可上岗作业。"

《特种作业人员安全技术培训考核管理规定》（国家安全监管总局令第30号）还特别强调，危险化学品特种作业人员还应当具备高中或者相当于高中及以上文化程度。2017年江西九江之江化工"7·2"事故、2018年宜宾恒达科技有限公司"7·12"重大爆炸着火事故，涉事企业的特种作业人员多数为初中学历，未经过系统地化学知识学习，缺乏化工生产的专业素质和技能，风险意识、应急能力均不能满足安全生产的要求。

**（3）在役化工装置未经具有资质的单位设计且未通过安全设计诊断。**

这条也属于重大生产安全事故隐患。企业的化工装置如果未经正规设计或者未经具备相应资质的单位进行设计诊断，会导致规划、布局、工艺、设备、自动化控制等不能满足安全要求，将会产生大风险。2017 年江苏连云港聚鑫生物"12·9"重大爆炸事故，事故的间接原因就是企业间二氯苯生产工艺没有正规技术来源，也没有委托专业机构进行工艺计算和施工图设计，总平面布置、设备选型和安装、管线走向等全凭企业人员经验决定。再如 2014 年江苏如皋双马化工"4·16"爆炸事故，发生事故的造粒车间未执行基本建设程序，厂房为企业自行设计、安装，车间主要设备也是企业自行设计、制造、安装，未经正规设计、正规施工和安装。因此，这条要求关注于本质安全，从源头上把好安全入口关，保障企业安全生产。

《危险化学品生产企业安全生产许可证实施办法》（国家安全监管总局令第 41 号）中要求：新建、改建、扩建建设项目经具备国家规定资质的单位设计、制造和施工建设；涉及危险化工工艺、重点监管危险化学品的装置，由具有综合甲级资质或者化工石化专业甲级设计资质的化工石化设计单位设计。

《关于开展提升危险化学品领域本质安全水平专项行动的通知》（安监总管三〔2012〕87 号）要求，2013 年底前完成所有未经正规设计的在役装置安全设计诊断工作。危险化学品企业要聘请有相应设计资质的设计单位，对未经过正规设计的在役装置进行安全设计诊断，对装置布局、工艺技术及流程、主要设备和管道、自动控制、公用工程等进行设计复核，全面查找并整改装置设计存在的问题，消除安全隐患；并要求危险化学品新建项目必须由具备相应资质和相关设计经验的设计单位负责设计。

《关于进一步加强危险化学品建设项目安全设计管理的通知》（安监总管三〔2013〕76 号）则对设计单位的资质提出了要求，即涉及重点监管危险化工工艺、重点监管危险化学品和危险化学品重大危险源的大型建设项目，其设计单位资质应为工程设计综合资质或相应工程设计化工石化医药、石油天然气(海洋石油)行业、专业资质甲级。

**(4) 外部安全防护距离不符合国家标准要求、存在重大外溢风险。**

外部安全防护距离既不是防火间距，也不是卫生防护距离，是作为缓冲距离，防止危险化学品生产装置、储存设施在发生火灾、爆炸、毒气泄漏事故时造成企业外部的人员重大伤亡和财产损失，应在危险化学品品种、数量、个人和社会可接受风险标准的基础上科学界定。如果企业的外部安全防护距离不符合要求，容易造成严重的社会风险。

2009 年发生的河南洛染"7·15"爆炸事故，事故企业与周边居民区安全距离严重不足，事故造成 8 人死亡、8 人重伤，周边 100 余名居民被爆炸冲击波震碎的玻璃划伤。

《危险化学品生产企业安全生产许可证实施办法》(国家安全监管总局令第 41 号)已明确了企业申请安全生产许可证的首要条件，便是外部安全防护距离要符合有关法律、法规、规章和国家标准或者行业标准的规定。已取证企业如果不满足这一条件，将被暂扣或者吊销安全生产许可证。因此，危险化学品企业应该根据《危险化学品生产装置和储存设施风险基准》(GB 36894—2018)、《危险化学品生产装置和储存设施外部安全防护距离确定方法》(GB/T 37243—2019)、《危险化学品经营企业安全技术基本要求》(GB 18265—2019)等相关标准来确定外部安全防护距离，判定风险是否可接受。

**(5) 涉及"两重点一重大"装置或储存设施的自动化控制设施不符合《危险化学品重大危险源监督管理暂行规定》(国家安全监管总局令第 40 号)等国家要求。**

危险化学品自动化控制系统建设及改造是危险化学品企业提升本质安全水平的一项重要举措，通过分析危险化学品装置尤其是涉及"两重点一重大"装置或储存设施的安全隐患，实现自动化控制，不仅能够有效提升企业的安全生产水平，还能减少生产安全事故中的人员伤亡。

宜宾恒达科技公司"7·12"爆燃事故共造成 19 人死亡，事故装置无自动化控制系统、安全仪表系统、可燃和有毒气体泄漏报警系统等安全设施，生产设备、管道仅有现场压力表及双金属温度计，工艺控制参数主要依靠人工识别，生产操作仅靠人工操作，现场作业人员较多，是造成重大人员伤亡的重要原因。连云港聚鑫生物"12·9"重大爆炸事故的间接原因，也是因为该企业间二氯苯生产装置没有实现自动控制，仍采用人工操作。浙江台州华邦医药"1·3"较大事故，虽设置了自动化控制系统却未投用，现场仍为人工操作。江西九江之江化工"7·2"较大事故，反应釜的安全联锁被违规摘除。

**（6）化工装置、危险化学品设施"带病"运行。**

化工生产工艺复杂，条件苛刻，物料大多易燃易爆、有毒有害，加之高温、高压、低温等操作条件均对设备状况提出了严格的要求，日常生产中工艺波动、违规操作、使用不当、维护维修不到位等均可造成工艺运行异常或设备失效，引发物料泄漏而导致事故发生。

应急管理部办公厅《关于河南省三门峡市河南煤气集团义马气化厂"7·19"重大爆炸事故的通报》（应急厅函〔2019〕447号）要求，各有关企业要认真吸取事故教训，充分认识化工生产装置带病运行存在的巨大安全风险，正确处理效益与安全的关系，树立"隐患就是事故"的观念，确保发现隐患第一时间消除，坚决杜绝装置设备带病运行。

但企业在进行隐患排查时，可能会不太确定装置设施"病"到何种程度就需要治。本书结合近几年发生的相关事故案例，建议重点关注以下四种情形。

**一是易燃易爆、有毒有害、助燃物料出现泄漏后未及时处理。**根据事故通报，河南三门峡义马气化厂空气分离装置自6月26日即发生氧泄漏现象，但企业未及时消除隐患，且备用设备不能保证备用，装置持续带"病"运行，直至7月19日爆燃事故发生。山东滨州博兴县诚力供气公司"10·8"重大爆炸事故也属于此种情况。在发现气柜密封油质量下降、油位下降、一氧化碳检测报警仪频繁报警等重大隐患以及接到职工多次报告时，企业负责人不重视、也没有采取有效的安全措施。特别是事发当天，在气柜密封油出现零液位、检测报警仪满量程报警、煤气大量泄漏的情况下，企业负责人仍未采取果断措施、紧急停车、排除隐患，一直安排将气柜低柜位运行、带"病"运转，直至事故发生。

**二是设备存在缺陷，尤其是承压设备处于异常状态未及时处置。**2017年发生的新疆宜化"2·12"电石炉喷料灼烫事故便与此有关。该企业隐患治理未按要求落实，对长期存在的电石炉内漏水的事故隐患视而不见，带"病"运行，从未及时维修保养，成为引发事故的间接原因之一。鄂尔多斯九鼎化工公司"6·28"压力容器爆炸较大事故，直接原因就是因为企业的三气换热器从投入运行到爆炸前，脱硫气入口联箱两侧人字焊缝处四次出现裂纹泄漏，设备存在明显质量问题，进而引发低应力脆断导致脱硫气瞬间爆出，又因脱硫气中氢气含量较高，爆出瞬间引起氢气爆炸着火。还有江西海晨鸿华化工公司"5·16"较大爆炸事故，企业的3#釜加注三氯化磷的玻璃管道损坏、5个釜共用的磁力泵损坏，均未及时更换，导致3#釜不能正常反应，在带料的情况下长时间搁置，直接导致异常工况的形成，而企业技术与管理人员均未到现场进行处理，操作人员盲目维持生产，最终导致事故发生。

**三是安全设施或自动化控制系统处于故障状态未及时处置。**安全设施与自动化控制系统是确保装置安全运行的保障。《安全生产法》规定：用于生产、储存、装卸危险物品的建设项目，应当按照国家有关规定进行安全评价，安全设施设计应当按照国家有关规定报经有关部门审查，施工单位必须按照批准的安全设施设计施工，建设项目竣工投入生产或者使用前，应当由建设单位负责组织对安全设施进行验收，验收合格后，方可投入生产和使用。河北克尔化工"2·28"重大爆炸事故的间接原因之一就有在反应釜温度计损坏无法正常使用时，不是研究制定相应的防范措施，而是擅自将其拆除，造成反应釜物料温度无法即时监控。再如吉林通化化工"1·18"爆炸事故，企业对长期存在的安全隐患未进行彻底整改，1995年企业改造时将净醇塔液位计安装在塔底部出液管线上，造成去精醇阀门打开时，无法正确显示净醇塔液位，造成补液、排液时液位都不准确，且自动控制阀自设备运行使用后一直未投入使用，无法实现液位与阀门的联锁控制和液位报警。

**四是工艺运行处于异常工况，工艺报警未及时处置。**《关于加强化工过程安全管理的指导意见》（安监总管三〔2013〕88号）在对异常工况的管理要求中，规定了企业要采用在线安全监控、自动检测或人工分析等手段，及时判断发生异常工况的根源，评估可能产生的后果，制定安全处置方案，避免因处理不当造成事故。如不能及时发现工艺报警，或发现工艺报警但未及时处理、未分析报警的原因，则有可能引发事故发生。山东滨化滨阳燃化公司发生的"1·1"中毒事故，由于加制氢车间稳定塔出现异常和停止使用后，进入 2#、5# 罐的石脑油硫含量出现异常偏高，公司负责人、生产管理部门、相关车间均未按规定提升管理防护等级，未采取任何防范措施，没有制定预案，没有书面通知相关岗位管理及操作人员，当在中间原料罐区切罐作业过程中发生石脑油泄漏时，造成 4 人硫化氢中毒死亡。

因此，企业要充分认识化工生产装置带"病"运行存在的巨大安全风险，加强化工过程安全全要素管理，加强工艺报警管理，加强对异常工况的监控与处置，建立并实施设备完整性管理体系，提高工艺以及设备运行的安全性、可靠性和完好性，避免危险化学品泄漏、中毒、火灾、爆炸等生产安全事故的发生。

# 附　录

# 附录1 《危险化学品企业安全风险隐患排查治理导则》

## 1 总则

1.1 为督促危险化学品企业落实安全生产主体责任，着力构建安全风险分级管控和隐患排查治理双重预防机制，有效防范重特大安全事故，根据国家相关法律、法规、规章及标准，制定本导则。

1.2 本导则适用于危险化学品生产、经营、使用发证企业（以下简称企业）的安全风险隐患排查治理工作，其他化工企业参照执行。

1.3 安全风险是某一特定危害事件发生的可能性与其后果严重性的组合；安全风险点是指存在安全风险的设施、部位、场所和区域，以及在设施、部位、场所和区域实施的伴随风险的作业活动，或以上两者的组合；对安全风险所采取的管控措施存在缺陷或缺失时就形成事故隐患，包括物的不安全状态、人的不安全行为和管理上的缺陷等方面。

## 2 基本要求

2.1 企业是安全风险隐患排查治理的主体，要逐级落实安全风险隐患排查治理责任，对安全风险全面管控，对事故隐患治理实行闭环管理，保证安全生产。

2.2 企业应建立健全安全风险隐患排查治理工作机制，建立安全风险隐患排查治理制度并严格执行，全体员工应按照安全生产责任制要求参与安全风险隐患排查治理工作。

2.3 企业应充分利用安全检查表（SCL）、工作危害分析（JHA）、故障类型和影响分析（FMEA）、危险和可操作性分析（HAZOP）等安全风险分析方法，或多种方法的组合，分析生产过程中存在的安全风险；选用风险评估矩阵（RAM）、作业条件危险性分析（LEC）等方法进行风险评估，有效实施安全风险分级管控。

2.4 企业应对涉及"两重点一重大"的生产、储存装置定期开展HAZOP分析。

2.5 精细化工企业应按要求开展反应安全风险评估。

156

## 3 安全风险隐患排查方式及频次

### 3.1 安全风险隐患排查方式

3.1.1 企业应根据安全生产法律法规和安全风险管控情况，按照化工过程安全管理的要求，结合生产工艺特点，针对可能发生安全事故的风险点，全面开展安全风险隐患排查工作，做到安全风险隐患排查全覆盖，责任到人。

3.1.2 安全风险隐患排查形式包括日常排查、综合性排查、专业性排查、季节性排查、重点时段及节假日前排查、事故类比排查、复产复工前排查和外聘专家诊断式排查等。

（1）日常排查是指基层单位班组、岗位员工的交接班检查和班中巡回检查，以及基层单位(厂)管理人员和各专业技术人员的日常性检查；日常排查要加强对关键装置、重点部位、关键环节、重大危险源的检查和巡查；

（2）综合性排查是指以安全生产责任制、各项专业管理制度、安全生产管理制度和化工过程安全管理各要素落实情况为重点开展的全面检查；

（3）专业性排查是指工艺、设备、电气、仪表、储运、消防和公用工程等专业对生产各系统进行的检查；

（4）季节性排查是指根据各季节特点开展的专项检查，主要包括：春季以防雷、防静电、防解冻泄漏、防解冻坍塌为重点；夏季以防雷暴、防设备容器超温超压、防台风、防洪、防暑降温为重点；秋季以防雷暴、防火、防静电、防凝保温为重点；冬季以防火、防爆、防雪、防冻防凝、防滑、防静电为重点；

（5）重点时段及节假日前排查是指在重大活动、重点时段和节假日前，对装置生产是否存在异常状况和事故隐患、备用设备状态、备品备件、生产及应急物资储备、保运力量安排、安全保卫、应急、消防等方面进行的检查，特别是要对节假日期间领导干部带班值班、机电仪保运及紧急抢修力量安排、备件及各类物资储备和应急工作进行重点检查；

（6）事故类比排查是指对企业内或同类企业发生安全事故后举一反三的安全检查；

（7）复产复工前排查是指节假日、设备大检修、生产原因等停产较长时间，在重新恢复生产前，需要进行人员培训，对生产工艺、设备设施等进行综合性隐患排查；

（8）外聘专家排查是指聘请外部专家对企业进行的安全检查。

## 3.2 安全风险隐患排查频次

3.2.1 开展安全风险隐患排查的频次应满足：

（1）装置操作人员现场巡检间隔不得大于 2 小时，涉及"两重点一重大"的生产、储存装置和部位的操作人员现场巡检间隔不得大于 1 小时；

（2）基层车间（装置）直接管理人员（工艺、设备技术人员）、电气、仪表人员每天至少两次对装置现场进行相关专业检查；

（3）基层车间应结合班组安全活动，至少每周组织一次安全风险隐患排查；基层单位（厂）应结合岗位责任制检查，至少每月组织一次安全风险隐患排查；

（4）企业应根据季节性特征及本单位的生产实际，每季度开展一次有针对性的季节性安全风险隐患排查；重大活动、重点时段及节假日前必须进行安全风险隐患排查；

（5）企业至少每半年组织一次，基层单位至少每季度组织一次综合性排查和专业排查，两者可结合进行；

（6）当同类企业发生安全事故时，应举一反三，及时进行事故类比安全风险隐患专项排查。

3.2.2 当发生以下情形之一时，应根据情况及时组织进行相关专业性排查：

（1）公布实施有关新法律法规、标准规范或原有适用法律法规、标准规范重新修订的；

（2）组织机构和人员发生重大调整的；

（3）装置工艺、设备、电气、仪表、公用工程或操作参数发生重大改变的；

（4）外部安全生产环境发生重大变化的；

（5）发生安全事故或对安全事故、事件有新认识的；

（6）气候条件发生大的变化或预报可能发生重大自然灾害前。

3.2.3 企业对涉及"两重点一重大"的生产、储存装置运用 HAZOP 方法进行安全风险辨识分析，一般每 3 年开展一次；对涉及"两重点一重大"和首次工业化设计的建设项目，应在基础设计阶段开展 HAZOP 分析工作；对其他生产、储存装置的安全风险辨识分析，针对装置不同的复杂程度，可采用本导则第 2.3 所述的方法，每 5 年进行一次。

## 4 安全风险隐患排查内容

企业应结合自身安全风险及管控水平，按照化工过程安全管理的要求，参照各专业安全风险隐患排查表（见附件），编制符合自身实际的安全风险隐患排查表，开展安全风险隐患排查工作。

排查内容包括但不限于以下方面：

（1）安全领导能力；

（2）安全生产责任制；

（3）岗位安全教育和操作技能培训；

（4）安全生产信息管理；

（5）安全风险管理；

（6）设计管理；

（7）试生产管理；

（8）装置运行安全管理；

（9）设备设施完好性；

（10）作业许可管理；

（11）承包商管理；

（12）变更管理；

（13）应急管理；

（14）安全事故事件管理。

4.1 安全领导能力

4.1.1 企业安全生产目标、计划制定及落实情况。

4.1.2 企业主要负责人安全生产责任制的履职情况，包括：

（1）建立、健全本单位安全生产责任制；

（2）组织制定本单位安全生产规章制度和操作规程；

（3）组织制定并实施本单位安全生产教育和培训计划；

（4）保证本单位安全生产投入的有效实施；

（5）督促、检查本单位的安全生产工作，及时消除事故隐患；

（6）组织制定并实施本单位的安全事故应急预案；

（7）及时、如实报告安全事故。

4.1.3　企业主要负责人安全培训考核情况，分管生产、安全负责人专业、学历满足情况。

4.1.4　企业主要负责人组织学习、贯彻落实国家安全生产法律法规，定期主持召开安全生产专题会议，研究重大问题，并督促落实情况。

4.1.5　企业主要负责人和各级管理人员在岗在位、带（值）班、参加安全活动、组织开展安全风险研判与承诺公告情况。

4.1.6　安全生产管理体系建立、运行及考核情况；"三违"（违章指挥、违章作业、违反劳动纪律）的检查处置情况。

4.1.7　安全管理机构的设置及安全管理人员的配备、能力保障情况。

4.1.8　安全投入保障情况，安全生产费用提取和使用情况；员工工伤保险费用缴纳及安全生产责任险投保情况。

4.1.9　异常工况处理授权决策机制建立情况。

4.1.10　企业聘用员工学历、能力满足安全生产要求情况。

4.2　安全生产责任制

4.2.1　企业依法依规制定完善全员安全生产责任制情况；根据企业岗位的性质、特点和具体工作内容，明确各层级所有岗位从业人员的安全生产责任，体现安全生产"人人有责"的情况。

4.2.2　全员安全生产责任制的培训、落实、考核等情况。

4.2.3　安全生产责任制与现行法律法规的符合性情况。

4.3　岗位安全教育和操作技能培训

4.3.1　企业建立安全教育培训制度的情况。

4.3.2　企业安全管理人员参加安全培训及考核情况。

4.3.3　企业安全教育培训制度的执行情况，主要包括：

（1）安全教育培训体系的建立，安全教育培训需求的调查，安全教育培训计划及培训档案的建立；

（2）安全教育培训计划的落实，教育培训方式及效果评估；

（3）从业人员安全教育培训考核上岗，特种作业人员持证上岗；

（4）人员、工艺技术、设备设施等发生改变时，及时对操作人员进行再培训；

（5）采用新工艺、新技术、新材料或使用新设备前，对从业人员进行专门的安全生产教育和培训；

（6）对承包商等相关方人员的入厂安全教育培训。

4.4 安全生产信息管理

4.4.1 安全生产信息管理制度的建立情况。

4.4.2 按照《化工企业工艺安全管理实施导则》（AQ/T 3034）的要求收集安全生产信息情况，包括化学品危险性信息、工艺技术信息、设备设施信息、行业经验和事故教训、有关法律法规标准以及政府规范性文件要求等其他相关信息。

4.4.3 在生产运行、安全风险分析、事故调查和编制生产管理制度、操作规程、员工安全教育培训手册、应急预案等工作中运用安全生产信息的情况。

4.4.4 危险化学品安全技术说明书和安全标签的编制及获取情况。

4.4.5 岗位人员对本岗位涉及的安全生产信息的了解掌握情况。

4.4.6 法律法规标准及最新安全生产信息的获取、识别及应用情况。

4.5 安全风险管理

4.5.1 安全风险管理制度的建立情况。

4.5.2 全方位、全过程辨识生产工艺、设备设施、作业活动、作业环境、人员行为、管理体系等方面存在的安全风险情况，主要包括：

（1）对涉及"两重点一重大"生产、储存装置定期运用 HAZOP 方法开展安全风险辨识；

（2）对设备设施、作业活动、作业环境进行安全风险辨识；

（3）管理机构、人员构成、生产装置等发生重大变化或发生安全事故时，及时进行安全风险辨识；

（4）对控制安全风险的工程、技术、管理措施及其失效可能引起的后果进行风险辨识；

（5）对厂区内人员密集场所进行安全风险排查；

（6）对存在安全风险外溢的可能性进行分析及预警。

4.5.3　安全风险分级管控情况，主要包括：

（1）企业可接受安全风险标准的制定；

（2）对辨识出的安全风险进行分级和制定管控措施的落实；

（3）对辨识分析发现的不可接受安全风险，制定管控方案，制定并落实消除、减小或控制安全风险的措施，明确风险防控责任岗位和人员，将风险控制在可接受范围。

4.5.4　对安全风险管控措施的有效性实施监控及失效后及时处置情况。

4.5.5　全员参与安全风险辨识与培训情况。

4.6　设计管理

4.6.1　建设项目选址合理性情况；与周围敏感场所的外部安全防护距离满足性情况，包括在工厂选址、设备布局时，开展定量安全风险评估情况。

4.6.2　开展正规设计或安全设计诊断情况；涉及"两重点一重大"的建设项目设计单位资质符合性情况。

4.6.3　落实国家明令淘汰、禁止使用的危及生产安全的工艺、设备要求情况。

4.6.4　总图布局、竖向设计、重要设施的平面布置、朝向、安全距离等合规性情况。

4.6.5　涉及"两重点一重大"装置自动化控制系统的配置情况。

4.6.6　项目安全设施"三同时"符合性情况。

4.6.7　涉及精细化工的建设项目，在编制可行性研究报告或项目建议书前，按规定开展反应安全风险评估情况；国内首次采用的化工工艺，省级有关部门组织专家组进行安全论证情况。

4.6.8　重大设计变更的管理情况。

4.7　试生产管理

4.7.1　试生产组织机构的建立情况；建设项目各相关方的安全管理范围与职责界定情况。

4.7.2　试生产前期工作的准备情况，主要包括：

（1）总体试生产方案、操作规程、应急预案等相关资料的编制、审查、批准、发布实施；

（2）试车物资及应急装备的准备；

（3）人员准备及培训；

（4）"三查四定"工作的开展。

4.7.3　试生产工作的实施情况，主要包括：

（1）系统冲洗、吹扫、气密等工作的开展及验收；

（2）单机试车及联动试车工作的开展及验收；

（3）投料前安全条件检查确认。

4.8　装置运行安全管理

4.8.1　操作规程与工艺卡片管理制度制定及执行情况，主要包括：

（1）操作规程与工艺卡片的编制及管理；

（2）操作规程内容与《化工企业工艺安全管理实施导则》（AQ/T 3034）要求的符合性；

（3）操作规程的适应性和有效性的定期确认与审核修订；

（4）操作规程的发布及操作人员的方便查阅；

（5）操作规程的定期培训和考核；

（6）工艺技术、设备设施发生重大变更后对操作规程及时修订。

4.8.2　装置运行监测预警及处置情况，主要包括：

（1）自动化控制系统设置及对重要工艺参数进行实时监控预警；

（2）可燃及有毒气体检测报警设施设置并投用；

（3）采用在线安全监控、自动检测或人工分析等手段，有效判断发生异常工况的根源，及时安全处置。

4.8.3　开停车安全管理情况，主要包括：

（1）开停车前安全条件的检查确认；

（2）开停车前开展安全风险辨识分析、开停车方案的制定、安全措施的编制及落实；

（3）开车过程中重要步骤的签字确认，包括装置冲洗、吹扫、气密试验时安全措施的制定，引进蒸汽、氮气、易燃易爆、腐蚀性等危

163

险介质前的流程确认，引进物料时对流量、温度、压力、液位等参数变化情况的监测与流程再确认，进退料顺序和速率的管理，可能出现泄漏等异常现象部位的监控；

（4）停车过程中，设备和管线低点处的安全排放操作及吹扫处理后与其他系统切断、确认工作的执行。

4.8.4　工艺纪律、交接班制度的执行与管理情况。

4.8.5　工艺技术变更管理情况。

4.8.6　重大危险源安全控制设施设置及投用情况，主要包括：

（1）重大危险源应配备温度、压力、液位、流量等信息的不间断采集和监测系统以及可燃气体和有毒有害气体泄漏检测报警装置，并具备信息远传、记录、安全预警、信息存储等功能；

（2）重大危险源的化工生产装置应装备满足安全生产要求的自动化控制系统；

（3）一级或者二级重大危险源，设置紧急停车系统；

（4）对重大危险源中的毒性气体、剧毒液体和易燃气体等重点设施，设置紧急切断装置；

（5）对涉及毒性气体、液化气体、剧毒液体的一级或者二级重大危险源，应具有独立安全仪表系统；

（6）对毒性气体的设施，设置泄漏物紧急处置装置；

（7）重大危险源中储存剧毒物质的场所或者设施，设置视频监控系统；

（8）处置监测监控报警数据时，监控系统能够自动将超限报警和处置过程信息进行记录并实现留痕。

4.8.7　重点监管的危险化工工艺安全控制措施的设置及投用情况。

4.8.8　剧毒、高毒危险化学品的密闭取样系统设置及投用情况。

4.8.9　储运设施的管理情况，主要包括：

（1）危险化学品装卸管理制度的制订及执行；

（2）储运系统设施的安全设计、安全控制、应急措施的落实；

（3）储罐尤其是浮顶储罐安全运行；

（4）危险化学品仓库及储存管理。

4.8.10 光气、液氯、液氨、液化烃、氯乙烯、硝酸铵等有毒、易燃易爆危险化学品与硝化工艺的特殊管控措施落实情况。

4.8.11 空分系统的运行管理情况。

4.9 设备设施完好性

4.9.1 设备设施管理制度的建立情况。

4.9.2 设备设施管理制度的执行情况，主要包括：

（1）设备设施管理台账的建立，备品备件管理，设备操作和维护规程编制，设备维保人员的技能培训；

（2）电气设备设施安全操作、维护、检修工作的开展，电源系统安全可靠性分析和安全风险评估工作的开展，防爆电气设备、线路检查和维护管理；

（3）仪表自动化控制系统安全管理制度的执行，新（改、扩）建装置和大修装置的仪表自动化控制系统投用前及长期停用后的再次启用前的检查确认、日常维护保养，安全联锁保护系统停运、变更的专业会签和审批。

4.9.3 设备日常管理情况，主要包括：

（1）设备操作规程的编制及执行；

（2）大机组和重点动设备运行参数的自动监测及运行状况的评估；

（3）关键储罐、大型容器的防腐蚀、防泄漏相关工作；

（4）安全附件的维护保养；

（5）日常巡回检查；

（6）异常设备设施的及时处置；

（7）备用机泵的管理。

4.9.4 设备预防性维修工作开展情况，主要包括：

（1）关键设备的在线监测；

（2）关键设备、连续监（检）测检查仪表的定期监（检）测检查；

（3）静设备密封件、动设备易损件的定期监（检）测；

（4）压力容器、压力管道附件的定期检查（测）；

（5）对可能出现泄漏的部位、物料种类和泄漏量的统计分析情况，生产装置动静密封点的定期监（检）测及处置；

（6）对易腐蚀的管道、设备开展防腐蚀检测，监控壁厚减薄情况，及时发现并更新更换存在事故隐患的设备。

4.9.5 安全仪表系统安全完整性等级评估工作开展情况，主要包括：

（1）安全仪表功能（SIF）及其相应的功能安全要求或安全完整性等级（SIL）评估；

（2）安全仪表系统的设计、安装、使用、管理和维护；

（3）检测报警仪器的定期标定。

4.10 作业许可管理

4.10.1 危险作业许可制度的建立情况。

4.10.2 实施危险作业前，安全风险分析的开展、安全条件的确认、作业人员对作业安全风险的了解和安全风险控制措施的掌握、预防和控制安全风险措施的落实情况。

4.10.3 危险作业许可票证的审查确认及签发，特殊作业管理与《化学品生产单位特殊作业安全规范》（GB 30871）要求的符合性；检维修、施工、吊装等作业现场安全措施落实情况。

4.10.4 现场监护人员对作业范围内的安全风险辨识、应急处置能力的掌握情况。

4.10.5 作业过程中，管理人员现场监督检查情况。

4.11 承包商管理

4.11.1 承包商管理制度的建立情况。

4.11.2 承包商管理制度的执行情况，主要包括：

（1）对承包商的准入、绩效评价和退出的管理；

（2）承包商入厂前的教育培训、作业开始前的安全交底；

（3）对承包商的施工方案和应急预案的审查；

（4）与承包商签订安全管理协议，明确双方安全管理范围与责任；

（5）对承包商作业进行全程安全监督。

4.12 变更管理

4.12.1 变更管理制度的建立情况。

4.12.2 变更管理制度的执行情况，主要包括：

（1）变更申请、审批、实施、验收各环节的执行，变更前安全风险分析；

（2）变更带来的对生产要求的变化、安全生产信息的更新及对相关人员的培训；

（3）变更管理档案的建立。

4.13　应急管理

4.13.1　企业应急管理情况，主要包括：

（1）应急管理体系的建立；

（2）应急预案编制符合《生产经营单位生产安全事故应急预案编制导则》(GB/T 29639)的要求，与周边企业和地方政府的应急预案衔接。

4.13.2　企业应急管理机构及人员配置，应急救援队伍建设，预案及相关制度的执行情况。

4.13.3　应急救援装备、物资、器材、设施配备和维护情况；消防系统运行维护情况。

4.13.4　应急预案的培训和演练，事故状态下的应急响应情况。

4.13.5　应急人员的能力建设情况。

4.14　安全事故事件管理

4.14.1　安全事故事件管理制度的建立情况。

4.14.2　安全事故事件管理制度执行情况，主要包括：

（1）开展安全事件调查、原因分析；

（2）整改和预防措施落实；

（3）员工与相关方上报安全事件的激励机制建立；

（4）安全事故事件分享、档案建立及管理。

4.14.3　吸取本企业和其他同类企业安全事故及事件教训情况。

4.14.4　将承包商在本企业发生的安全事故纳入本企业安全事故管理情况。

**5　安全风险隐患闭环管理**

5.1　安全风险隐患管控与治理

5.1.1　对排查发现的安全风险隐患，应当立即组织整改，并如实记录安全风险隐患排查治理情况，建立安全风险隐患排查治理台账，及时向员工通报。

5.1.2　对排查发现的重大事故隐患，应及时向本企业主要负责人报告；主要负责人不及时处理的，可以向主管的负有安全生产监督管理职责的部门报告。

5.1.3 对于不能立即完成整改的隐患，应进行安全风险分析，并应从工程控制、安全管理、个体防护、应急处置及培训教育等方面采取有效的管控措施，防止安全事故的发生。

5.1.4 利用信息化手段实现风险隐患排查闭环管理的全程留痕，形成排查治理全过程记录信息数据库。

5.2 安全风险隐患上报

5.2.1 企业应依法向属地应急管理部门或相关部门上报安全风险隐患管控与整改情况、存在的重大事故隐患及事故隐患排查治理长效机制的建立情况。

5.2.2 重大事故隐患的报告内容至少包括：

（1）现状及其产生原因；

（2）危害程度分析；

（3）治理方案及治理前保证安全的管控措施。

## 6 特殊条款

6.1 依据《化工和危险化学品生产经营单位重大生产安全事故隐患判定标准(试行)》，企业存在重大隐患的，必须立即排除，排除前或排除过程中无法保证安全的，属地应急管理部门应依法责令暂时停产停业或者停止使用相关设施、设备。

6.2 企业存在以下情况的，属地应急管理部门应依法暂扣或吊销安全生产许可证：

（1）主要负责人、分管安全负责人和安全生产管理人员未依法取得安全合格证书。

（2）涉及危险化工工艺的特种作业人员未取得特种作业操作证、未取得高中或者相当于高中及以上学历。

（3）在役化工装置未经具有资质的单位设计且未通过安全设计诊断。

（4）外部安全防护距离不符合国家标准要求、存在重大外溢风险。

（5）涉及"两重点一重大"装置或储存设施的自动化控制设施不符合《危险化学品重大危险源监督管理暂行规定》(国家安全监管总局令第40号)等国家要求。

（6）化工装置、危险化学品设施"带病"运行。

# 定义和术语

下列定义和术语适用于本导则。

**1　两重点一重大**

重点监管的危险化学品，重点监管的危险化工工艺，危险化学品重大危险源。

**2　三查四定**

在项目建设中，交工前要经历的一个过程，"三查"主要指"查设计漏项、查工程质量及事故隐患、查未完工程量"，"四定"指对检查出来的问题"定任务、定人员、定时间、定措施，限期完成"。

**3　危险作业**

操作过程安全风险较大，容易发生人身伤亡或设备损坏，安全事故后果严重，需要采取特别控制措施的作业。一般包括：

（1）《化学品生产单位特殊作业安全规范》（GB 30871）规定的动火、进入受限空间、盲板抽堵、高处作业、吊装、临时用电、动土、断路等特殊作业；

（2）储罐切水、液化烃充装等危险性较大的作业；

（3）安全风险较大的设备检维修作业。

# 附件 安全风险隐患排查表

## 1 安全基础管理安全风险隐患排查表

| 序号 | 排查内容 | 排查依据 |
|---|---|---|
| | (一) 安全领导能力 | |
| 1 | 1. 主要负责人应组织制定符合本企业实际的安全生产方针和年度安全生产目标;<br>2. 安全生产目标应满足:<br>(1) 形成文件,并得到所有从业人员的贯彻和实施;<br>(2) 符合或严于相关法律法规的要求;<br>(3) 根据安全生产目标制定量化的安全生产工作指标。 | 《国家安全监管总局关于印发危险化学品从业单位安全生产标准化评审标准的通知》(安监总管三〔2011〕93号) 中评审标准2.1 |
| 2 | 1. 应将年度安全生产目标分解到各级组织(包括各个管理部门、车间、班组),逐级签订安全生产目标责任书;<br>2. 企业及各个管理部门、车间应制定切实可行的年度安全生产工作计划;<br>3. 应定期考核安全生产目标完成情况。 | 《国家安全监管总局关于印发危险化学品从业单位安全生产标准化评审标准的通知》(安监总管三〔2011〕93号) 中评审标准2.1 |
| 3 | 企业应建立安全风险研判与承诺公告制度,董事长或总经理等主要负责人应每天作出安全承诺并向社会公告。 | 《应急管理部关于全面实施危险化学品企业安全风险研判与承诺公告制度的通知》(应急〔2018〕74号) |
| 4 | 企业主要负责人应严格履行其法定的安全生产职责:<br>1. 建立、健全本单位安全生产责任制;<br>2. 组织制定本单位安全生产规章制度和操作规程;<br>3. 组织制定并实施本单位安全生产教育和培训计划;<br>4. 保证本单位安全生产投入的有效实施;<br>5. 督促、检查本单位的安全生产工作,及时消除安全事故隐患;<br>6. 组织制定并实施本单位的生产安全事故应急救援预案;<br>7. 及时、如实报告生产安全事故。 | 《安全生产法》第十八条 |

| 序号 | 排查内容 | 排查依据 |
|---|---|---|
| 5 | 企业负责人应每季度至少参加 1 次班组安全活动，车间负责人及其管理人员每月至少参加 2 次班组安全活动，并在班组安全活动记录上签字。 | 《国家安全监管总局关于印发危险化学品从业单位安全生产标准化评审标准的通知》（安监总管三〔2011〕93 号）中评审标准 5.6 |
| 6 | 企业应制定领导干部带班制度并严格落实，主要负责人应参加领导干部带班，其他分管负责人要轮流带班；生产车间也要建立由管理人员参加的车间值班制度并严格落实。 | 《国家安全监管总局 工业和信息化部关于危险化学品企业贯彻落实<国务院关于进一步加强企业安全生产工作的通知>的实施意见》（安监总管三〔2010〕186 号） |
| 7 | 企业厂级、车间级负责人应参与安全风险辨识评价工作。 | 《国家安全监管总局关于印发危险化学品从业单位安全生产标准化评审标准的通知》（安监总管三〔2011〕93 号）中评审标准 3.2 |
| 8 | 企业主要负责人和各级管理人员应按安全生产责任制要求履行在岗在位职责。 | |
| 9 | 企业应由相应级别的负责人组织并参加综合性或专业性安全风险隐患排查及治理工作。 | 《国家安全监管总局关于印发危险化学品从业单位安全生产标准化评审标准的通知》（安监总管三〔2011〕93 号）中评审标准 11.2 |
| 10 | 企业应建立安全生产管理体系，并通过体系评审、持续改进等措施保证有效运行。 | |
| 11 | 企业主要负责人应制定月度个人安全行动计划，并对安全行动计划履行情况进行考核。 | |
| 12 | 企业主要负责人应学习、贯彻落实国家安全生产法律法规，听取安全生产工作情况汇报，了解安全生产状况，研究重大问题，并督促落实情况。 | 《国家安全监管总局关于印发危险化学品从业单位安全生产标准化评审标准的通知》（安监总管三〔2011〕93 号）中评审标准 2.3 |
| 13 | 企业分管安全负责人、分管生产负责人、分管技术负责人应当具有一定的化工专业知识或者相应的专业学历。 | 《危险化学品生产企业安全生产许可证实施办法》（国家安全监管总局令第 41 号）第十六条 |
| 14 | 1. 企业应当依法设置安全生产管理机构或配备专职安全生产管理人员；<br>2. 专职安全生产管理人员应不少于企业员工总数的 2%（不足 50 人的企业至少配备 1 人），要具备化工或安全管理相关专业中专以上学历，有从事化工生产相关工作 2 年以上经历；<br>3. 从业人员 300 人以上的企业，应当按照不少于安全生产管理人员 15%的比例配备注册安全工程师；安全生产管理人员在 7 人以下的，至少配备 1 名注册安全工程师。 | 《安全生产法》第二十一条<br>《国家安全监管总局关于危险化学品企业贯彻落实国务院关于进一步加强企业安全生产工作的通知的实施意见》（安监总管三〔2010〕186 号）第一章第三条<br>《注册安全工程师管理规定》（国家安全监管总局令第 11 号）第六条 |

| 序号 | 排查内容 | 排查依据 |
|---|---|---|
| 15 | 1. 企业应建立和落实安全生产费用管理制度，足额提取安全生产费用，专项用于安全生产；<br>2. 企业应合理使用安全生产费用；建立安全生产费用台账，载明安全生产费用使用情况。 | 《企业安全生产费用提取和使用管理办法》（财企〔2012〕16号） |
| 16 | 企业应依法参加工伤保险和安全生产责任保险，为员工缴纳保险费。 | 《中共中央 国务院关于推进安全生产领域改革发展的意见》（中发〔2016〕32号）第二十九条 |
| 17 | 企业应建立反"三违"（违章指挥、违章作业、违反劳动纪律）机制，对"三违"行为进行检查处置。 | |
| 18 | 企业应建立异常工况下应急处理的授权决策机制。 | |
| 19 | 企业危险化学品特种作业人员应具备高中或者相当于高中及以上文化程度，能力应满足安全生产要求。 | 《特种作业人员安全技术培训考核管理规定》（国家安全监管总局令第30号）第四条 |
| （二）安全生产责任制 | | |
| 1 | **企业应建立健全全员安全生产责任制：**<br>**1. 应明确各级管理部门及基层单位的安全生产责任和考核标准。**<br>**2. 应明确主要负责人、各级管理人员、一线从业人员（含劳务派遣人员、实习学生等）等所有岗位人员的安全生产责任和考核标准。** | 《国务院安委会办公室关于全面加强企业全员安全生产责任制工作的通知》（安委办〔2017〕29号）第三条<br>《国家安全监管总局关于印发危险化学品从业单位安全生产标准化评审标准的通知》（安监总管三〔2011〕93号）评审标准2.3 |
| 2 | 企业应将全员安全生产责任制教育培训工作纳入安全生产年度培训计划，对所有岗位从业人员（含劳务派遣人员、实习学生等）进行安全生产责任制教育培训，如实记录相关教育培训情况等。 | 《国务院安委会办公室关于全面加强企业全员安全生产责任制工作的通知》（安委办〔2017〕29号）第五、七条 |
| 3 | 企业应建立健全安全生产责任制管理考核制度，对全员安全生产责任落实情况进行考核管理。 | 《安全生产法》第十九条<br>《关于全面加强企业全员安全生产责任制工作的通知》（安委办〔2017〕29号）第六条 |
| 4 | 当国家安全生产法律法规发生变化或企业生产经营发生重大变化时，应及时修订安全生产责任制。 | 《国家安全监管总局关于印发危险化学品从业单位安全生产标准化评审标准的通知》（安监总管三〔2011〕93号）评审标准4.3 |

| 序号 | 排查内容 | 排查依据 |
|------|----------|----------|
| | (三)安全教育和岗位操作技能培训 | |
| 1 | 企业应当按照安全生产法和有关法律、行政法规要求,建立健全安全教育培训制度。 | 《生产经营单位安全培训规定》(国家安全监管总局令第3号)第三条 |
| 2 | 企业应根据培训需求调查编制年度安全教育培训计划,并按计划实施。 | 《国家安全监管总局关于印发危险化学品从业单位安全生产标准化评审标准的通知》(安监总管三〔2011〕93号)评审标准5.1 |
| 3 | 企业应当建立健全从业人员安全生产教育和培训档案,详细、准确记录培训的时间、内容、参加人员以及考核结果等情况。 | 《生产经营单位安全培训规定》(国家安全监管总局令第3号)第二十二条 |
| 4 | 企业应对培训教育效果进行评估和改进。 | 《国家安全监管总局关于印发危险化学品从业单位安全生产标准化评审标准的通知》(安监总管三〔2011〕93号)评审标准5.1 |
| 5 | **1. 企业主要负责人和安全生产管理人员,应当由主管的负有安全生产监督管理职责的部门对其安全生产知识和管理能力考核合格;** 2. 企业主要负责人和安全生产管理人员应接受每年再培训。 | 《安全生产法》第二十四条 《生产经营单位安全培训规定》(国家安全监管总局令第3号)第九条 |
| 6 | 企业应对新从业人员(包括临时工、合同工、劳务工、轮换工、协议工、实习人员等)进行厂、车间(工段、区、队)、班组三级安全培训教育,考核合格后上岗。 | 《生产经营单位安全培训规定》(国家安全监管总局令第3号)第十一、十二条 |
| 7 | 新从业人员的三级安全培训教育的内容应符合《生产经营单位安全培训规定》(国家安全监管总局令第3号)要求。 | 《生产经营单位安全培训规定》(国家安全监管总局令第3号)第十四、十五、十六条 |
| 8 | 企业新从业人员安全培训时间不得少于72学时;从业人员每年应接受再培训,再培训时间不得少于20学时。 | 《生产经营单位安全培训规定》(国家安全监管总局令第3号)第十五条 |

| 序号 | 排查内容 | 排查依据 |
|---|---|---|
| 9 | 从业人员在本企业内调整工作岗位或离岗一年以上重新上岗时,应当重新接受车间(工段、区、队)和班组级的安全培训。 | 《生产经营单位安全培训规定》(国家安全监管总局令第 3 号)第十九条 |
| 10 | **1. 特种作业人员必须经专门的安全技术培训并考核合格,取得特种作业操作证后,方可上岗作业;**<br>**2. 特种作业操作证应定期复审。** | 《特种作业人员安全技术培训考核管理规定》(国家安全监管总局令第 30 号)第五、二十条 |
| 11 | 当工艺技术、设备设施等发生改变时,要及时对相关岗位操作人员进行有针对性的再培训。 | 《关于加强化工过程安全管理的指导意见》(安监总管三〔2013〕88 号)第十二条 |
| 12 | 采用新工艺、新技术、新材料或使用新设备前,应对从业人员进行专门的安全生产教育和培训,经考核合格后,方可上岗。 | 《安全生产法》第二十六条 |
| 13 | 企业应对相关方入厂人员进行有关安全规定及安全注意事项的培训教育。 | 《国家安全监管总局关于印发危险化学品从业单位安全生产标准化评审标准的通知》(安监总管三〔2011〕93 号)评审标准 5.5 |
| (四)安全生产信息管理 | | |
| 1 | 企业应制定安全生产信息管理制度,明确安全生产信息收集、整理、保存、利用、更新、培训等环节管理要求,明确安全生产信息管理主责部门、各环节管理责任部门。 | 《关于加强化工过程安全管理的指导意见》(安监总管三〔2013〕88 号)第四条 |
| 2 | 化学品危险性信息、工艺技术信息、设备设施信息、行业经验、事故教训等安全生产信息内容应符合 AQ/T 3034 有关要求。 | 《化工企业工艺安全管理实施导则》(AQ/T 3034) |
| 3 | 企业应按职责分工,由责任部门收集、整理、保存各类安全生产信息。 | 《关于加强化工过程安全管理的指导意见》(安监总管三〔2013〕88 号)第二条 |
| 4 | 1. 利用信息系统实现对安全生产信息的自动保存,实现可查可用,并便于检索、查阅,相关人员可及时、方便的获取相关信息;<br>2. 安全生产信息可为单独的文件,也可以包含在其他文件、资料中。 | 《关于加强化工过程安全管理的指导意见》(安监总管三〔2013〕88 号)第二条 |

| 序号 | 排查内容 | 排查依据 |
|---|---|---|
| 5 | 企业应综合分析收集到的各类信息，明确提出生产过程安全要求和注意事项，并转化到安全风险分析、事故调查和编制生产管理制度、操作规程、员工安全教育培训手册、应急处置预案、工艺卡片和技术手册、化学品间的安全相容矩阵表等资料中。 | 《关于加强化工过程安全管理的指导意见》(安监总管三〔2013〕88号) 第三条 |
| 6 | 企业应及时获取或编制危险化学品安全技术说明书和安全标签。 | 《危险化学品安全管理条例》(国务院令第591号) 第十五条 |
| 7 | 企业应及时收集、更新安全生产信息，以确保信息正确、完整，并保证相关人员能够及时获取最新安全生产信息。 | 《关于加强化工过程安全管理的指导意见》(安监总管三〔2013〕88号) 第四条 |
| 8 | 企业应对相关岗位人员进行安全生产信息培训，以掌握本岗位有关的安全生产信息。 | 《国家安全监管总局关于印发危险化学品从业单位安全生产标准化评审标准的通知》(安监总管三〔2011〕93号) 评审标准6.4 |
| 9 | 企业应建立识别和获取适用的安全生产法律法规、标准及政府其他有关要求的管理制度，明确责任部门、识别、获取、评价等要求。 | 《国家安全监管总局关于印发危险化学品从业单位安全生产标准化评审标准的通知》(安监总管三〔2011〕93号) 评审标准1.1 |
| 10 | 企业应及时识别和获取适用的安全生产法律法规和标准及政府其他有关要求，形成清单和文本数据库，并定期更新。 | 《国家安全监管总局关于印发危险化学品从业单位安全生产标准化评审标准的通知》(安监总管三〔2011〕93号) 评审标准1.1 |
| 11 | 企业应定期对适用的安全生产法律、法规、标准及其他有关要求的执行情况进行符合性评价，编制符合性评价报告；对评价出的不符合项进行原因分析，制定整改计划和措施并落实。 | 《国家安全监管总局关于印发危险化学品从业单位安全生产标准化评审标准的通知》(安监总管三〔2011〕93号) 评审标准1.2 |
| | (五)安全风险管理 | |
| 1 | 企业应制定安全风险管理制度，明确安全风险评价的目的、范围、频次、准则、方法、工作程序等，明确各部门及有关人员在开展安全风险评价过程中的职责和任务。 | 《关于加强化工过程安全管理的指导意见》(安监总管三〔2013〕88号) 第五条 |

| 序号 | 排查内容 | 排查依据 |
|---|---|---|
| 2 | 1. 企业应依据以下内容制定安全风险评价准则：<br>（1）有关安全生产法律、法规；<br>（2）设计规范、技术标准；<br>（3）企业的安全管理标准、技术标准；<br>（4）企业的安全生产方针和目标等。<br>2. 评价准则应包括事件发生可能性、严重性的取值标准以及安全风险等级的评定标准；<br>3. 安全风险可接受水平最低应满足 GB 36894 要求。 | 《关于加强化工过程安全管理的指导意见》（安监总管三〔2013〕88 号）第五条<br>《国家安全监管总局关于印发危险化学品从业单位安全生产标准化评审标准的通知》（安监总管三〔2011〕93 号）评审标准 3.1 |
| 3 | 企业应对生产全过程及建设项目的全生命周期开展安全风险辨识，辨识范围应包括：<br>（1）建设项目规划、设计和建设、投产、运行等阶段；<br>（2）常规和非常规活动；<br>（3）所有进入作业场所人员的活动；<br>（4）安全事故及潜在的紧急情况；<br>（5）原材料、产品的装卸和使用过程；<br>（6）作业场所的设施、设备、车辆、安全防护用品；<br>（7）丢弃、废弃、拆除与处置；<br>（8）周围环境；<br>（9）气候、地震及其他自然灾害等。 | 《关于加强化工过程安全管理的指导意见》（安监总管三〔2013〕88 号）第五条<br>《危险化学品从业单位安全生产标准化通用规范》（AQ 3013—2008）第 5.2.1.2 条 |
| 4 | 企业安全风险辨识分析内容应重点关注如下方面：<br>（1）对涉及"两重点一重大"生产、储存装置定期运用 HAZOP 方法开展安全风险辨识；<br>（2）对设备设施、作业活动、作业环境进行安全风险辨识；<br>（3）当管理机构、人员构成、生产装置等发生重大变化或发生安全事故时，及时进行安全风险辨识分析；<br>（4）对控制安全风险的工程、技术、管理措施及其失效后可能引起的后果进行分析。 | 《关于加强化工过程安全管理的指导意见》（安监总管三〔2013〕88 号）第六条<br>《危险与可操作性分析质量控制与审查导则》（T/CCSAS 001—2018） |

176

| 序号 | 排查内容 | 排查依据 |
|---|---|---|
| 5 | 企业应对厂区内人员密集场所及可能存在的较大风险进行排查：<br>（1）试生产投料期间，区域内不得有施工作业；<br>（2）涉及硝化、加氢、氟化、氯化等重点监管化工工艺及其他反应工艺危险度2级及以上的生产车间（区域），同一时间现场操作人员控制在3人以下；<br>（3）系统性检修时，同一作业平台或同一受限空间内不得超过9人；<br>（4）装置出现泄漏等异常状况时，严格控制现场人员数量。 | |
| 6 | 企业应对可能存在安全风险外溢的场所及装置进行分析识别，并采取相应预警措施。 | |
| 7 | 企业应对辨识出的安全风险依据安全风险评价准则确定安全风险等级，并从技术、组织、制度、应急等方面对安全风险进行有效管控。 | 《国务院安委会办公室关于实施遏制重特大事故工作指南构建双重预防机制的意见》（安委办〔2016〕11号） |
| 8 | 企业应对安全风险管控措施的有效性实施监控情况进行巡查，发现措施失效后应及时处置。 | |
| 9 | 企业应建立不可接受安全风险清单，对不可接受安全风险要及时制定并落实消除、减小或控制安全风险的措施，将安全风险控制在可接受的范围。 | 《关于加强化工过程安全管理的指导意见》（安监总管三〔2013〕88号）第七条 |
| 10 | 企业应对涉及"两重点一重大"的生产、储存装置每3年运用HAZOP分析法进行一次安全风险辨识分析，编制HAZOP分析报告。 | 《关于加强化工过程安全管理的指导意见》（安监总管三〔2013〕88号）第五条<br>《危险与可操作性分析质量控制与审查导则》（T/CCSAS 001—2018） |
| 11 | 企业应在法律法规、标准规范或企业管理机构、人员构成、生产装置等发生重大变化或发生安全事故时，及时进行安全风险辨识分析。 | 《关于加强化工过程安全管理的指导意见》（安监总管三〔2013〕88号）第五条 |
| 12 | 企业应全员参与安全风险辨识评价和管控工作。 | 《危险化学品从业单位安全生产标准化通用规范》（AQ 3013—2008）第5.2.2.2条 |

| 序号 | 排查内容 | 排查依据 |
|---|---|---|
| 13 | 企业应将安全风险评价的结果及所采取的管控措施对从业人员进行培训，使其熟悉工作岗位和作业环境中存在的危险、有害因素，掌握、落实应采取的管控措施。 | 《危险化学品从业单位安全生产标准化通用规范》（AQ 3013—2008）第5.2.3.2条 |
| 14 | **企业应当建立健全生产安全事故隐患排查治理制度，明确各种事故隐患排查的形式、内容、频次、组织与参加人员、事故隐患治理、上报及其他有关要求。** | 《安全生产法》第三十八条 |
| 15 | 企业应编制综合性、专业、重要时段和节假日、季节性和日常事故隐患排查表。 | 《危险化学品从业单位安全生产标准化通用规范》（AQ 3013—2008）第5.10.1条 |
| 16 | 企业应制定事故隐患检查计划，明确各种排查的目的、要求、内容和负责人，并按计划开展各种事故隐患排查工作。 | 《危险化学品从业单位安全生产标准化通用规范》（AQ 3013—2008）第5.10.1条 |
| 17 | 企业应对排查出的事故隐患下达隐患治理通知，立即组织整改，并建立事故隐患治理台账。 | 《危险化学品从业单位安全生产标准化通用规范》（AQ 3013—2008） |
| 18 | 1. 对于重大事故隐患，企业应由主要负责人组织制定并实施治理方案；<br>2. 企业应编制重大事故隐患报告，及时向应急管理部门和有关部门报告。 | 《安全生产事故隐患排查治理暂行规定》（国家安全监管总局令第16号）第十四、十五条 |
| (六)变更管理 | | |
| 1 | 企业应建立变更管理制度，明确不同部门的变更管理职责及变更的类型、范围、程序，明确变更的事项、起始时间、可能带来的安全风险、消除和控制安全风险的措施、修改操作规程等安全生产信息、开展变更相关的培训等。 | 《关于加强化工过程安全管理的指导意见》（安监总管三〔2013〕88号）第二十二条 |
| 2 | 企业应对工艺、设备、仪表、电气、公用工程、备件、材料、化学品、生产组织方式和人员等方面发生的所有变更进行规范管理。 | 《关于加强化工过程安全管理的指导意见》（安监总管三〔2013〕88号）第二十二条 |
| 3 | 企业的所有变更应严格履行申请、审批、实施、验收程序。 | 《关于加强化工过程安全管理的指导意见》（安监总管三〔2013〕88号）第二十四条 |

| 序号 | 排查内容 | 排查依据 |
|---|---|---|
| 4 | 企业应对每项变更在实施后可能产生的安全风险进行全面的分析,制定并落实安全风险管控措施。 | 《关于加强化工过程安全管理的指导意见》(安监总管三〔2013〕88号)第二十二条 |
| 5 | 变更后企业应对相关规程、图纸资料等安全生产信息进行更新,并对相关人员进行培训,以掌握变更内容、安全生产信息更新情况、变更后可能产生的安全风险及采取的管控措施。 | 《关于加强化工过程安全管理的指导意见》(安监总管三〔2013〕88号)第二十三、二十四条 |
| 6 | 企业应建立健全变更管理档案。 | 《关于加强化工过程安全管理的指导意见》(安监总管三〔2013〕88号)第二十二条 |
| (七)作业安全管理 | | |
| 1 | 1. 企业应建立并不断完善危险作业许可制度,规范动火、进入受限空间、动土、临时用电、高处作业、断路、吊装、抽堵盲板等特殊作业的安全条件和审批程序;<br>2. 实施特殊作业前,必须办理审批手续。 | 《关于加强化工过程安全管理的指导意见》(安监总管三〔2013〕88号)第十八条 |
| 2 | **1. 特殊作业票证内容设置应符合 GB 30871 要求;**<br>**2. 作业票证审批程序、填写应规范(包括作业证的时限、气体分析、作业风险分析、安全措施、各级审批、验收签字、关联作业票证办理等)。** | 《化学品生产单位特殊作业安全规范》(GB 30871—2014) |
| 3 | 实施特殊作业前,必须进行安全风险分析、确认安全条件,确保作业人员了解作业安全风险和掌握风险控制措施。 | 《关于加强化工过程安全管理的指导意见》(安监总管三〔2013〕88号)第十九条 |
| 4 | 特殊作业现场管理应规范:<br>1. 作业人员应持作业票证作业,劳动防护用品佩戴符合要求,无违章行为;<br>2. 监护人员应坚守岗位,持作业票证监护;<br>3. 作业过程中,管理人员要进行现场监督检查;<br>4. 现场的设备、工器具应符合要求,设置警戒线与警示标志,配备消防设施与应急用品、器材等。 | 《化学品生产单位特殊作业安全规范》(GB 30871—2014) |
| 5 | 特殊作业现场监护人员应熟悉作业范围内的工艺、设备和物料状态,具备应急救援和处置能力。 | 《关于加强化工过程安全管理的指导意见》(安监总管三〔2013〕88号)第十九条 |
| 6 | 储罐切水作业、液化烃充装作业、安全风险较大的设备检维修等危险作业应制定相应的作业程序,作业时应严格执行作业程序。 | 《化工(危险化学品)企业保障生产安全十条规定》和《油气罐区防火防爆十条规定》的通知(安监总政法〔2017〕15号) |

| 序号 | 排查内容 | 排查依据 |
|---|---|---|
| \(八\)承包商管理 | | |
| 1 | 企业应建立承包商管理制度,明确承包商资格预审、选择、安全培训、作业过程监督、表现评价、续用等要求。 | 《关于加强化工过程安全管理的指导意见》(安监总管三〔2013〕88号)第二十条 |
| 2 | 企业应按制度要求开展承包商资格预审、选择、表现评价、续用等过程管理。 | 《关于加强化工过程安全管理的指导意见》(安监总管三〔2013〕88号)第二十条 |
| 3 | 企业应与承包商签订专门的安全管理协议,明确双方安全管理范围与责任。 | 《关于加强化工过程安全管理的指导意见》(安监总管三〔2013〕88号)第二十一条 |
| 4 | 1. 企业应对承包商的所有人员进行入厂安全培训教育,经考核合格发放入厂证,禁止未经安全培训教育合格的承包商作业人员入厂;<br>2. 进入作业现场前,作业现场所在基层单位应对承包商人员进行安全培训教育和现场安全交底;<br>3. 保存承包商安全培训教育、现场安全交底记录。 | 《关于加强化工过程安全管理的指导意见》(安监总管三〔2013〕88号)第二十、二十一条 |
| 5 | 企业应对承包商重点施工项目的安全作业规程、施工方案进行审查。 | 《关于加强化工过程安全管理的指导意见》(安监总管三〔2013〕88号)第二十一条 |
| 6 | 企业应对承包商作业进行全程安全监督。 | 《关于加强化工过程安全管理的指导意见》(安监总管三〔2013〕88号)第二十一条 |
| \(九\)安全事故事件管理 | | |
| 1 | 1. 企业应建立安全事故事件管理制度,明确安全事故事件的报告、调查和防范措施制定等要求;<br>2. 企业应将涉险事故、未遂事故等安全事件(如生产事故征兆、非计划停工、异常工况、泄漏、轻伤等)纳入安全事故事件管理;<br>3. 应将承包商在企业内发生的事故事件纳入本企业的安全事故事件管理。 | 《关于加强化工过程安全管理的指导意见》(安监总管三〔2013〕88号)第二十七条 |
| 2 | 企业应收集同类企业安全事故及事件的信息,吸取教训,开展员工培训。 | 《关于加强化工过程安全管理的指导意见》(安监总管三〔2013〕88号)第二十八条 |

| 序号 | 排查内容 | 排查依据 |
|---|---|---|
| 3 | 企业应建立安全事故事件管理档案。 | 《关于加强化工过程安全管理的指导意见》(安监总管三〔2013〕88 号)第二十条 |
| 4 | 1. 企业应深入调查分析安全事件,找出发生的根本原因;<br>2. 应制定有针对性和可操作性的整改、预防措施;<br>3. 措施应及时落实。 | 《关于加强化工过程安全管理的指导意见》(安监总管三〔2013〕88 号)第二十七条 |
| 5 | 企业应建立涉险事故、未遂事故等安全事件报告激励机制。 | 《关于加强化工过程安全管理的指导意见》(安监总管三〔2013〕88 号)第二十七条 |
| 6 | 企业应重视外部安全事故信息收集工作,认真吸取同类企业、装置的教训,提高安全意识和防范事故能力。 | 《关于加强化工过程安全管理的指导意见》(安监总管三〔2013〕88 号)第二十八条 |

## 2  设计与总图安全风险隐患排查表

| 序号 | 排查内容 | 排查依据 |
|---|---|---|
| | (一) 设计管理 | |
| 1 | 企业应委托具备国家规定资质等级的设计单位承担建设项目工程设计。涉及"两重点一重大"的大型建设项目,其设计单位资质应为工程设计综合资质或相应工程设计化工石化医药、石油天然气(海洋石油)行业、专业甲级资质。 | 《关于进一步加强危险化学品建设项目安全设计管理的通知》(安监总管三〔2013〕76 号) |
| 2 | **建设项目应经过正规设计或开展安全设计诊断。** | 《关于开展提升危险化学品领域本质安全水平专项行动的通知》(安监总管三〔2012〕87 号) |
| 3 | 在规划设计工厂的选址、设备布置时,应按照 GB/T 37243 要求开展外部安全防护距离评估核算;**外部安全防护距离应满足根据 GB 36894 确定的个人风险基准的要求。** | 《危险化学品生产装置和储存设施外部安全防护距离》(GB/T 37243—2019)<br>《危险化学品生产装置和储存设施风险基准》(GB 36894—2018) |

| 序号 | 排查内容 | 排查依据 |
|---|---|---|
| 4 | 涉及有毒气体或易燃气体，且其构成危险化学品重大危险源的库房应按 GB/T 37243 的规定，采用定量风险评价法计算外部安全防护距离，定量风险评价法计算时应采用可能储存的危险化学品最大量计算外部安全防护距离。 | 《危险化学品经营企业安全技术基本要求》（GB 18265—2019）第 4.1.4 条 |
| 5 | 企业应在建设项目基础设计阶段组织开展危险与可操作性（HAZOP）分析，形成分析报告。 | 《关于进一步加强危险化学品建设项目安全设计管理的通知》（安监总管三〔2013〕76 号）<br>《危险与可操作性分析质量控制与审查导则》（T/CCSAS 001—2018） |
| 6 | 1. 新建化工装置应设计装备自动化控制系统，并根据工艺过程危险和风险分析结果、安全完整性等级评价（SIL）结果，设置安全仪表系统；<br>2. 涉及重点监管危险化工工艺的大、中型新建建设项目要按照 GB/T 21109 和 GB 50770 等相关标准开展安全仪表系统设计。 | 《关于进一步加强危险化学品建设项目安全设计管理的通知》（安监总管三〔2013〕76 号） |
| 7 | **1. 涉及精细化工的建设项目，在编制可行性研究报告或项目建议书前，应按规定开展反应安全风险评估；**<br>**2. 国内首次采用的化工工艺，要通过省级有关部门组织专家组进行安全论证。** | 《国家安全监管总局关于加强精细化工反应安全风险评估工作的指导意见》（安监总管三〔2017〕1 号）第二、四条<br>《关于危险化学品企业贯彻落实<国务院关于进一步加强企业安全生产工作的通知>的实施意见》（安监总管三〔2010〕186 号）第九条 |
| 8 | 企业在建设项目详细设计和施工安装阶段，发生以下重大变更的，设计单位应按管理程序重新报批：<br>1. 改变安全设施设计且可能降低安全性能的；<br>2. 在施工期间重新设计的。 | 《危险化学品建设项目安全监督管理办法》（国家安全监管总局令第 45 号）第二十条 |
| | （二）总图布局 | |
| 1 | 企业应对在役装置按照相关要求开展外部安全防护距离评估。 | 《危险化学品生产装置和储存设施外部安全防护距离》（GB/T 37243—2019） |

| 序号 | 排查内容 | 排查依据 |
|---|---|---|
| 2 | 企业总图布置应根据工厂的性质、规模、生产流程、交通运输、环境保护、防火、安全、卫生、施工、检修、生产、经营管理、厂容厂貌及发展等要求，并结合当地自然条件进行布置，符合 GB 50489 要求。 | 《化工企业总图运输设计规范》（GB 50489—2009） |
| 3 | 化工企业与相邻工厂或设施的防火间距不应小于 GB 50160 规定。 | 《石油化工企业设计防火标准（2018 版）》（GB 50160—2008）第 4.1.9 条 |
| 4 | 化工企业与同类企业及油库的防火间距不应小于 GB 50160 规定。 | 《石油化工企业设计防火标准（2018 版）》（GB 50160—2008）第 4.1.10 条 |
| 5 | 液化烃罐组与电压等级 330～1000kV 的架空电力线路的防火间距不应小于 100m。单罐容积大于等于 50000m³ 的甲、乙类液体储罐与居民区、公共福利设施、村庄的防火间距不应小于 120m。 | 《石油化工企业设计防火标准（2018 版）》（GB 50160—2008）第 4.1.9 条 |
| 6 | 企业内部设施之间防火间距应符合相关规范要求。 | 《石油化工企业设计防火标准（2018 版）》（GB 50160—2008）《建筑设计防火规范（2018 年版）》（GB 50016—2014）《石油库设计规范》（GB 50074—2014） |
| 7 | 企业控制室或机柜间与装置的防火间距应满足 GB 50160 要求；**控制室面向具有火灾、爆炸危险性装置一侧不应有门窗、孔洞，并应满足防火防爆要求。** | 《石油化工企业设计防火标准（2018 版）》（GB 50160—2008）第 5.2.16、5.2.17、5.2.18 条 《石油化工控制室抗爆设计规范》（GB 50779—2012）第 4.1.4 条 |
| 8 | 火炬与其他设施的防火间距不应小于 GB 50160 规定。 | 《石油化工企业设计防火标准（2018 版）》（GB 50160—2008）第 4.2.12 条 |
| 9 | 液化烃、可燃液体的铁路装卸线不得兼作走行线。 | 《石油化工企业设计防火标准（2018 版）》（GB 50160—2008）第 4.4.6 条 |

| 序号 | 排查内容 | 排查依据 |
|---|---|---|
| 10 | 联合装置视同一个装置，其设备、建筑物的防火间距应按相邻设备、建筑物的防火间距确定，其防火间距应符合 GB 50160 规定。 | 《石油化工企业设计防火标准（2018 版）》（GB 50160—2008）第 5.2.9 条 |
| 11 | 污水处理场内的设备、建(构)筑物平面布置防火间距不应小于 GB 50160 规定。 | 《石油化工企业设计防火标准（2018 版）》（GB 50160—2008）第 5.4.3 条 |
| 12 | 变、配电站不应设置在甲、乙类厂房内或贴邻，且不应设置在爆炸性气体、粉尘环境的危险区域内。供甲、乙类厂房专用的 10kV 及以下的变、配电站，当采用无门、窗、洞口的防火墙分隔时，可一面贴邻，并应符合现行 GB 50058 等标准规定。 | 《建筑设计防火规范（2018 年版）》（GB 50016—2014）第 3.3.8 条 |
| 13 | 空分装置的布置，应符合下列规定：<br>1. 布置在空气洁净，并靠近氮气、氧气最大用户处；<br>2. 与全厂的布置统一协调，并留有扩建的可能；<br>3. 避免靠近爆炸性、腐蚀性和有毒气体以及粉尘等有害物场所，并应考虑周围企业（或装置）改建或扩建时对空分装置安全带来的影响。 | 《石油化工企业氮氧系统设计技术规范》（SH/T 3106—2009）第 3.1 条 |
| 14 | 空分装置吸风口的设置，应符合 SH/T 3106 要求。 | 《石油化工企业氮氧系统设计技术规范》（SH/T 3106—2009）第 3.3 条 |
| 15 | 厂房之间及与乙、丙、丁、戊类仓库、民用建筑等的防火间距不应小于 GB 50016 规定，与甲类仓库的防火间距应符合 GB 50016 规定。 | 《建筑设计防火规范（2018 年版）》（GB 50016—2014）第 3.4.1、3.5.1 条 |
| 16 | **光气、氯气等剧毒气体及含硫化氢管道不应穿越除厂区（包括化工园区、工业园区）外的公共区域。** | 《化工和危险化学品生产经营单位重大生产安全事故隐患判定标准（试行）》（安监总管三〔2017〕121 号） |
| 17 | 地区输油(输气)管道不应穿越厂区。 | 《石油化工企业设计防火标准（2018 版）》（GB 50160—2008）第 4.1.8 条 |
| 18 | **地区架空电力线路不得穿越生产区。** | 《石油化工企业设计防火标准（2018 版）》（GB 50160—2008）第 4.1.6 条 |

## 3  试生产管理安全风险隐患排查表

| 序号 | 排查内容 | 排查依据 |
|---|---|---|
| 1 | 企业应建立建设项目试生产的组织管理机构，明确试生产安全管理范围，合理界定建设项目建设单位、总承包商、设计单位、监理单位、施工单位等相关方的安全管理范围与职责。 | 《关于加强化工过程安全管理的指导意见》（安监总管三〔2013〕88号）第十四条 |
| 2 | 建设项目试生产前，企业或总承包商应组织开展"三查四定"（查设计漏项、查工程质量及隐患、查未完工程量；对检查出来的问题定任务、定人员、定时间、定措施，限期完成）工作，并对查出的问题落实责任进行整改完善。 | 《关于加强化工过程安全管理的指导意见》（安监总管三〔2013〕88号）第十五条 |
| 3 | **企业或总承包商应编制总体试生产方案和专项试车方案**，明确试生产条件，并对相关参与人员进行方案交底并严格执行。 | 《关于加强化工过程安全管理的指导意见》（安监总管三〔2013〕88号）第十四条 |
| 4 | 设计、施工、监理等参建单位应对建设项目试生产方案及试生产条件提出审查意见。对采用专利技术的装置，试生产方案应经专利供应商现场人员书面确认。 | 《关于加强化工过程安全管理的指导意见》（安监总管三〔2013〕88号）第十四条 |
| 5 | 企业或总承包商应编制建设项目联动试车方案、投料试车方案、异常工况处置方案等。 | 《关于加强化工过程安全管理的指导意见》（安监总管三〔2013〕88号）第十四条 |
| 6 | 建设项目试生产前，企业或总承包商应完成各项生产技术资料、岗位记录表和技术台账（包括工艺流程图、操作规程、工艺卡片、工艺和安全技术规程、安全事故应急预案、化验分析规程、主要设备运行操作规程、电气运行规程、仪表及计算机运行规程、联锁值整定记录等）的编制工作。 | 《关于加强化工过程安全管理的指导意见》（安监总管三〔2013〕88号）第十四条 |
| 7 | 试生产前企业应对所有参加试车人员进行培训。 | 《关于加强化工过程安全管理的指导意见》（安监总管三〔2013〕88号）第十五条 |
| 8 | 企业应编制系统吹扫冲洗方案，落实责任人员。 | 《关于加强化工过程安全管理的指导意见》（安监总管三〔2013〕88号）第十五条 |

| 序号 | 排查内容 | 排查依据 |
|------|----------|----------|
| 9 | 在系统吹扫冲洗前，应在排放口设置警戒区，拆除易被吹扫冲洗损坏的所有部件，确认吹扫冲洗流程、介质及压力。蒸汽吹扫时，要落实防止人员烫伤的防护措施。 | 《关于加强化工过程安全管理的指导意见》（安监总管三〔2013〕88号）第十五条 |
| 10 | 企业应编制气密试验方案。要确保气密试验方案全覆盖、无遗漏，明确各系统气密的最高压力等级。 | 《关于加强化工过程安全管理的指导意见》（安监总管三〔2013〕88号）第十五条 |
| 11 | 气密试验时前应用盲板将气密试验系统与其他系统隔离，严禁超压。 | 《关于加强化工过程安全管理的指导意见》（安监总管三〔2013〕88号）第十五条 |
| 12 | 高压系统气密试验前，应分成若干等级压力，逐级进行气密试验。真空系统进行真空试验前，应先完成气密试验。 | 《关于加强化工过程安全管理的指导意见》（安监总管三〔2013〕88号）第十五条 |
| 13 | 气密试验时，要安排专人检查，发现问题，及时处理；做好气密检查记录。 | 《关于加强化工过程安全管理的指导意见》（安监总管三〔2013〕88号）第十五条 |
| 14 | 企业应开展开车前安全条件审查，确认检查清单中所要求完成的检查项，将必改项和遗留项的整改进度以文件化的形式报告给相关人员。 | 《关于加强化工过程安全管理的指导意见》（安监总管三〔2013〕88号）第十五条 |
| 15 | 开车前安全条件审查后，应将相关文件归档，编写审查报告并对其完整性进行审核评估。 |  |
| 16 | 企业应建立单机试车安全管理程序。单机试车前，应编制试车方案、操作规程，并经各专业确认。 | 《关于加强化工过程安全管理的指导意见》（安监总管三〔2013〕88号）第十五条 |
| 17 | 单机试车过程中，应安排专人操作、监护、记录，发现异常立即处理。对专利设备或关键设备应由供应商负责调试。 | 《关于加强化工过程安全管理的指导意见》（安监总管三〔2013〕88号）第十五条 |
| 18 | 单机试车结束后，建设单位应组织设计、施工、监理及制造商等方面人员签字确认并填写试车记录。 | 《关于加强化工过程安全管理的指导意见》（安监总管三〔2013〕88号）第十五条 |
| 19 | 企业应建立联动试车安全管理程序，明确负责统一指挥的协调人员。 | 《关于加强化工过程安全管理的指导意见》（安监总管三〔2013〕88号）第十五条 |

| 序号 | 排查内容 | 排查依据 |
|---|---|---|
| 20 | 联动试车前，所有操作人员考核合格并已取得上岗资格；公用工程系统已稳定运行；试车方案和相关操作规程、经审查批准的仪表报警和联锁值已整定完毕；各类生产记录、报表已印发到岗位。 | 《关于加强化工过程安全管理的指导意见》(安监总管三〔2013〕88号)第十五条 |
| 21 | 联动试车结束后，建设单位应组织设计、施工、监理及制造商等方面人员签字确认并填写试车记录。 | 《关于加强化工过程安全管理的指导意见》(安监总管三〔2013〕88号)第十五条 |
| 22 | 投料前，企业应全面检查工艺、设备、电气、仪表、公用工程、所需原辅材料和应急预案、装备准备等情况，对各项准备工作进行审查确认，明确负责统一指挥的协调人员，具备各项条件后方可进行投料。 | 《关于加强化工过程安全管理的指导意见》(安监总管三〔2013〕88号)第十五条 |
| 23 | 引入燃料或窒息性气体后，企业应建立并执行每日安全调度例会制度，统筹协调全部试车的安全管理工作。 | 《关于加强化工过程安全管理的指导意见》(安监总管三〔2013〕88号)第十五条 |
| 24 | 投料过程应严格按照试车方案进行，并做好各项记录。 | 《关于加强化工过程安全管理的指导意见》(安监总管三〔2013〕88号)第十五条 |
| 25 | 投料试生产过程中，企业应严格控制现场人数，严禁无关人员进入现场。 | 《关于加强化工过程安全管理的指导意见》(安监总管三〔2013〕88号)第十五条 |
| 26 | 投料试车结束(项目、装置考核完成)后，企业应编制试车总结。 | 《关于加强化工过程安全管理的指导意见》(安监总管三〔2013〕88号)第十五条 |
| 27 | 项目安全设施"三同时"管理符合相关法律规定要求。 | 《安全生产法》第二十八条 |

## 4 装置运行安全风险隐患排查表

| 序号 | 排查内容 | 排查依据 |
|---|---|---|
| | (一) 工艺风险评估 | |
| 1 | **新开发的危险化学品生产工艺应经小试、中试、工业化试验再进行工业化生产。国内首次采用的化工工艺，要通过省级有关部门组织专家组进行安全论证。** | 《关于危险化学品企业贯彻落实〈国务院关于进一步加强企业安全生产工作的通知〉的实施意见》(安监总管三〔2010〕186号) |

| 序号 | 排查内容 | 排查依据 |
|---|---|---|
| 2 | **精细化工企业应按照规定要求，开展反应安全风险评估。** | 《关于加强精细化工反应安全风险评估工作的指导意见》（安监总管三〔2017〕1号） |
| 3 | **生产企业不得使用淘汰落后技术工艺目录列出的工艺。** | 《关于印发淘汰落后安全技术装备目录（2015年第一批）的通知》（安监总科技〔2015〕75号）<br>《淘汰落后安全技术工艺、设备目录（2016年）的通知》（安监总科技〔2016〕137号） |
| （二）操作规程与工艺卡片 | | |
| 1 | 企业应建立操作规程与工艺卡片管理制度，包括编写、审查、批准、颁发、使用、控制、修改及废止的程序和职责等内容。 | 《关于加强化工过程安全管理的指导意见》（安监总管三〔2013〕88号）第八条 |
| 2 | **企业应制订操作规程，并明确工艺控制指标。** | 《关于加强化工过程安全管理的指导意见》（安监总管三〔2013〕88号）第八条 |
| 3 | 操作规程的内容至少应包括：<br>1. 岗位生产工艺流程，工艺原理，物料平衡表、能量平衡表，关键工艺参数的正常控制范围，偏离正常工况的后果，防止和纠正偏离正常工况的方法及步骤；<br>2. 装置正常开车、正常操作、临时操作、应急操作、正常停车和紧急停车的操作步骤和安全要求；<br>3. 工艺参数一览表，包括设计值、正常控制范围、报警值及联锁值；<br>4. 岗位涉及的危险化学品危害信息、应急处理原则以及操作时的人身安全保障、职业健康注意事项。 | 《关于加强化工过程安全管理的指导意见》（安监总管三〔2013〕88号）第八条 |
| 4 | 企业应根据生产特点编制工艺卡片，工艺卡片应与操作规程中的工艺控制指标一致。 | 《关于加强化工过程安全管理的指导意见》（安监总管三〔2013〕88号）第八条 |
| 5 | 企业应每年确认操作规程与工艺卡片的适应性和有效性，应至少每三年对操作规程进行审核、修订。当工艺技术、设备发生重大变更时，要及时审核修订操作规程。 | 《关于加强化工过程安全管理的指导意见》（安监总管三〔2013〕88号） |
| 6 | 企业应组织专业管理人员和操作人员编制、修订和审核操作规程，将成熟的安全操作经验纳入操作规程中。 | 《关于加强化工过程安全管理的指导意见》（安监总管三〔2013〕88号） |

| 序号 | 排查内容 | 排查依据 |
|------|---------|---------|
| 7 | 企业应在作业现场存有最新版本的操作规程文本，以方便现场操作人员的方便查阅。 | 《关于加强化工过程安全管理的指导意见》（安监总管三〔2013〕88号） |
| 8 | 企业应定期对岗位人员开展操作规程培训和考核。 | 《安全生产法》第五十五条 |
| （三）工艺技术及工艺装置的安全控制 | | |
| 1 | **企业涉及重点监管的危险化工工艺装置，应装设自动化控制系统。** | 《关于开展提升危险化学品领域本质安全水平专项行动的通知》（安监总管三〔2012〕87号）<br>《首批重点监管的危险化工工艺目录的通知》（安监总管三〔2009〕116号）<br>《第二批重点监管危险化工工艺目录和调整首批重点监管危险化工工艺中部分典型工艺》（安监总管三〔2013〕3号） |
| 2 | **1. 涉及危险化工工艺的大型化工装置应装设紧急停车系统；**<br>**2. 危险化工工艺装置的自动化控制和紧急停车系统应正常投入使用。** | 《关于开展提升危险化学品领域本质安全水平专项行动的通知》（安监总管三〔2012〕87号）<br>《首批重点监管的危险化工工艺目录的通知》（安监总管三〔2009〕116号）<br>《第二批重点监管危险化工工艺目录和调整首批重点监管危险化工工艺中部分典型工艺》（安监总管三〔2013〕3号） |
| 3 | 危险化工工艺的安全控制应按照重点监管的危险化工工艺安全控制要求、重点监控参数及推荐的控制方案的要求，并结合HAZOP分析结果进行设置。 | 《首批重点监管的危险化工工艺目录》（安监总管三〔2009〕116号）<br>《第二批重点监管危险化工工艺目录和调整首批重点监管危险化工工艺中部分典型工艺的通知》的实施意见》（安监总管三〔2013〕3号）<br>《危险与可操作性分析（HAZOP分析）应用导则》（AQ/T 3049—2013）<br>《危险与可操作性分析质量控制与审查导则》（T/CCSAS 001—2018） |

| 序号 | 排查内容 | 排查依据 |
|---|---|---|
| 4 | 在非正常条件下，下列可能超压的设备或管道应设置可靠的安全泄压措施以及安全泄压措施的完好性：<br>1. 顶部最高操作压力大于等于 0.1MPa 的压力容器；<br>2. 顶部最高操作压力大于 0.03MPa 的蒸馏塔、蒸发塔和汽提塔（汽提塔顶蒸汽通入另一蒸馏塔者除外）；<br>3. 往复式压缩机各段出口或电动往复泵、齿轮泵、螺杆泵等容积式泵的出口（设备本身已有安全阀者除外）；<br>4. 凡与鼓风机、离心式压缩机、离心泵或蒸汽往复泵出口连接的设备不能承受其最高压力时，鼓风机、离心式压缩机、离心泵或蒸汽往复泵的出口；<br>5. 可燃气体或液体受热膨胀，可能超过设计压力的设备；<br>6. 顶部最高操作压力为 0.03～0.1MPa 的设备应根据工艺要求设置；<br>7. 两端阀门关闭且因外界影响可能造成介质压力升高的液化烃、甲<sub>B</sub>、乙<sub>A</sub> 类液体管道。 | 《石油化工企业设计防火标准（2018 版）》（GB 50160—2008）第 5.5.1 条<br>《石油天然气工程设计防火规范》（GB 50183—2004）第 6.8.1 条 |
| 5 | 因物料爆聚、分解造成超温、超压，可能引起火灾、爆炸的反应设备应设报警信号和泄压排放设施，以及自动或手动遥控的紧急切断进料设施。 | 《石油化工企业设计防火标准（2018 版）》（GB 50160—2008）第 5.5.13 条 |
| 6 | 安全阀、防爆膜、防爆门的设置应满足安全生产要求：<br>1. 突然超压或发生瞬时分解爆炸危险物料的反应设备，如设安全阀不能满足要求时，应装爆破片或爆破片和导爆管，导爆管口必须朝向无火源的安全方向；必要时应采取防止二次爆炸、火灾的措施；<br>2. 有可能被物料堵塞或腐蚀的安全阀，在安全阀前应设爆破片或在其他出入口管道上采取吹扫、加热或保温等措施。 | 《石油化工企业设计防火标准（2018 版）》（GB 50160—2008）第 5.5.5、5.5.12 条 |

| 序号 | 排查内容 | 排查依据 |
|---|---|---|
| 7 | 1. 较高浓度环氧乙烷设备的安全阀前应设爆破片，爆破片入口管道应设氮封，且安全阀的出口管道应充氮；<br>2. 环氧乙烷的安全阀及其他泄放设施直排大气的应采取安全措施。 | 《石油化工企业设计防火标准（2018版）》（GB 50160—2008）第5.5.9条 |
| 8 | 危险物料的泄压排放或放空的安全性应满足：<br>1. 可燃气体、可燃液体设备的安全阀出口应连接至适宜的设施或系统；<br>2. 对液化烃或可燃液体设备紧急排放时，液化烃或可燃液体应排放至安全地点，剩余的液化烃应排入火炬；<br>3. 对可燃气体设备，应将设备内的可燃气体排入火炬或安全放空系统；<br>4. 常减压蒸馏装置的初馏塔顶、常压塔顶、减压塔顶的不凝气不应直接排入大气。 | 《石油化工企业设计防火标准（2018版）》（GB 50160—2008）第5.5.4、5.5.7、5.5.8、5.5.10条 |
| 9 | 无法排入火炬或装置处理排放系统的可燃气体，当通过排气筒、放空管直接向大气排放时，排气筒、放空管的高度应满足 GB 50160、GB 50183 等规范的要求。 | 《石油化工企业设计防火标准（2018版）》（GB 50160—2008）第5.5.11条<br>《石油天然气工程设计防火规范》（GB 50183—2004）第6.8.8条 |
| 10 | 火炬系统的安全性应满足以下要求：<br>1. 火炬系统的能力应满足装置事故状态下的安全泄放；<br>2. 火炬系统应设置足够的长明灯，并有可靠的点火系统及燃料气气源；<br>3. 火炬系统应设置可靠的防回火设施（水封、分子封等）；<br>4. 火炬气的分液、排凝应符合要求；<br>5. 封闭式地面火炬的设置应满足 GB 50160 的要求。 | 《石油化工企业设计防火标准（2018版）》（GB 50160—2008）第5.5.20、5.5.21、5.5.22条<br>《石油化工可燃性气体排放系统设计规范》（SH 3009—2013） |
| 11 | 空分装置空压机入口空气中有害杂质含量应符合 GB 16912 要求，包括乙炔、甲烷、总烃、二氧化碳、氧化亚氮等。 | 《深度冷冻法生产氧气及相关气体安全技术规程》（GB 16912—2008）第4.2.2条 |
| 12 | 空分装置纯化系统出口设置二氧化碳在线分析仪并设置超标报警。 | 《氧气站设计规范》（GB 50030—2013）第8.0.10条 |

| 序号 | 排查内容 | 排查依据 |
|---|---|---|
| 13 | 空分装置应设置冷箱主冷蒸发器液氧中乙炔、碳氢化合物含量连续在线分析仪并设置超标报警。 | 《氧气站设计规范》（GB 50030—2013）第 8.0.10、8.0.12 条 |
| | **（四）工艺运行管理** | |
| 1 | 现场表指示数值、DCS 控制值与工艺卡片控制值应保持一致。 | |
| 2 | 企业应建立岗位操作记录，对运行工况定时进行监测、检查，并及时处置工艺报警并记录。 | 《关于加强化工过程安全管理的指导意见》（安监总管三〔2013〕88 号）第九条 |
| 3 | 生产过程中严禁出现超温、超压、超液位运行情况；对异常工况处置应符合操作规程要求。 | 《关于加强化工过程安全管理的指导意见》（安监总管三〔2013〕88 号）第九条 |
| 4 | 企业应严格执行联锁管理制度，并符合以下要求：<br>1. 现场联锁装置必须投用、完好；<br>2. 摘除联锁有审批手续，有安全措施；<br>3. 恢复联锁按规定程序进行。 | 《关于加强化工过程安全管理的指导意见》（安监总管三〔2013〕88 号）第十六条 |
| 5 | 当工艺路线、控制参数、原辅料等发生变更时，应严格执行变更管理制度，开展变更安全风险分析；变更后应对相关操作规程进行修订，并对相关人员进行培训。 | 《关于加强化工过程安全管理的指导意见》（安监总管三〔2013〕88 号）第二十三、二十四条 |
| 6 | 企业应建立操作记录和交接班管理制度，并符合以下要求：<br>1. 严格遵守操作规程，按照工艺参数操作；<br>2. 按规定进行巡回检查，有操作记录；<br>3. 严格执行交接班制度。 | 《关于加强化工过程安全管理的指导意见》（安监总管三〔2013〕88 号）第八条 |
| | **（五）现场工艺安全** | |
| 1 | 泄爆泄压装置、设施的出口应朝向人员不易到达的位置。 | 《石油化工金属管道布置设计规范》（SH 3012—2011）第 8.2.4、8.2.5 条<br>《石油化工企业设计防火标准（2018 年版）》（GB 50160—2008）第 5.5.11 条 |
| 2 | 1. 不同的工艺尾气排入同一尾气处理系统，应进行安全风险分析；<br>2. 使用多个化学品储罐尾气联通回收系统的，需经安全论证合格后方可投用。严禁将混合后可能发生化学反应并形成爆炸性混合气体的几种气体混合排放。 | 《国家安全监管总局关于进一步加强化学品罐区安全管理的通知》（安监总管三〔2014〕68 号）<br>《石油化工企业设计防火标准（2018 年版）》（GB 50160—2008）第 5.5.14 条 |

| 序号 | 排查内容 | 排查依据 |
|---|---|---|
| 3 | 可燃气体放空管道内的凝结液应密闭回收，不得随地排放。 | 《石油化工企业设计防火标准（2018 年版）》（GB 50160—2008）第 5.5.17 条 |
| 4 | 液体、低热值可燃气体、毒性为极度和高度危害的可燃气体、惰性气体、酸性气体及其他腐蚀性气体不得排入全厂性火炬系统，应设独立的排放系统或处理排放系统。 | 《石油化工企业设计防火标准（2018 年版）》（GB 50160—2008）第 5.5.15 条 |
| 5 | 1. 极度危害和高度危害的介质、甲类可燃气体、液化烃应采取密闭循环取样系统；<br>2. 取样口不得设在有振动的设备或管道上，否则应采取减振措施。 | 《石油化工金属管道布置设计规范》（SH 3012—2011）第 7.2.3、7.2.4 条 |
| 6 | 比空气重的可燃气体压缩机厂房的地面不宜设地坑或地沟；厂房内应有防止可燃气体积聚的措施。 | 《石油化工企业设计防火标准（2018 年版）》（GB 50160—2008）第 5.3.1 条 |
| 7 | 切水、脱水作业及其他风险较大的排液作业时，作业人员不得离开现场。 | 《化工（危险化学品）企业安全检查重点指导目录》（安监总管三〔2015〕113 号） |
| (六) 开停车管理 | | |
| 1 | 企业在正常开车、紧急停车后的开车前，都要进行安全条件检查确认。 | 《关于加强化工过程安全管理的指导意见》（安监总管三〔2013〕88 号）第十条 |
| 2 | 开停车前，企业要进行安全风险辨识分析，制定开停车方案，编制安全措施和开停车步骤确认表。 | 《关于加强化工过程安全管理的指导意见》（安监总管三〔2013〕88 号）第十条 |
| 3 | 开车前企业应对如下重要步骤进行签字确认：<br>1. 进行冲洗、吹扫、气密试验时，要确认已制定有效的安全措施；<br>2. 引进蒸汽、氮气、易燃易爆介质前，要指定有经验的专业人员进行流程确认；<br>3. 引进物料时，要随时监测物料流量、温度、压力、液位等参数变化情况，确认流程是否正确。 | 《关于加强化工过程安全管理的指导意见》（安监总管三〔2013〕88 号）第十条 |
| 4 | 应严格控制进退料顺序和速率，现场安排专人不间断巡检，监控有无泄漏等异常现象。 | 《关于加强化工过程安全管理的指导意见》（安监总管三〔2013〕88 号）第十条 |

| 序号 | 排查内容 | 排查依据 |
|---|---|---|
| 5 | 停车过程中的设备、管线低点的排放应按照顺序缓慢进行，并做好个人防护；设备、管线吹扫处理完毕后，应用盲板切断与其他系统的联系。抽堵盲板作业应在编号、挂牌、登记后按规定的顺序进行，并安排专人逐一进行现场确认。 | 《关于加强化工过程安全管理的指导意见》（安监总管三〔2013〕88号）第十条 |
| 6 | 在单台设备交付检维修前与检维修后投入使用前，应进行安全条件确认。 | |
| | （七）储运系统安全设施 | |
| 1 | 易燃、可燃液体及可燃气体罐区下列方面应符合GB50183、GB 50160及GB50074等相关规范要求：<br>1. 防火间距；<br>2. 罐组总容、罐组布置、罐组内储罐数量及布置；<br>3. 防火堤及隔堤；<br>4. 放空或转移；<br>5. 液位报警、快速切断；<br>6. 安全附件(如呼吸阀、阻火器、安全阀等)；<br>7. 水封井、排水闸阀。 | 《石油化工企业设计防火标准（2018版）》（GB 50160—2008）<br>《石油库设计规范》（GB 50074—2014）<br>《石油天然气工程设计防火规范》（GB 50183—2004） |
| 2 | 1. 火灾危险性类别不同的储罐在同一罐区，应设置隔堤；<br>2. 沸溢性液体的储罐不应与非沸溢性液体储罐同组布置；<br>3. 常压油品储罐不应与液化石油气、液化天然气、天然气凝液储罐布置在同一防火堤内。 | 《石油化工企业设计防火标准（2018年版）》（GB 50160—2008）第6.2.5条<br>《储罐区防火堤设计规范》（GB 50351—2014）第3.2.1条 |
| 3 | 可燃、易燃液体罐区的专用泵应设在防火堤外，泵与储罐距离应符合GB 50160要求。 | 《石油化工企业设计防火标准（2018年版）》（GB 50160—2008）第5.3.5条 |
| 4 | **构成一级、二级重大危险源的危险化学品罐区应实现紧急切断功能，并处于投用状态。** | 《危险化学品重大危险源监督管理暂行规定》（国家安全监管总局令第40号） |
| 5 | 严禁正常运行的内浮顶罐浮盘落底；内浮顶罐低液位报警或联锁设置不得低于浮盘支撑的高度。 | 《化工(危险化学品)企业安全检查重点指导目录》（安监总管三〔2015〕113号） |
| 6 | 有氮气保护设施的储罐要确保氮封系统完好在用。 | 《关于进一步加强化学品罐区安全管理的通知》（安监总管三〔2014〕68号）第二条 |

| 序号 | 排查内容 | 排查依据 |
|---|---|---|
| 7 | 防火堤设计应符合 GB 50351 要求：<br>1. 防火堤的材质、耐火性能以及伸缩缝配置应满足规范要求；<br>2. 防火堤容积应满足规范要求，并能承受所容纳油品的静压力且不渗漏；<br>3. 液化烃罐区防火堤内严禁绿化。 | 《储罐区防火堤设计规范》（GB 50351—2014） |
| 8 | 气柜应设上、下限位报警装置，并宜设进出管道自动联锁切断装置。 | 《石油化工企业设计防火标准（2018 年版）》（GB 50160—2008）第 6.3.12 条 |
| 9 | 液氧储罐的最大充装量不应大于容积的 95%。 | 《深度冷冻法生产氧气及相关气体安全技术规程》（GB 16912—2008）第 6.7.10 条 |
| 10 | 定期监测液氧储罐中乙炔、碳氢化合物含量，每周至少分析一次，超标时应连续向储罐输送液氧以稀释乙炔浓度，并启动液氧泵和气化装置向外输送。 | 《深度冷冻法生产氧气及相关气体安全技术规程》（GB 16912—2008）第 6.7.4 条 |
| 11 | 应建立危险化学品装卸管理制度，明确作业前、作业中和作业结束后各个环节的安全要求。 | |
| 12 | 装运危险化学品的汽车应"三证"（驾驶证、准运证、危险品押运证）齐全。进入厂区的车辆应安装阻火器。 | |
| 13 | 企业应建立易燃易爆有毒危险化学品装卸作业时装卸设施接口连接可靠性确认制度；装卸设施连接口不得存在磨损、变形、局部缺口、胶圈或垫片老化等缺陷。 | 《国务院安委会办公室关于山东临沂金誉石化有限公司"6·5"爆炸着火事故情况的通报》（安委办〔2017〕19 号） |
| 14 | 易燃易爆危险化学品的汽车罐车和装卸场所，应设防静电专用接地线。 | |
| 15 | 甲$_B$、乙、丙$_A$ 类液体的装车应采用液下装车鹤管。 | 《石油化工企业设计防火标准（2018 年版）》（GB 50160—2008）第 6.4.2 条 |
| 16 | 装卸车作业环节应严格遵守安全作业标准、规程和制度，并在监护人员现场指挥和全程监护下进行。 | 《化工（危险化学品）企业保障生产安全十条规定》（安监总政法〔2017〕15 号） |

| 序号 | 排查内容 | 排查依据 |
|---|---|---|
| 17 | 甲$_B$、乙$_A$类液体装卸车鹤位与集中布置的泵的防火间距应不小于8m。 | 《石油化工企业设计防火标准（2018年版）》（GB 50160—2008）第6.4.2条 |
| （八）危险化学品仓储管理 | | |
| 1 | 1. 企业应当提供与其生产的危险化学品相符的化学品安全技术说明书，并在危险化学品包装（包括外包装件）上粘贴或者拴挂与包装内危险化学品相符的化学品安全标签；<br>2. 企业采购危险化学品时，应索取危险化学品安全技术说明书和安全标签，不得采购无安全技术说明书和安全标签的危险化学品；<br>3. 化学品安全技术说明书和化学品安全标签所载明的内容应当符合国家标准的要求。 | 《危险化学品安全管理条例》（国务院令第591号）第十五条 |
| 2 | 甲类物品仓库宜单独设置；当其储量小于5t时，可与乙、丙类物品仓库共用一栋建筑物，但应设独立的防火分区。 | 《石油化工企业设计防火标准（2018年版）》（GB 50160—2008）第6.6.1条 |
| 3 | 仓库内严禁设置员工宿舍；办公室、休息室等严禁设置在甲、乙类仓库内，也不应贴邻建造。 | 《建筑设计防火规范（2018年版）》（GB 50016—2014）第3.3.9条 |
| 4 | 甲、乙、丙类液体仓库应设置防止液体流散的设施；遇湿会发生燃烧爆炸的物品仓库应设置防止水浸渍的措施。 | 《建筑设计防火规范（2018版）》（GB 50016—2014）第3.6.12条 |
| 5 | 危险化学品仓储应满足以下条件：<br>1. 爆炸物宜按不同品种单独存放，当受条件限制，不同品种爆炸物需同库存放时，应确保爆炸物之间不是禁忌物且包装完整无损；<br>2. 有机过氧化物应储存在危险化学品库房特定区域内，避免阳光直射，并应满足不同品种的存储温度、湿度要求；<br>3. 遇水放出易燃气体的物质和混合物应密闭储存在设有防水、防雨、防潮措施的危险化学品库房中的干燥区域内；<br>4. 自燃物和混合物的储存温度应满足不同品种的存储温度、湿度要求，并避免阳光直射；<br>5. 自反应物质和混合物应储存在危险化学品库房特定区域内，避免阳光直射并保持良好通风，且应满足不同品种的存储温度、湿度要求，自反应物质及其混合物只能在原装容器中存放。 | 《危险化学品经营企业安全技术基本要求》（GB 18265—2019）第4.2.7、第4.2.8、第4.2.9、第4.2.10、第4.2.11条 |

| 序号 | 排查内容 | 排查依据 |
|---|---|---|
| 6 | 易燃易爆性商品存储库房温湿度应满足 GB 17914 要求。 | 《易燃易爆性商品储存养护技术条件》（GB 17914—2013）第 4.5 条 |
| 7 | 1. 危险化学品应当储存在专用仓库，并由专人负责管理；<br>2. 剧毒化学品以及储存数量构成重大危险源的其他危险化学品，应在专用仓库内单独存放，实行双人收发、双人保管制度。 | 《危险化学品安全管理条例》（国务院令第 591 号）第二十四条 |
| 8 | 储存危险化学品的单位应当建立危险化学品出入库核查、登记制度。 | 《危险化学品安全管理条例》（国务院令第 591 号）第二十五条 |
| 9 | **应按国家标准分区分类储存危险化学品，不得超量、超品种储存危险化学品，相互禁配物质不得混放混存。** | 《化工和危险化学品生产经营单位重大生产安全事故隐患判定标准》（安监总管三〔2017〕121 号） |

### （九）重大危险源的安全控制

| 序号 | 排查内容 | 排查依据 |
|---|---|---|
| 1 | 重大危险源应配备温度、压力、液位、流量等信息的不间断采集和监测系统以及可燃气体和有毒有害气体泄漏检测报警装置，并具备信息远传、记录、安全预警、信息存储等功能。 | 《危险化学品重大危险源监督管理暂行规定》（国家安全监管总局令第 40 号）第十三条 |
| 2 | **重大危险源的化工生产装置应装备满足安全生产要求的自动化控制系统。** | 《危险化学品重大危险源监督管理暂行规定》（国家安全监管总局令第 40 号）第十三条 |
| 3 | **一级或者二级重大危险源，设置紧急停车系统。** | 《危险化学品重大危险源监督管理暂行规定》（国家安全监管总局令第 40 号）第十三条 |
| 4 | **对重大危险源中的毒性气体、剧毒液体和易燃气体等重点设施，设置紧急切断装置。** | 《危险化学品重大危险源监督管理暂行规定》（国家安全监管总局令第 40 号）第十三条 |
| 5 | **对涉及毒性气体、液化气体、剧毒液体的一级或者二级重大危险源，应具有独立安全仪表系统。** | 《危险化学品重大危险源监督管理暂行规定》（国家安全监管总局令第 40 号）第十三条 |

| 序号 | 排查内容 | 排查依据 |
|---|---|---|
| 6 | 对毒性气体的设施，设置泄漏物紧急处置装置。 | 《危险化学品重大危险源监督管理暂行规定》（国家安全监管总局令第 40 号）第十三条 |
| 7 | 重大危险源中储存剧毒物质的场所或者设施，设置视频监控系统。 | 《危险化学品重大危险源监督管理暂行规定》（国家安全监管总局令第 40 号）第十三条 |

## 5 设备安全风险隐患排查表

| 序号 | 排查内容 | 排查依据 |
|---|---|---|
| | （一）设备设施管理体系的建立与执行 | |
| 1 | 企业应建立健全设备设施管理制度，内容至少应包含设备采购验收、动设备管理、静设备管理、备品配件管理、防腐蚀防泄漏管理、检维修、巡回检查、保温、设备润滑、设备台账管理、日常维护保养、设备检查和考评办法、设备报废、设备安全附件管理等的管理内容。 | 《关于危险化学品企业贯彻落实《国务院关于进一步加强企业安全生产工作的通知》的实施意见》（安监总管三〔2010〕186 号）第十条 |
| 2 | 企业应配备设备专业管理人员和设备维修维护人员。 | 《关于加强化工过程安全管理的指导意见》（安监总管三〔2013〕88 号）第十六条 |
| 3 | 企业应对所有设备进行编号，建立设备设施台账、技术档案，确保设备台账、档案信息准确、完备。 | 《关于加强化工过程安全管理的指导意见》（安监总管三〔2013〕88 号）第十六条 |
| 4 | 企业应编制关键设备的操作和维护规程。 | 《关于加强化工过程安全管理的指导意见》（安监总管三〔2013〕88 号）第十六条 |
| 5 | 企业应对设备定期进行巡回检查，并建立设备定期检查记录。 | 《关于加强化工过程安全管理的指导意见》（安监总管三〔2013〕88 号）第十六条 |
| 6 | 对出现异常状况的设备设施应及时处置。 | |
| 7 | 对设备设施的变更应严格履行变更程序。 | 《关于危险化学品企业贯彻落实〈国务院关于进一步加强企业安全生产工作的通知〉的实施意见》（安监总管三〔2010〕186 号） |

| 序号 | 排查内容 | 排查依据 |
|------|----------|----------|
| 8 | **企业不得使用国家明令淘汰、禁止使用的危及生产安全的设备。** | 《安全生产法》第三十五条<br>《关于印发淘汰落后安全技术装备目录（2015年第一批）的通知》（安监总科技〔2015〕75号）<br>《淘汰落后安全技术工艺、设备目录（2016年）的通知》（安监总科技〔2016〕137号） |
| | （二）设备的预防性维修和检测 | |
| 1 | 企业应编制设备检维修计划，并按计划开展检维修工作。 | 《关于加强化工过程安全管理的指导意见》（安监总管三〔2013〕88号） |
| 2 | 对重点检修项目应编制检维修方案，方案内容应包含作业安全分析、安全风险管控措施、应急处置措施及安全验收标准。 | 《企业安全生产标准化基本规范》（GB/T 33000—2016）第5.4.1.4条 |
| 3 | 检维修过程中涉及特殊作业的，应执行 GB 30871 要求。 | 《化学品生产单位特殊作业安全规范》（GB 30871—2014） |
| 4 | 安全设施应编入设备检维修计划，定期检维修。安全设施不得随意拆除、挪用或弃用不用，因检维修拆除的，检维修完毕后应立即复原。 | 《安全生产法》第三十三条 |
| 5 | 企业应加强防腐蚀管理，确定检查部位，定期检测，定期评估防腐效果。 | 《国家安全监管总局关于加强化工企业泄漏管理的指导意见》（安监总管三〔2014〕94号） |
| 6 | 应对大型、关键容器(如液化气球罐等)中的腐蚀性介质含量进行监控，定期分析(如 $H_2S$ 含量是否超标)。 | |
| 7 | 在涉及易燃、易爆、有毒介质设备和管线的排放口、采样口等排放部位，应通过加装盲板、丝堵、管帽、双阀等措施，减少泄漏的可能性。 | 《国家安全监管总局关于加强化工企业泄漏管理的指导意见》（安监总管三〔2014〕94号）<br>《石油化工金属管道布置设计规范》（SH/T 3012—2011） |

| 序号 | 排查内容 | 排查依据 |
|---|---|---|
| 8 | 定期对涉及液态烃、高温油等泄漏后果严重的部位(如管道、设备、机泵等动、静密封点)进行泄漏检测,对泄漏部位及时维修或更换。 | 《国家安全监管总局关于加强化工企业泄漏管理的指导意见》(安监总管三〔2014〕94号) |
| 9 | 凡在开停工、检修过程中,可能有可燃液体泄漏、漫流的设备区周围应设置不低于150mm的围堰和导液设施。 | 《石油化工企业设计防火标准(2018年版)》(GB 50160—2008)第5.2.28条 |
| 10 | 有可燃液体设备的多层建筑物或构筑物的楼板,应采取防止可燃液体泄漏至下层的措施。 | 《石油化工企业设计防火标准(2018年版)》(GB 50160—2008)第5.7.5条 |
| 11 | 承压部位的连接件螺栓配备应齐全、紧固到位。 | |
| (三) 动设备的管理和运行状况 | | |
| 1 | 企业应设置机组、机泵防止意外启动的措施。 | 《机械安全 防止意外启动》(GB/T 19670—2005) |
| 2 | 企业应监测大机组和重点动设备转速、振动、位移、温度、压力等运行参数,及时评估设备运行状况。 | 《关于加强化工过程安全管理的指导意见》(安监总管三〔2013〕88号) |
| 3 | 可燃气体压缩机、液化烃、可燃液体泵不得使用皮带传动。在爆炸危险区域内的其他传动设备若必须使用皮带传动时,应使用防静电皮带。 | 《石油化工企业设计防火标准(2018年版)》(GB 50160—2008)第5.7.7条 |
| 4 | 离心式可燃气体压缩机和可燃液体泵应在其出口管道上安装止回阀。 | 《石油化工企业设计防火标准(2018年版)》(GB 50160—2008)第7.2.11条 |
| 5 | 传动带、转轴、传动链、皮带轮、齿轮等转动部位,都应设置安全防护装置。 | 《生产设备安全卫生设计准则》(GB 5083—1999)第6.1.6条 |
| (四) 静设备的管理 | | |
| 1 | 企业应定期对储罐进行全面检查。 | 《关于加强化工过程安全管理的指导意见》(安监总管三〔2013〕88号) |
| 2 | 企业应对储罐呼吸阀(液压安全阀)、阻火器、泡沫发生器、液位计、通气管等安全附件按规范设置,并定期检查或检测,填写检查维护记录。 | 《国家安全监管总局关于进一步加强化学品罐区安全管理的通知》(安监总管三〔2014〕68号) |

| 序号 | 排查内容 | 排查依据 |
|---|---|---|
| 3 | 可燃液体地上储罐的进出口管道应采用柔性连接。 | 《石油化工企业设计防火标准（2018年版）》（GB 50160—2008）第6.2.25条 |
| 4 | 加热炉现场运行管理，应满足：<br>1. 加热炉燃烧过程中，工艺介质流量低或中断燃烧联锁、燃料气管道压力超高、超低低联锁以及引风机停运联锁等应正常投用；<br>2. 加热炉上的控制仪表以及检测仪表应正常投用，无故障，并定期对所有氧含量分析仪进行校验；<br>3. 灭火蒸汽系统处于备用状态。 | |
| 5 | 明火加热炉附属的燃料气分液罐、燃料气加热器等与炉体的防火间距，不应小于6m。 | 《石油化工企业设计防火标准（2018年版）》（GB 50160—2008）第5.2.4条 |
| 6 | 加热炉燃料气管道上的分液罐的凝液不得敞开排放。 | 《石油化工企业设计防火标准（2018年版）》（GB 50160—2008）第7.2.13条 |
| 7 | 具有化学灼伤危害的物料不应使用玻璃等易碎材料制成管道、管件、阀门、流量计、压力计等。 | 《化工企业安全卫生设计规范》（HG 20571—2014）第5.6.2条 |
| （五）安全附件的管理 | | |
| 1 | 企业应建立安全附件台账、爆破片更换记录。 | |
| 2 | 企业应对监视和测量设备进行规范管理，建立监视和测量设备台账，定期进行校准和维护，并保存校准和维护活动的记录。 | 《危险化学品从业单位安全标准化通用规范》（AQ3013—2008）第5.5.2.5条 |
| 3 | 安全阀、压力表等安全附件应定期检验并在有效期内使用。 | 《安全阀安全技术监察规程》（TSG ZF001—2006）第B4.2(4)条 |
| 4 | **在用安全阀进出口切断阀应全开，并采取铅封或锁定；**<br>**爆破片应正常投用。** | 《固定式压力容器安全技术监察规程》（TSG 21—2016）第9.1.3条<br>《安全阀安全技术监察规程》（TSG ZF001—2006）第B4.2(4)条 |

| 序号 | 排查内容 | 排查依据 |
|---|---|---|
| 5 | 压力表的选型应符合相关要求，压力范围及检定标记明显。 | 《固定式压力容器安全技术监察规程》（TSG 21—2016）第9.2.1条 |
| 6 | 压力容器用液位计应当：<br>1. 储存 0℃ 以下介质的压力容器，选用防霜液位计；<br>2. 寒冷地区室外使用的液位计，选用夹套型或者保温型结构的液位计；<br>3. 用于易爆、毒性程度为极度或者高度危害介质、液化气体压力容器上的液位计，有防止泄漏的保护装置。 | 《固定式压力容器安全技术监察规程》（TSG 21—2016）第9.2.2条 |
| | （六）设备拆除和报废 | |
| 1 | 企业应建立设备报废和拆除程序，明确报废的标准和拆除的安全要求。 | 《化工企业工艺安全管理实施导则》（AQ/T 3034—2010）第4.7.3条 |
| 2 | 设备的报废应办理审批手续，报废的设备拆除前应制定方案。 | 《企业安全生产标准化基本规范》（GB/T 33000—2016）第5.4.1.6条 |

# 6 仪表安全风险隐患排查表

| 序号 | 排查内容 | 排查依据 |
|---|---|---|
| | （一）仪表安全管理 | |
| 1 | 企业应建立仪表自动化控制系统安全管理、日常维护保养等制度。 | 《关于加强化工过程安全管理的指导意见》（安监总管三〔2013〕88号）第十六条 |
| 2 | 企业应建立健全仪表检查、维护、使用、检定等各类台账及仪表巡检记录。 | 《关于加强化工过程安全管理的指导意见》（安监总管三〔2013〕88号）第十六条 |

| 序号 | 排查内容 | 排查依据 |
|---|---|---|
| 3 | 仪表调试、维护及检测记录齐全，主要包括：<br>1. 仪表定期校验、回路调试记录；<br>2. 检测仪表和控制系统检维护记录。 | 《自动化仪表工程施工及质量验收规范》（GB 50093—2013）第12.1.1、12.5.2条 |
| 4 | 新（改、扩）建装置和大修装置的仪表自动化控制系统投用前、长期停用的仪表自动化控制系统再次启用前，必须进行检查确认。 | 《关于加强化工过程安全管理的指导意见》（安监总管三〔2013〕88号）第十六条 |
| 5 | 控制系统管理应满足以下要求：<br>1. 控制方案变更应办理审批手续；<br>2. 控制系统故障处理、检修及组态修改记录应齐全；<br>3. 控制系统建立有应急预案。 | 《工业自动化和控制系统网络安全 集散控制系统（DCS）第2部分：管理要求》（GB/T 33009.2—2016）第5.11.2、5.9.2条 |
| 6 | 企业应建立安全联锁保护系统停运、变更专业会签和技术负责人审批制度。联锁保护系统的管理应满足：<br>1. 联锁逻辑图、定期维修校验记录、临时停用记录等技术资料齐全；<br>2. 应对工艺和设备联锁回路定期调试；<br>3. 联锁保护系统（设定值、联锁程序、联锁方式、取消）变更应办理审批手续；<br>4. 联锁摘除和恢复应办理工作票，有部门会签和领导签批手续；<br>5. 摘除联锁保护系统应有防范措施及整改方案。 | 《工业自动化和控制系统网络安全 集散控制系统（DCS）第2部分：管理要求》（GB/T 33009.2—2016） |
| | （二）控制系统设置 | |
| 1 | 新建化工装置必须设置自动化控制系统，根据工艺过程危险和安全风险分析结果，确定配备安全仪表系统。 | 《关于进一步加强危险化学品建设项目安全设计管理的通知》（安监总管三〔2013〕76号）第十九条 |
| 2 | 对涉及"两重点一重大"的需要配置安全仪表系统的化工装置应开展安全仪表功能评估。 | 《国家安全监管总局关于加强化工安全仪表系统管理的指导意见》（安监总管三〔2014〕116号）第四、十四条 |
| 3 | 配备的安全仪表系统应处于投用状态。 | |

| 序号 | 排查内容 | 排查依据 |
|---|---|---|
| | (三)仪表系统设置 | |
| 1 | **化工生产装置自动化控制系统应设置不间断电源,可燃有毒气体检测报警系统应设置不间断电源,后备电池的供电时间不小于30min。** | 《仪表供电设计规范》(HG/T 20509—2014)第7.1.3条 |
| 2 | 仪表气源应符合下列要求:<br>1. 采用清洁、干燥的空气;<br>2. 应设置备用气源。备用气源可采用备用压缩机组、贮气罐或第二气源(也可用干燥的氮气)。 | 《仪表供气设计规范》(HG/T 20510—2014)第3.0.1、3.0.2、3.0.3、4.4.1、4.4.2条<br>《石油化工仪表供气设计规范》(SH 3020—2013)第3.0.1、4.3.1条 |
| 3 | 安装DCS、PLC、SIS等设备的控制室、机柜室、过程控制计算机的机房,应考虑防静电接地。其室内的导静电地面、活动地板、工作台等应进行防静电接地。 | 《仪表系统接地设计规范》(HG/T 20513—2014)第5.3.1条<br>《石油化工仪表接地设计规范》(SH/T 3081—2003)第2.4.1条 |
| 4 | **爆炸危险场所的仪表、仪表线路的防爆等级应满足区域的防爆要求。** | 《爆炸危险环境电力装置设计规范》(GB 50058—2014)第5.2.3条<br>《石油化工自动化仪表选型设计规范》(SH/T 3005—2016)第4.9条 |
| 5 | 保护管与检测元件或现场仪表之间应采取相应的防水措施。防爆场合应采取相应防爆级别的密封措施。 | 《爆炸危险环境电力装置设计规范》(GB 50058—2014)第5.4.3条<br>《自动化仪表工程施工及质量验收规范》(GB 50093—2013)第7.4.8条<br>《石油化工仪表管道线路设计规范》(SH/T 3019—2016)第8.4.6条 |

| 序号 | 排查内容 | 排查依据 |
|---|---|---|
| 6 | 危险化学品重大危险源配备的温度、压力、液位、流量、组分等信息应不间断采集和监测，并具备信息远传、连续记录、事故预警、信息存储等功能；记录的电子数据的保存时间不少于30天。 | 《危险化学品重大危险源监督管理暂行规定》（国家安全监管总局令第40号）第十三条 |
| 7 | 危险化学品重大危险源罐区安全监控装备应符合要求：<br>1. 摄像头的设置个数和位置，应根据罐区现场的实际情况实现全面覆盖；<br>2. 摄像头的安装高度应确保可以有效监控到储罐顶部；<br>3 有防爆要求的应使用防爆摄像机或采取防爆措施。 | 《危险化学品重大危险源罐区现场安全监控装备设置规范》（AQ 3036—2010）第10.1条 |
| 8 | 紧急停车按钮应有可靠防护措施。 | 《信号报警及联锁系统设计规范》（HG/T 20511—2014）第4.11.4条 |
| 9 | 罐区储罐高高、低低液位报警信号的液位测量仪表应采用单独的液位连续测量仪表或液位开关，报警信号应传送至自动控制系统。 | 《石油化工储运系统罐区设计规范》（SH/T 3007—2014）第5.4.5条 |
| | （四）气体检测报警管理 | |
| 1 | **可燃气体和有毒气体检测报警器的设置与报警值的设置应满足 GB 50493 要求。** | 《石油化工可燃气体和有毒气体检测报警设计规范》（GB 50493—2009） |
| 2 | 可燃气体和有毒气体检测报警系统应独立于基本过程控制系统。 | 《国家安全监管总局关于加强化工安全仪表系统管理的指导意见》（安监总管三〔2014〕116号）第十一条 |
| 3 | 可燃气体、有毒气体检测报警器管理应满足以下要求：<br>1. 绘制可燃、有毒气体检测报警器检测点布置图；<br>2. 可燃、有毒气体检测报警器按规定周期进行检定或校准，周期一般不超过一年。 | |

| 序号 | 排查内容 | 排查依据 |
|---|---|---|
| 4 | 可燃、有毒气体检测报警信号应发送至有操作人员常驻的控制室、现场操作室进行报警,并有报警与处警记录,对报警原因进行分析。 | 《石油化工可燃气体和有毒气体检测报警设计规范》(GB 50493—2009)第3.0.4条<br>《国家安全监管总局关于加强化工企业泄漏管理的指导意见》(安监总管三〔2014〕94号)第十九条 |
| 5 | 可燃、有毒气体检测报警器应完好并处于正常投用状态。 | 《安全生产法》第三十三条 |

## 7 电气安全风险隐患排查表

| 序号 | 排查内容 | 排查依据 |
|---|---|---|
| | (一)电气安全管理 | |
| 1 | 企业应编制电气设备设施操作、维护、检修等管理制度并实施。 | 《关于加强化工过程安全管理的指导意见》(安监总管三〔2013〕88号)第十六条 |
| 2 | 临时用电应经有关主管部门审查批准,并有专人负责管理,限期拆除。 | 《化学品生产单位特殊作业安全规范》(GB 30871—2014) |
| | (二)供配电系统设置及电气设备设施 | |
| 1 | 企业的供电电源应满足不同负荷等级的供电要求:<br>1. 一级负荷应由双重电源供电,当一电源发生故障时,另一电源不应同时受到损坏;<br>2. 一级负荷中特别重要的负荷供电,尚应增设应急电源,并严禁将其他负荷接入应急供电系统;设备的供电电源的切换时间,应满足设备允许中断供电的要求;<br>3. 二级负荷的供电系统,宜由两回线路供电。在负荷较小或地区供电条件困难时,二级负荷可由一回6kV及以上专用的架空线路供电。 | 《供配电系统设计规范》(GB 50052—2009)第3.0.1条 |
| 2 | 爆炸危险区域内的电气设备应符合GB 50058要求。 | 《爆炸危险环境电力装置设计规范》(GB 50058—2014)第5.2.3条 |

| 序号 | 排查内容 | 排查依据 |
|---|---|---|
| 3 | 电气设备的安全性能,应满足以下要求:<br>1. 设备的金属外壳应采取防漏电保护接地;<br>2. 接地线不得搭接或串接,接线规范、接触可靠;<br>3. 明设的应沿管道或设备外壳敷设,暗设的在接线处外部应有接地标志;<br>4. 接地线接线间不得涂漆或加绝缘垫。 | 《电气装置安装工程接地装置施工及验收规范》(GB 50169—2016)第3.0.4、4.2.9条 |
| 4 | 电缆必须有阻燃措施;电缆桥架符合相关设计规范。 | 《电力工程电缆设计规范》(GB 50217—2018)第6.2.7条 |
| (三) 防雷、防静电设施 | | |
| 1 | 工艺装置内露天布置的塔、容器等,当容器顶板厚度等于或大于4mm时,可不设避雷针、线保护,但必须设防雷接地。 | 《石油化工企业设计防火标准(2018年版)》(GB 50160—2008)第9.2.2条 |
| 2 | 可燃气体、液化烃、可燃液体的钢罐,必须设防雷接地,并应符合下列规定:<br>1. 甲B、乙类可燃液体地上固定顶罐,当顶板厚度小于4mm时应设避雷针、线,其保护范围应包括整个储罐;<br>2. 丙类液体储罐,可不设避雷针、线,但必须设防感应雷接地;<br>3. 浮顶罐(含内浮顶罐)可不设避雷针、线,但应将浮顶与罐体用两根截面不小于25mm²的软铜线作电气连接;<br>4. 压力储罐不设避雷针、线,但应作接地。 | 《石油化工企业设计防火标准(2018年版)》(GB 50160—2008)第9.2.3条 |
| 3 | 在生产加工、储运过程中,设备、管道、操作工具等,有可能产生和积聚静电而造成静电危害时,应采取静电接地措施。 | 《石油化工静电接地设计规范》(SH/T 3097—2017)第4.1.1条 |
| 4 | 可燃气体、液化烃、可燃液体、可燃固体的管道在下列部位应设静电接地设施:<br>1. 进出装置区或设施处;<br>2. 爆炸危险场所的边界;<br>3. 管道泵及泵入口永久过滤器、缓冲器等。 | 《石油化工企业设计防火标准(2018年版)》(GB 50160—2008)第9.3.3条 |

| 序号 | 排查内容 | 排查依据 |
|---|---|---|
| 5 | 1. 长距离管道应在始端、末端、分支处以及每隔100m接地一次；<br>2. 平行管道净距小于100mm时，应每隔20m加跨接线。当管道交叉且净距小于100mm时，应加跨接线。 | 《石油化工静电接地设计规范》（SH/T 3097—2017）第5.3.2、5.3.3条 |
| 6 | 重点防火、防爆作业区的入口处，应设计人体导除静电装置。 | 《化工企业安全卫生设计规范》（HG 20571—2014）第4.2.10条 |
| 7 | 储罐罐顶平台上取样口（量油口）两侧1.5米之外，应各设一组消除人体静电设施，设施应与罐体做电气连接并接地，取样绳索、检尺等工具应与设施连接。 | 《石油化工静电接地设计规范》（SH/T 3097—2017）第5.2.2条 |
| 8 | 在爆炸危险区域内设计有静电接地要求的管道，当每对法兰或其他接头间电阻值超过0.03Ω时，应设导线跨接。 | 《工业金属管道工程施工规范》（GB 50235—2010）第7.13.1条 |
| （四）现场安全 | | |
| 1 | 电缆必须有阻燃措施。电缆沟必须有防窜油汽、防腐蚀、防水措施；电缆隧道必须有防火、防沉陷措施。 | |
| 2 | 临时电源、手持式电动工具、施工电源、插座回路均应采用TN-S供电方式，并采用剩余电流动作保护装置。 | |
| 3 | 临时用电线路，应采用绝缘良好、完整无损的橡皮线，室内沿墙敷设，其高度不得低于2.5m，室外跨路时，其高度不得低于4.5m，不得沿暖气、水管及其他气体管道敷设，沿地面敷设时，必须加可靠的保护装置和醒目的警示标志。 | |
| 4 | 沿墙面或地面敷设电缆线路应符合下列规定：<br>1. 电缆线路敷设路径应有醒目的警告标识；<br>2. 沿地面明敷的电缆线路应沿建筑物墙体根部敷设，穿越道路或其他易受机械损伤的区域，应采取防机械损伤的措施，周围环境应保持干燥；<br>3. 在电缆敷设路径附近，当有产生明火的作业时，应采取防止火花损伤电缆的措施。 | 《建设工程施工现场供用电安全规范》（GB 50194—2014）第7.4.2条 |

## 8 应急与消防安全风险隐患排查表

| 序号 | 排查内容 | 排查依据 |
|------|---------|---------|
| (一) 应急管理 | | |
| 1 | 企业应确立本单位的应急预案体系，按照GB/T 29639要求编制综合应急预案、专项应急预案、现场处置方案和应急处置卡。 | 《生产安全事故应急预案管理办法》(应急管理部令第2号)第六、十九条 |
| 2 | 企业应建立应急指挥系统，配备应急救援队伍，实行分级管理，明确各级应急指挥系统和救援队的职责。 | 《危险化学品从业单位安全生产标准化通用规范》(AQ 3013—2008) |
| 3 | 企业应制定应急值班制度，成立应急处置技术组，实行24小时应急值班。 | 《生产安全事故应急条例》(国务院令第708号)第十四条 |
| 4 | 1. 企业应制定应急预案定期评估制度，应每三年进行一次应急预案评估，对应急预案内容的针对性和实用性进行分析，并对应急预案是否需要修订作出结论；<br>2. 企业应按应急预案的评估结论及有关规定对应急预案及时修订。 | 《生产安全事故应急条例》(国务院令第708号)第六条<br>《生产安全事故应急预案管理办法》(国家安全监管总局令88号)第三十五、三十六条 |
| 5 | 1. 企业应在应急预案公布之日起20个工作日内，向县级以上人民政府应急管理部门和其他负有安全生产监督管理职责的部门进行备案，并依法向社会公布；<br>2. 应急预案修订涉及组织指挥体系与职责、应急处置程序、主要处置措施、应急响应分级等内容变更的，企业应按照有关应急预案报备程序重新备案。 | 《生产安全事故应急条例》(国务院令第708号)第七条<br>《生产安全事故应急预案管理办法》(国家安全监管总局令88号)第二十六、三十七条 |
| 6 | 企业应定期组织开展本单位的应急预案、应急知识、自救互救和避险逃生技能的培训活动，使有关人员了解应急预案内容，熟悉应急职责、应急处置程序和措施。 | 《生产安全事故应急预案管理办法》(国家安全监管总局令88号)第三十一条 |
| 7 | 企业应制定本单位的应急预案演练计划，每半年至少组织一次安全生产事故应急预案演练。 | 《生产安全事故应急条例》(国务院令第708号)第八条<br>《生产安全事故应急预案管理办法》(国家安全监管总局令88号)第三十三条 |
| 8 | 应急预案演练结束后，企业应急预案演练组织单位应当对应急预案演练效果进行评估，撰写应急预案演练评估报告，分析存在的问题，并对应急预案提出修订意见。 | 《生产安全事故应急预案管理办法》(国家安全监管总局令88号)第三十四条 |
| 9 | 企业应采取各种措施，保证从业人员具备必要的应急知识，掌握风险防范技能和事故应急措施。 | 《生产安全事故应急条例》(国务院令第708号)第十五条 |

| 序号 | 排查内容 | 排查依据 |
|---|---|---|
| \(二\) 应急器材和设施 | | |
| 1 | 企业应制定应急器材管理与维护保养制度。 | 《危险化学品单位应急救援物资配备标准》（GB 30077—2013）第9.1条 |
| 2 | 企业应建立应急器材台账、维护保养记录，按照制度要求定期检查应急器材。 | 《危险化学品单位应急救援物资配备标准》（GB 30077—2013）第9.1、9.3条 |
| 3 | 企业应在有毒有害岗位配备应急器材柜（气防柜），设置与柜内器材相符的应急器材清单。应急器材完好有效。 | 《危险化学品单位应急救援物资配备标准》（GB 30077—2013）第9.1、9.3条 |
| 4 | 企业存在可燃、有毒气体的区域应配备便携式检测仪，并定期检定。 | 《危险化学品单位应急救援物资配备标准》（GB 30077—2013）第9.3条《可燃气体检测报警器》（JJG 693—2011）第5.5条 |
| 5 | 石油化工企业的生产区、公用及辅助生产设施、全厂性重要设施和区域性重要设施的火灾危险场所应设置火灾自动报警系统和火灾电话报警。 | 《石油化工企业设计防火标准（2018 年版）》（GB 50160—2008）第8.12.1条 |
| 6 | 消防控制室、消防水泵房、自备发电机房、配电室、防排烟机房以及发生火灾时仍需正常工作的消防设备房应设置备用照明，其作业面的最低照度不应低于正常照明的照度。 | 《建筑设计防火规范（2018 版）》（GB 50016—2014）第10.3.3条 |
| 7 | 消防水泵房及其配电室的消防应急照明采用蓄电池作备用电源时，其连续供电时间不应少于3h。 | 《石油化工企业设计防火标准（2018 年版）》（GB 50160—2008）第9.1.2条 |
| \(三\) 消防安全 | | |
| 1 | 企业消防道路应畅通无阻，满足消防车辆通行；可燃液体罐组、可燃液体储罐区、可燃气体储罐区、装卸区及化学危险品仓库区应按照要求设置环形消防车道。 | 《石油化工企业设计防火标准（2018 年版）》（GB 50160—2008）第4.3.4条 |
| 2 | 厂区消防车道净宽度、净空高度应满足消防救援要求。 | 《石油化工企业设计防火标准（2018 年版）》（GB 50160—2008）第4.3.4条《化工企业总图运输设计规范》（GB 50489—2009） |

| 序号 | 排查内容 | 排查依据 |
|---|---|---|
| 3 | 储罐区消防栓供水压力应正常,满足消防要求;设置稳高压消防给水系统的,其管网压力宜为0.7~1.2MPa。 | 《石油化工企业设计防火标准(2018年版)》(GB 50160—2008)第8.5.1条 |
| 4 | 消防水泵、稳压泵应分别设置备用泵。 | 《石油化工企业设计防火标准(2018年版)》(GB 50160—2008)第8.3.6条 |
| 5 | 消防水泵的主泵应采用电动泵,备用泵应采用柴油机泵,且应按100%备用能力设置,柴油机的油料储备量应能满足机组连续运转6h的要求。 | 《石油化工企业设计防火标准(2018年版)》(GB 50160—2008)第8.3.8条 |
| 6 | 消防栓(炮)是否满足下列要求:<br>1. 消防栓有编号,开启灵活,出水正常,排水良好,出水口扣盖、橡胶垫圈齐全完好;<br>2. 消防栓阀门井完好,防冻措施到位;<br>3. 消防炮完好无损、无泄漏,防冻措施落实;消防炮阀门及转向齿轮灵活,润滑无锈蚀现象。 | 《消防给水及消火栓系统技术规范》(GB 50974—2014)第13.2.13条 |
| 7 | 消防器材应满足下列要求:<br>1. 消防柜内器材配备齐全,附件完好无损;<br>2. 有专人负责定期检查灭火器材,药剂定期更换,有更换记录和有效期标签。 | 《危险化学品单位应急救援物资配备标准》(GB 30077—2013)第9.3条<br>《建筑灭火器配置验收及检查规范》(GB 50444—2008)第5.2.3条 |
| 8 | 泡沫及水幕系统应满足下列要求:<br>1. 泡沫发生系统保持完好,零部件齐全,随时保持备用状态;泡沫液定期更换,有记录;<br>2. 消防水幕、喷淋、蒸汽等消防设施完好,能随时投用,定期试验。 | 《泡沫灭火系统设计规范》(GB 50151—2010) |
| 9 | 可燃液体地上立式储罐应设固定或移动式消防冷却水系统,罐壁高于17m储罐、容积等于或大于10000m³储罐、容积等于或大于2000m³低压储罐应设置固定式消防冷却水系统。 | 《石油化工企业设计防火标准(2018年版)》(GB 50160—2008)第8.4.5条 |
| 10 | 全压力式及半冷冻式液化烃储罐采用的消防设施应符合下列规定:<br>1. 当单罐容积等于或大于1000m³时,应采用固定式水喷雾(水喷淋)系统及移动消防冷却水系统;<br>2. 当单罐容积大于100m³,且小于1000m³时,应采用固定式水喷雾(水喷淋)系统和移动式消防冷却系统或固定式水炮和移动式消防冷却系统;<br>3. 当单罐容积小于或等于100m³时,可采用移动式消防冷却水系统。 | 《石油化工企业设计防火标准(2018年版)》(GB 50160—2008)第8.10.2条 |

| 序号 | 排查内容 | 排查依据 |
|---|---|---|
| 11 | 全压力式、半冷冻式液化烃球罐固定式消防冷却水管道的控制阀应处于罐区防火堤外，距被保护罐壁不宜小于15m。可燃液体立式储罐的固定消防冷却水系统（水喷淋或水喷雾系统）的控制阀门应设在防火堤外，且距被保护罐壁不宜小于15m。 | 《石油化工企业设计防火标准（2018年版）》（GB 50160—2008）第8.10.10、8.4.5条 |
| 12 | 生产污水管道的下列部位应设水封，水封高度不得小于250mm：<br>1. 工艺装置内的塔、加热炉、泵、冷换设备等区围堰的排水出口；<br>2. 工艺装置、罐组或其他设施及建筑物、构筑物、管沟等的排水出口；<br>3. 全厂性的支干管与干管交汇处的支干管上；<br>4. 全厂性支干管、干管的管段长度超过300m时，应用水封井隔开。 | 《石油化工企业设计防火标准（2018年版）》（GB 50160—2008）第7.3条 |

## 9 重点危险化学品特殊管控安全风险隐患排查表

| 序号 | 排查内容 | 排查依据 |
|---|---|---|
| | （一）液化烃 | |
| 1 | 液化烃储罐的储存系数不应大于0.9。 | 《石油化工企业设计防火标准（2018版）》（GB 50160—2008）第6.3.9条 |
| 2 | 全冷冻式液化烃储罐应设真空泄放设施和高、低温温度检测，并与自动控制系统相连。 | 《石油化工企业设计防火标准（2018版）》（GB 50160—2008）第6.3.11条 |
| 3 | 液化烃汽车装卸时严禁就地排放。 | 《石油化工企业设计防火标准（2018版）》（GB 50160—2008）第6.4.3条 |
| 4 | 液化石油气实瓶不应露天堆放。 | 《石油化工企业设计防火标准（2018版）》（GB 50160—2008）第6.5.5条 |
| 5 | 液化烃管道不得采用金属软管。 | 《石油化工企业设计防火标准（2018版）》（GB 50160—2008）第7.2.18条 |
| 6 | 液化烃储罐底部的液化烃出入口管道应设可远程操作的紧急切断阀，紧急切断阀的执行机构应有故障安全保障的措施。 | 《石油化工储运系统罐区设计规范》（SH/T 3007—2014）第6.4.1条 |

| 序号 | 排查内容 | 排查依据 |
|---|---|---|
| 7 | 液化天然气储罐拦蓄区禁止设置封闭式 LNG 排放沟。 | 《液化天然气(LNG)生产、储存和装运》(GB/T 20368—2012)第 5.2.2.3 条 |
| 8 | 液化天然气储罐应配备 2 套独立的液位计,液位计应能适应液体密度的变化。 | 《液化天然气(LNG)生产、储存和装运》(GB/T 20368—2012)第 10.1.1.1 条 |
| 9 | 液化烃球形储罐,其法兰应采用带颈对焊钢制突面或凹凸面管法兰;垫片应采用带内外加强环型(对应于突面法兰)或内加强环型(对应于凹凸面法兰)缠绕式垫片;紧固件采用等长或通丝型螺柱、厚六角螺母。 | 《石油化工液化烃球形储罐设计规范》(SH 3136—2003)第 4.4.4 条 |
| 10 | 液化烃球形储罐本体应设就地和远传温度计,并应保证在最低液位时能测液相的温度而且便于观测和维护。 | 《石油化工液化烃球形储罐设计规范》(SH 3136—2003)第 5.1 条 |
| 11 | 液化烃球形储罐应设就地和远传的液位计,但不宜选用玻璃板液位计。 | 《石油化工液化烃球形储罐设计规范》(SH 3136—2003)第 5.3.1 条 |
| 12 | 液化石油气球罐上的阀门的设计压力不应小于 2.5MPa。 | 《石油化工液化烃球形储罐设计规范》(SH 3136—2003)第 6 条 |
| 13 | **丙烯、丙烷、混合 C_4、抽余 C_4 及液化石油气的球形储罐应采取防止液化烃泄漏的注水措施。注水压力应能满足需要。** | 《石油化工液化烃球形储罐设计规范》(SH 3136—2003)第 7.4 条 |
| 14 | 丁二烯球形储罐应采取以下措施:<br>1. 设置氮封系统;<br>2. 储存周期在两周以下时,应设置水喷淋冷却系统;储存周期在两周以上时,应设置冷冻循环系统和阻聚剂添加系统;<br>3. 丁二烯球形储罐安全阀出口管道应设氮气吹扫。 | 《石油化工液化烃球形储罐设计规范》(SH 3136—2003)第 8.5 条 |
| 15 | 全压力式液化烃储罐宜采用有防冻措施的二次脱水系统,储罐根部宜设紧急切断阀。 | 《石油化工企业设计防火标准(2018 版)》(GB 50160—2008)第 6.3.14 条 |
| 16 | **液化烃的充装应使用万向管道充装系统。** | 《首批重点监管的危险化学品安全措施和事故应急处置原则》(安监总厅管三〔2011〕142 号) |

| 序号 | 排查内容 | 排查依据 |
|---|---|---|
| 17 | 液化烃充装车过程中，应设专人在车辆紧急切断装置处值守，确保可随时处置紧急情况。 | |
| | （二）液氨 | |
| 1 | 液氨储罐的储存系数不应大于0.9。 | 《石油化工企业设计防火标准（2018版）》（GB 50160—2008）第6.3.9条 |
| 2 | 液氨的实瓶不应露天堆放。 | 《石油化工企业设计防火标准（2018版）》（GB 50160—2008）第6.5.5条 |
| 3 | 氨的安全阀排放气应经处理后排放。 | 《石油化工企业设计防火标准》（2018年版）（GB 50160—2008）第5.5.10条 |
| 4 | 超过100m³的液氨储罐应设双安全阀，安全阀排气应引至回收系统或火炬排放燃烧系统。 | 《合成氨生产企业安全标准化实施指南》（AQ/T 3017—2008）第5.5.4.6条 |
| 5 | 液氨储罐进出口管线应设置双切断阀，其中一只出口切断阀为紧急切断阀。 | 《合成氨生产企业安全标准化实施指南》（AQ/T 3017—2008）第5.5.4.6条 |
| 6 | **液氨充装时，应使用万向节管道充装系统。** | 《首批重点监管的危险化学品安全措施和事故应急处置原则》（安监总厅管三〔2011〕142号） |
| 7 | 液氨管道不得采用金属软管。 | 《石油化工企业设计防火标准（2018版）》（GB 50160—2008）第7.2.18条 |
| | （三）液氯 | |
| 1 | 液氯气瓶充装厂房、液氯重瓶库宜采用密闭结构，多点配备可移动式非金属软管吸风罩，软管半径覆盖密闭结构厂房、库房内的设备、管道和液氯重瓶堆放范围。 | 《关于氯气安全设施和应急技术的指导意见》（中国氯碱工业协会〔2010〕协字第070号）第二条 |
| 2 | 若采用半敞开式厂房，必须在充装场所配备二个以上移动式真空吸收软管，并与事故氯吸收装置相连。 | 《关于氯气安全设施和应急技术的补充指导意见》（中国氯碱工业协会〔2012〕协字第012号） |
| 3 | 工作场所应设置事故通风装置及与通风系统相连锁的泄漏报警装置；通风装置的控制分别设置在室内、室外便于操作地点；排风口设置尽可能避免影响作业人员。 | 《氯职业危害防护导则》（GBZ/T 275—2016）第6.1.5条 |

| 序号 | 排查内容 | 排查依据 |
|---|---|---|
| 4 | 液氯汽化器、贮槽(罐)等设施设备的压力表、液位计、温度计,应装有带远传报警的安全装置。 | 《氯气安全规程》(GB 11984—2008)第 3.11D 条 |
| 5 | 液氯贮槽(罐)、计量槽、汽化器中液氯充装量不应大于容器容积的 80%;液氯充装结束,应采取措施,防止管道处于满液封闭状态。 | 《氯气安全规程》(GB 11984—2008)第 4.4 条 |
| 6 | 液氯汽化器、预冷器及热交换器等设备,应装有排污(NCl₃)装置和污物处理设施,并定期分析 NCl₃ 含量,排污物中 NCl₃ 含量不应大于 60g/L,否则需增加排污次数和排污量,并加强监测。 | 《氯气安全规程》(GB 11984—2008)第 4.6 条 |
| 7 | 禁止液氯>1000kg 的容器直接液氯汽化,禁止液氯贮槽(罐)、罐车或半挂车槽罐直接作为液氯汽化器使用。 | 《关于氯气安全设施和应急技术的指导意见》(中国氯碱工业协会〔2010〕协字第 070 号)第三条 |
| 8 | 使用氯气作为生产原料时,宜使用盘管式或套管式汽化器的液氯全汽化工艺,液氯汽化温度不得低于 71℃,建议热水控制温度 75～85℃;采用特种汽化器(蒸汽加热),温度不得大于 121℃,汽化压力与进料调节阀联锁控制,汽化温度与蒸汽调节阀联锁控制。 | 《关于氯气安全设施和应急技术的指导意见》(中国氯碱工业协会〔2010〕协字第 070 号)第三条 |
| 9 | 缓冲罐底设有排污口,应定期排污,排污口接至碱液吸收池。 | 《关于氯气安全设施和应急技术的指导意见》(中国氯碱工业协会〔2010〕协字第 070 号)第三条 |
| 10 | 液氯贮槽(罐)厂房应采用密闭结构,建构筑物设计或改造应防腐蚀;有条件时把厂房密闭结构扩大至液氯接卸作业区域;厂房密闭化同时配备事故氯处理装置。 | 《关于氯气安全设施和应急技术的指导意见》(中国氯碱工业协会〔2010〕协字第 070 号)第一条 |
| 11 | 大贮量液氯贮槽(罐),其液氯出口管道,应装设柔性连接或者弹簧支吊架,防止因基础下沉引起安装应力。 | 《氯气安全规程》(GB 11984—2008)第 7.2.2 条 |
| 12 | 地上液氯贮槽(罐)区地面应低于周围地面 0.3～0.5m 或在贮存区周边设 0.3～0.5m 的事故围堰。 | 《氯气安全规程》(GB 11984—2008)第 7.2.4 条 |
| 13 | 液氯贮槽(罐)液面计应采用两种不同方式,采用现场显示和远传液位显示仪表各一套,远传仪表宜采用罐外测量的外测式液位计。 | 《关于氯气安全设施和应急技术的指导意见》(中国氯碱工业协会〔2010〕协字第 070 号)第一条 |

| 序号 | 排查内容 | 排查依据 |
|---|---|---|
| 14 | 液氯贮槽(罐)的就地液位指示,不得选用玻璃板液位计。 | 《自动化仪表选型设计规范》(HG/T 20507—2014)第7.2.2条 |
| 15 | **液氯充装应使用万向管道充装系统。** | 《首批重点监管的危险化学品安全措施和事故应急处置原则》(安监总厅管三〔2011〕142号) |
| 16 | 充装量为50kg和100kg的气瓶,使用时应直立放置,并有防倾倒措施;充装量为500kg和1000kg的气瓶,使用时应卧式放置,并牢靠定位。 | 《氯气安全规程》(GB 11984—2008)第6.1.3条 |
| 17 | 使用气瓶时,应有称重衡器;使用前和使用后均应登记重量,瓶内液氯不能用尽。 | 《氯气安全规程》(GB 11984—2008)第6.1.4条 |
| 18 | 液氯的实瓶不应露天堆放。 | 《石油化工企业设计防火标准(2018版)》(GB 50160—2008)第6.5.5条 |
| 19 | 在液氯泄漏时应禁止直接向罐体喷水,应将泄漏点朝上(气相泄漏位置),宜采用专用工具堵漏,并将液氯瓶阀液相管抽液氯或紧急使用。 | 《关于氯气安全设施和应急技术的指导意见》(中国氯碱工业协会〔2010〕协字第070号)第四条 |
| 20 | 液氯仓库必须设置事故氯吸收(塔)装置,具备24小时连续运行的能力,并与电解故障停车、动力电失电联锁控制;至少满足紧急情况下处理能力,吸收液循环槽具备切换、备用和配液的条件,保证热备状态或有效运行。 | 《关于氯气安全设施和应急技术的指导意见》(中国氯碱工业协会〔2010〕协字第070号)第四条 |
| 21 | 液氯储存应至少配备一台体积最大的液氯槽(罐)作为事故液氯应急备用受槽(罐)。 | 《氯气职业危害防护导则》(GBZ/T 275—2016)第6.2.2.1条 |
| 22 | 在液氯贮槽(罐)周围地面,设置地沟和事故池,地沟与事故池贯通并加盖栅板,事故池容积应足够;液氯贮槽(罐)泄漏时禁止直接向罐体喷淋水,可以在厂房、罐区围堰外围设置雾状水喷淋装置,喷淋水中可以适当加烧碱溶液,最大限度洗消氯气对空气的污染。 | 《关于氯气安全设施和应急技术的指导意见》(中国氯碱工业协会〔2010〕协字第070号)第四条 |
| 23 | 液氯储存、充装和气化岗位的作业人员应取得特殊作业人员资格证书。 | 《特种作业人员安全技术培训考核管理规定》(国家安全监管总局令第30号) |

| 序号 | 排查内容 | 排查依据 |
|---|---|---|
| 24 | **氯气管道禁止穿越除厂区(包括化工园区、工业园区)外的公共区域。** | 《化工和危险化学品生产经营单位重大生产安全事故隐患判定标准》(安监总管三〔2017〕121号) |
| 25 | 液氯管道不得采用金属软管。 | 《石油化工企业设计防火标准(2018 版)》(GB 50160—2008)第 7.2.18 条 |
| (四) 硝酸铵 | | |
| 1 | 硝酸铵生产、储存企业应按照 GB/T 37243 要求开展外部安全防护距离评估,确定外部安全防护距离满足根据 GB 36894 确定的个人风险基准的要求。 | 《危险化学品生产装置和储存设施外部安全防护距离》(GB/T 37243—2019)<br>《危险化学品生产装置和储存设施风险基准》(GB 36894—2018) |
| 2 | 禁止将油和氯离子带入硝酸铵溶液系统。 | 《首批重点监管的危险化学品安全措施和应急处置原则》(安监总厅管三〔2011〕142 号) |
| 3 | 硝酸铵贮存过程中,禁止混入下列物质:<br>1. 硫、磷、硝酸钠、亚硝酸钠及其还原类物质;<br>2. 硫酸、盐酸、硝酸等酸类物质;<br>3. 易燃物、可燃物;<br>4. 锌、铜、镍、铅、锑、镉等活性金属。 | |
| 4 | 硝酸铵溶液的贮存罐区应设独立罐区,单个罐区存量最高不超 1000m³,单个储罐最大储量不超 200m³。 | |
| 5 | 硝酸铵溶液储罐所有材质应选用不低于 SUS304 标准的不锈钢。 | |
| 6 | 硝酸铵溶液罐区上方及地下严禁有其他油、燃气等无关物料管线通过。 | |
| 7 | 硝酸铵储存搬运时禁止震动、撞击和摩擦。 | 《首批重点监管的危险化学品安全措施和应急处置原则》(安监总厅管三〔2011〕142 号) |
| 8 | 硝酸铵应设置独立的贮存设施,包括专用仓库、临时堆场。 | |

| 序号 | 排查内容 | 排查依据 |
|---|---|---|
| 9 | 硝酸铵仓库的墙、柱、梁、楼板、屋顶等库内建筑构件必须采用不燃性材料建造。 | 《石油化工企业设计防火标准（2018版）》（GB 50160—2008）第6.6.5条 |
| 10 | 进入硝酸铵仓库作业的机动车应加装阻火器，电瓶车应为防爆型。 | |
| （五）光气 | | |
| 1 | **光气管道严禁穿越除厂区(包括化工园区、工业园区)外的公共区域。** | 《化工和危险化学品生产经营单位重大生产安全事故隐患判定标准》（安监总管三〔2017〕121号） |
| 2 | 光气及光气化生产装置的安全防护距离应满足GB 19041要求。 | 《光气及光气化产品生产安全规程》（GB 19041—2003）第4.2.1条 |
| 3 | 光气及光气化生产装置应集中布置在厂区的下风侧并自成独立生产区，该装置与厂围墙的距离不应小于100m。 | 《光气及光气化产品生产安全规程》（GB 19041—2003）第4.2.3条 |
| 4 | 光气合成过程中一氧化碳的含水量不宜大于50mg/m³，氯气含水量不宜大于50mg/m³。 | 《光气及光气化产品生产安全规程》（GB 19041—2003）第5.1.1条 |
| 5 | 含光气物料管道应采用无缝钢管，管道连接应采用对焊焊接，严禁采用丝扣连接。 | 《光气及光气化产品生产安全规程》（GB 19041—2003）第6.2条 |
| 6 | 光气及光气化装置应设置隔离操作室。 | 《光气及光气化产品生产安全规程》（GB 19041—2003）第7.2条 |
| 7 | 光气及光气化产品生产装置的供电应设有双电源，紧急停车系统、尾气破坏处理系统应配备柴油发电机，要求在30s内自动启动供电。 | 《光气及光气化产品生产安全规程》（GB 19041—2003）第10.1条 |
| 8 | 光气及光气化产品生产装置应设置化工安全仪表系统(SIS)。 | |
| 9 | 封闭式光气及光气化产品生产厂房应设机械排气系统，重要设备如光气化反应器等，宜设局部排风罩，排气必须接入应急破坏处理系统。 | 《光气及光气化产品生产安全规程》（GB 19041—2003）第11.3条 |

| 序号 | 排查内容 | 排查依据 |
|---|---|---|
| 10 | 敞开式厂房应在可能泄漏光气部位设置可移动式弹性软管负压排气系统，将有毒气体送至破坏处理系统。 | 《光气及光气化产品生产安全规程》（GB 19041—2003）第11.4条 |
| 11 | 进入光气生产装置时，员工应使用企业指定的防护服装和装备，包括佩戴的光气指示牌（上面标有员工的姓名和日期）；同时应随身佩戴逃生器具（只用于需要撤离装置的紧急情况，不能够替代在装置内作业时使用的空气呼吸器），并检查逃生器具是否处于良好状态（如滤芯的有效期日期）。 | 《国家安全监管总局办公厅关于印发光气及光气化产品安全生产管理指南的通知》（安监总厅管三〔2014〕104号）第6.6.1.1条 |
| | （六）氯乙烯 | |
| 1 | 氯乙烯生产企业应制定氯乙烯精馏和废碱液系统的液体氯乙烯排放回收至气柜的管理制度和管控措施。 | |
| 2 | 氯乙烯生产企业应确保精馏三塔的平稳运行，不得停运精馏三塔、直接用高沸物储罐进行氯乙烯的加热回收。 | |
| 3 | 氯乙烯生产企业应对气柜进出口管道、气柜进口气水分离罐设置伴热并保温，确保氯乙烯、二氯乙烷不会在管道内因低温液化积累；气柜进口气水分离罐应设置远传液位计，及时发现并处理液相物料积累。 | |
| 4 | 氯乙烯生产企业应严格下水管网安全管理，建立完善下水管网管理制度，明确责任人员，定期对下水管网内可燃、有毒气体进行监测，保证下水管网运行安全，严禁物料泄漏后或事故救援过程中带有化工物料的污水排出厂外，进入市政管网。 | |
| 5 | 液体氯乙烯不应直接通入气柜。 | 《电石乙炔法生产氯乙烯安全技术规程》（GB 14544—2008）第6.5.4条 |
| 6 | 氯乙烯气柜进出总管应设置压力和柜位检测，DCS指示、报警、联锁，记录保持时间不低于3个月。气柜压力和柜位联锁应设置高高或低低的三选二联锁动作。 | |

| 序号 | 排查内容 | 排查依据 |
|---|---|---|
| 7 | 气柜的合成氯乙烯管道和聚合回收氯乙烯入口管应分开设置，出入口管道最低处应设排水器。 | 《电石乙炔法生产氯乙烯安全技术规程》（GB 14544—2008）第6.5.4条 |
| 8 | 氯乙烯气柜应有容积指示装置，允许容积为全容积的20%~75%，雷雨或七级以上大风天气使用容积不应超过全容积的60%。 | |
| 9 | 氯乙烯气柜应定期检维修，应编制检维修方案并建立检维修记录。 | |
| 10 | 气柜水槽补水管线应为常开溢流，并对溢流水进行收集处理，严禁直接排至下水系统，宜采用回收曝气检测合格后外排或循环使用。 | |
| 11 | 氯乙烯气柜的进出口管道应设远程紧急切断阀。 | |
| 12 | 氯乙烯单体储罐应设置注水设施。 | |
| 13 | 氯乙烯应与氧化剂分应开存放。 | 《首批重点监管的危险化学品安全措施和应急处置原则》（安监总厅管三〔2011〕142号） |
| 14 | 氯乙烯贮存时应注意容器的密闭和氮封，并添加少量阻聚剂。 | 《首批重点监管的危险化学品安全措施和应急处置原则》（安监总厅管三〔2011〕142号） |
| | （七）硝化工艺 | |
| 1 | 硝化控制室应设置在远离硝化车间的安全地带，在采用远程DCS控制基础上、采用远程视频监管、在线检测、设备故障自诊断等技术措施，减少现场常驻操作人员数量和工作时间。 | |
| 2 | 硝化工艺应实现自动化控制系统，并设置安全联锁；结合各种异常工况，计算工艺控制要求最大允许流量和时段累积量，设置固定的不可超调的限流措施。 | |
| 3 | 半间歇、连续化硝化工艺等要严控加料配比的可靠性；设置滴加物料管道视镜(设置远程视频监控)。 | |
| 4 | 应严格控制硝化反应温度上下限，禁止温度超限特别是超下限状态，避免物料累积、反应滞后引发的过程失控；硝化釜中设置双温度计，确保温度测量的可靠性。 | |

| 序号 | 排查内容 | 排查依据 |
|---|---|---|
| 5 | 硝化釜内有易燃易爆介质时，应采用氮气等保护措施。 | |
| 6 | 在发生事故会有相互影响的硝化釜与硝化釜、硝化物贮槽等设施之间，应增设应急自动隔断阀（隔离措施），防止事故扩大化。 | |
| 7 | 硝化工艺设置的紧急排放收集系统，应有控制紧急排放物料安全收集存放的措施，以防发生次生事故；根据工艺控制难易和物料危险性等特点，合理设置硝化系统的泄爆方式，减少对周围的建筑和人员的伤害。 | |
| 8 | 硝化车间应设置有效的防火防爆隔离措施，减少车间内不同工艺间的相互影响。 | |

注：黑体字部分为构成重大隐患的条款。

# 附录 2 《导则》引用的部门规章及标准规范

(1)《安全生产法》(国家主席令第十三号)

(2)《危险化学品安全管理条例》(国务院令第 591 号)

(3)《生产安全事故应急条例》(国务院令第 708 号)

(4)《生产经营单位安全培训规定》(国家安全监管总局令第 3 号)

(5)《注册安全工程师管理规定》(国家安全监管总局令第 11 号)

(6)《特种作业人员安全技术培训考核管理规定》(国家安全监管总局令第 30 号)

(7)《危险化学品重大危险源监督管理暂行规定》(国家安全监管总局令第 40 号)

(8)《危险化学品生产企业安全生产许可证实施办法》(国家安全生产监管总局令第 41 号)

(9)《危险化学品建设项目安全监督管理办法》(国家安全监管总局令第 45 号)

(10)《生产安全事故应急预案管理办法》(国家安全监管总局令第 88 号)

(11)《关于公布〈第二批重点监管危险化工工艺目录和调整首批重点监管危险化工工艺中部分典型工艺〉的通知》的实施意见》(安监总管三〔2013〕3 号 )

(12)《关于加强化工过程安全管理的指导意见》(安监总管三〔2013〕88 号)

(13)《关于公布〈首批重点监管的危险化工工艺目录〉的通知》(安监总管三〔2009〕116 号)

(14)《关于进一步加强危险化学品建设项目安全设计管理的通知》(安监总管三〔2013〕76 号)

(15)《关于开展提升危险化学品领域本质安全水平专项行动的通知》(安监总管三〔2012〕87 号)

(16)《关于全面加强企业全员安全生产责任制工作的通知》(安委办〔2017〕29 号)

(17)《关于危险化学品企业贯彻落实〈国务院关于进一步加强企业安全生产工作的通知〉的实施意见》(安监总管三〔2010〕186 号 )

(18)《关于印发〈淘汰落后安全技术装备目录(2015 年第一批)〉的通知》(安监总科技〔2015〕75 号)

(19)《关于印发〈光气及光气化产品安全生产管理指南〉的通知》(安监总厅管三〔2014〕104 号)

（20）《关于加强化工安全仪表系统管理的指导意见》（安监总管三〔2014〕116号）

（21）《关于加强化工企业泄漏管理的指导意见》（安监总管三〔2014〕94号）

（22）《关于加强精细化工反应安全风险评估工作的指导意见》（安监总管三〔2017〕1号）

（23）《关于进一步加强化学品罐区安全管理的通知》（安监总管三〔2014〕68号）

（24）《关于印发〈危险化学品从业单位安全生产标准化评审标准〉的通知》（安监总管三〔2011〕93号）

（25）《关于印发〈化工（危险化学品）企业安全检查重点指导目录〉的通知》（安监总管三〔2015〕113号）

（26）《关于进一步严格危险化学品和化工企业安全生产监督管理的通知》（安监总管三〔2014〕46号）

（27）《关于印发〈化工（危险化学品）企业保障生产安全十条规定〉〈烟花爆竹企业保障生产安全十条规定〉和〈油气罐区防火防爆十条规定〉的通知》（安监总政法〔2017〕15号）

（28）《关于印发〈化工和危险化学品生产经营单位重大生产安全事故隐患判定标准（试行）〉和〈烟花爆竹生产经营单位重大生产安全事故隐患判定标准（试行）〉的通知》（安监总管三〔2017〕121号）

（29）《企业安全生产费用提取和使用管理办法》（财企〔2012〕16号）

（30）《关于印发〈首批重点监管的危险化学品安全措施和应急处置原则〉的通知》（安监总厅管三〔2011〕142号）

（31）《关于印发〈淘汰落后安全技术工艺、设备目录（2016年）〉的通知》（安监总科技〔2016〕137号）

（32）《应急管理部关于全面实施危险化学品企业安全风险研判与承诺公告制度的通知》（应急〔2018〕74号）

（33）《中共中央 国务院关于推进安全生产领域改革发展的意见》（中发〔2016〕32号）

（34）《国务院安委会办公室关于全面加强企业全员安全生产责任制工作的通知》（安委办〔2017〕29号）

（35）《国务院安委会办公室关于山东临沂金誉石化有限公司"6·5"爆炸着火事故情况的通报》（安委办〔2017〕19号）

（36）《国务院安委会办公室关于实施遏制重特大事故工作指南 构建双重预防机制的意见》（安委办〔2016〕11号）

(37)《关于氯气安全设施和应急技术的指导意见》(中国氯碱工业协会〔2010〕协字第070号)

(38)《氯气安全规程》(GB 11984—2008)

(39)《电石乙炔法生产氯乙烯安全技术规程》(GB 14544—2008)

(40)《深度冷冻法生产氧气及相关气体安全技术规程》(GB 16912—2008)

(41)《易燃易爆性商品储存养护技术条件》(GB 17914—2013)

(42)《危险化学品经营企业安全技术基本要求》(GB 18265—2019)

(43)《光气及光气化产品生产安全规程》(GB 19041—2003)

(44)《生产经营单位安全生产事故应急预案编制导则》(GB 29639—2013)

(45)《危险化学品单位应急救援物资配备标准》(GB 30077—2013)

(46)《化学品生产单位特殊作业安全规范》(GB 30871—2014)

(47)《危险化学品生产装置和储存设施风险基准》(GB 36894—2018)

(48)《建筑设计防火规范(2018年版)》(GB 50016—2014)

(49)《氧气站设计规范》(GB 50030—2013)

(50)《供配电系统设计规范》(GB 50052—2009)

(51)《爆炸危险环境电力装置设计规范》(GB 50058—2014)

(52)《石油库设计规范》(GB 50074—2014)

(53)《自动化仪表工程施工及质量验收规范》(GB 50093—2013)

(54)《泡沫灭火系统设计规范》(GB 50151—2010)

(55)《石油化工企业设计防火标准(2018年版)》(GB 50160—2008)

(56)《电气装置安装工程 接地装置施工及验收规范》(GB 50169—2016)

(57)《石油天然气工程设计防火规范》(GB 50183—2004)

(58)《建设工程施工现场供用电安全规范》(GB 50194—2014)

(59)《电力工程电缆设计标准》(GB 50217—2018)

(60)《工业金属管道工程施工规范》(GB 50235—2010)

(61)《储罐区防火堤设计规范》(GB 50351—2014)

(62)《建筑灭火器配置验收及检查规范》(GB 50444—2008)

(63)《化工企业总图运输设计规范》(GB 50489—2009)

(64)《石油化工可燃气体和有毒气体检测报警设计规范》(GB 50493—2019)

(65)《石油化工控制室抗爆设计规范》(GB 50779—2012)

(66)《消防给水及消火栓系统技术规范》(GB 50974—2014)

(67)《机械安全 防止意外启动》(GB/T 19670—2005)

(68)《液化天然气(LNG)生产、储存和装运》(GB/T 20368—2012)

(69)《企业安全生产标准化基本规范》(GB/T 33000—2016)

（70）《工业自动化和控制系统网络安全 集散控制系统（DCS）第2部分：管理要求》（GB/T 33009.2—2016）

（71）《危险化学品生产装置和储存设施外部安全防护距离》（GB/T 37243—2019）

（72）《氯气职业危害防护导则》（GBZ/T 275—2016）

（73）《危险化学品从业单位安全生产标准化通用规范》（AQ 3013—2008）

（74）《危险化学品重大危险源罐区现场安全监控装备设置规范》（AQ 3036—2010）

（75）《合成氨生产企业安全标准化实施指南》（AQ/T 3017—2008）

（76）《化工企业工艺安全管理实施导则》（AQ/T 3034—2010）

（77）《化工企业安全卫生设计规范》（HG 20571—2014）

（78）《自动化仪表选型设计规范》（HG/T 20507—2014）

（79）《仪表供电设计规范》（HG/T 20509—2014）

（80）《仪表供气设计规范》（HG/T 20510—2014）

（81）《信号报警及联锁系统设计规范》（HG/T 20511—2014）

（82）《仪表系统接地设计规范》（HG/T 20513—2014）

（83）《可燃气体检测报警器》（JJG 693—2011）

（84）《石油化工自动化仪表选型设计规范》（SH/T 3005—2016）

（85）《石油化工储运系统罐区设计规范》（SH/T 3007—2014）

（86）《石油化工可燃性气体排放系统设计规范》（SH 3009—2013）

（87）《石油化工金属管道布置设计规范》（SH/T 3012—2011）

（88）《石油化工仪表管道线路设计规范》（SH/T 3019—2016）

（89）《石油化工仪表供气设计规范》（SH/T 3020—2013）

（90）《石油化工仪表接地设计规范》（SH/T 3081—2003）

（91）《石油化工静电接地设计规范》（SH/T 3097—2019）

（92）《石油化工企业氮氧系统设计规范》（SH/T 3106—2019）

（93）《石油化工液化烃球形储罐设计规范》（SH/T 3136—2003）

（94）《固定式压力容器安全技术监察规程》（TSG 21—2016）

（95）《安全阀安全技术监察规程》（TSG ZF001—2006）

（96）《危险与可操作性分析质量控制与审查导则》（T/CCSAS 001—2018）

（97）《石油化工密闭采样安全要求》（T/CCSAS 003—2019）

# 附录3 相关案例

## 江苏盐城响水"3·21"事故

**关键词：** 危险废物　自燃　落实主体责任　防控风险　强化监管

2019年3月21日14时48分许，位于江苏省盐城市响水县生态化工园区的天嘉宜化工有限公司(以下简称天嘉宜公司)发生特别重大爆炸事故，造成78人死亡、76人重伤，640人住院治疗，直接经济损失约19.86亿元。

事故直接原因：天嘉宜公司旧固废库内长期违法储存的硝化废料持续积热升温导致自燃，燃烧引发硝化废料爆炸。

事故暴露出以下问题：

(1) 地方政府安全发展理念不牢，红线意识不强；

(2) 安全生产责任制落实不到位；

(3) 政府部门防范化解重大风险不深入不具体，抓落实有很大差距；

(4) 有关部门落实安全生产职责不到位，造成监管脱节；

(5) 有关部门对非法违法行为打击不力，监管执法宽松软；

(6) 企业主体责任不落实，诚信缺失和违法违规问题突出；

(7) 化工园区发展无序，安全管理问题突出；

(8) 安全监管水平不适应化工行业快速发展需要。

建议措施：

(1) 把防控化解危险化学品安全风险作为大事来抓；

(2) 强化危险废物监管；

(3) 强化企业主体责任落实；

(4) 推动化工行业转型升级；

(5) 提升危险化学品安全监管能力。

## 衡水天润化工科技有限公司"11·19"中毒事故

**关键词：** 工业化生产　人员密集场所　事故事件管理　人员中毒

2016年9月，衡水天润化工科技有限公司按照某公司提供的设计草图，改造建设了噻唑烷合成装置。10月8日，开始进行噻唑烷工业化实验，11月19日1时20分，公司在实验生产噻唑烷过程中发生甲硫醇等有毒气体外泄，致使当班操作人员中毒，现场救援人员未采取防护措施盲目施救，造成事故扩大，导致3人死亡、2人受伤。

事故暴露出以下问题：

① 科学实验过程中缺少安全监管。工艺技术在公司实验室自主研发而来，未经安全论证就进行工业化实验。

② 公司对采用首次使用的技术，未进行风险分析，未采取有效的安全防护措施，未制定安全操作规程，盲目组织职工冒险作业。

③ 事故事件管理不到位。公司对发现的事故苗头不重视，未及时治理。噻唑烷试验岗位曾在2016年10月发生过操作人员中毒晕倒送医治疗，以及其他现场人员过敏等问题，企业未认真研究分析原因，没有采取相应防护措施，致使事故发生。

④ 试验现场人员过多。11月18日晚，夜班当班操作工共9人，其中噻唑烷生产实验现场就有7名操作工。

# 浙江华邦医药化工公司"1·3"较大爆炸火灾事故

**关键词：** 交接班　违反操作规程　风险评估　联锁　变更　精细化工　爆燃

2017年1月3日上午8时，浙江省台州临海市华邦医药化工有限公司2名当班操作工人在C$_4$车间二楼开始进行环合反应后的甲苯蒸馏操作；8时50分左右，环合反应釜爆炸并引起现场着火，产生浓烈黑烟，造成3人死亡。

事故直接原因：上一班员工由于在岗位上瞌睡，错过了投料时间，虽事后补加投料，但却未将投料时间变化，反应时间不满足工艺要求的情况向白班交接清楚。白班接班人员在环合反应不完全情况下，就开始进行甲苯的蒸馏回收，造成未反应完全的原料和产品发生分解产生大量气体，使釜内压力上升产生爆炸，反应釜内的易燃物料喷出着火。

事故暴露出企业在变更管理方面存在较大的问题，在对物料危险特性和反应安全风险不清楚的情况下，企业将加热方式擅自更改为蒸汽加热，违规使用蒸汽旁路通道，增加了超温的可能性。且没有安全操作规程，自动化控制系统未投用，致使反应釜温度和蒸汽联锁切断装置失去作用。

## 新疆宜化化工有限公司"2·12"电石炉喷料灼烫事故

关键词：设备带病运行　违章作业

2017年2月12日凌晨2时59分左右，新疆宜化化工有限公司发生电石炉喷料事故，造成2人死亡，3人重伤，5人轻伤。

事故直接原因：由于电石炉内水冷设备漏水，料面石灰遇水粉化板结，形成积水且料层透气性差，现场人员处理料层措施不当，积水与高温熔融电石发生剧烈反应，产生大量的可燃性气体（乙炔、一氧化碳、氢气、水煤气等）遇空气爆炸，引发电石炉喷料。

事故反映了企业对长期存在的事故隐患视而不见，麻木不仁，电石炉带病运行，炉内长期存在漏水的事故隐患，公司从未及时维修保养。

## 吉林省松原石油化工股份有限公司"2·17"爆炸事故

关键词：开车前确认　动火作业　交接班爆燃

2017年2月17日，吉林省松原石化有限公司江南厂区在对汽柴油改质联合装置酸性水罐实施动火作业过程中发生闪爆事故，造成3人死亡。

事故直接原因：事故企业春节后复工，组织新建装置试车，在未检测分析酸性水罐内可燃气体的情况下，在罐顶部进行气焊切割作业，引起酸性水罐内处于爆炸极限内的可燃气体（主要成分为氢气）闪爆。同时也与班组未严格执行交接班制度有关，2月13日零点班交接工作中，班长在交接班记录和汽改装置反应岗交接班记录中均未将酸性水流程投用操作内容进行交接。最后导致车间技术管理人员、岗位人员不知道酸性水流程已经投用，原料水罐存有易燃易爆介质。

## 安庆万华油品有限公司"4·2"较大爆燃事故

关键词：粉尘爆燃　非防爆电气

2017年4月2日13时许，安徽省安庆市大观经济开发区万华油品有限公司厂区内，盛铭公司组织8名工人，开始在烘干粉碎分装车间的东第二间粉碎分装一黑色物料。17时许，在重新启动粉碎机时，粉碎机下部突发爆燃，瞬间引燃操作面物料，火势迅速蔓延，引燃化工原料库物料，造成5人死亡、3人受伤。

事故暴露出企业非法出租给不具备安全生产条件的公司，非法组织生产。粉碎、收集、分装作业现场不具备安全生产条件，无除尘设施，导致可燃性粉尘积聚，使用非防爆电气产生电火花，引发可燃性粉尘爆燃。同时，由于车间布置不合规，生产组织安排不合理，应急处置能力差，导致事故扩大。

## 河南济源豫港（济源）焦化集团公司"4·28"较大爆炸事故

**关键词：动火作业　爆燃**

2017年4月28日上午，河南省济源市虎岭产业集聚区豫港（济源）焦化集团有限公司化产车间由于1号机械化澄清槽上部从下段冷凝液泵往槽区氨水管道泄漏严重，经车间研究决定当日进行维修。12时50分左右，车间副主任与安全员到澄清槽上巡视并用便携式可燃气体测定仪在澄清槽东侧观察口揭盖检测，没有发现异常，13时55分车间电工、维修工接焊机，14时左右安全员找值班长在动火证上签字；根据冷鼓操作室电脑记录，14时05分冷凝液槽液位开始上升；15时02分左右澄清槽上发生爆炸，导致澄清槽顶监护人、安全员、维修工等4人死亡。

初步分析事故直接原因是：事故发生部位为氨水澄清槽，其中有氨水、焦油，异常状态下还可能含有煤气。在12时50分，操作人员用便携式可燃气体测定仪在澄清槽东侧观察口揭盖检测，14时才签字动火作业。从时间上已经超过了规定要求。澄清槽上部有很多"里外通气"的地方，隔离措施不到位，最终焊渣引发爆炸。

## 山东临沂金誉石化有限公司"6·5"重大爆炸着火事故

**关键词：液化气　装卸作业　应急处置　爆燃**

2017年6月5日0时58分，山东省临沂金誉物流有限公司车辆驾驶员驾驶液化气运输罐车进入金誉石化有限公司厂区并停在10号卸车位准备卸车。驾驶员下车后先后将10号卸车位装卸臂气相、液相快接管口与车辆卸车口连接，并打开气相阀门对罐体进行加压，0时59分10秒，驾驶员把罐体液相阀门打开一半时，液相连接管口突然脱开，大量液化气喷出并急剧气化扩散。驾驶员及当班的金誉石化现场作业人员未能有效处置，致使液化气长时间泄漏，1时1分20秒发生爆炸，并造成事故车辆及其他车辆罐体相继爆炸，罐体残骸、飞火等飞溅物接连导致液化气球罐区、异辛烷罐区、废弃槽罐车、厂内管廊、控制室、值班室、化验室等区域先后起火燃烧。事故导致 10 人死亡、9 人受伤。

事故直接原因：肇事罐车驾驶员长途奔波、连续作业，在午夜进行液化气卸车作业时，没有严格执行卸车规程，出现严重操作失误，致使卸车臂快接接口与罐车液相卸料管未能可靠连接，在开启罐车液相球阀瞬间发生脱离，造成罐体内液化气大量泄漏。现场人员未能有效处置，泄漏后的液化气急剧气化，并迅速扩散，与空气形成爆炸性混合气体，遇到附近生产值班室内在用非防爆电气产生的电火花发生爆炸。

## 浙江林江化工股份有限公司"6·9"爆炸较大事故

**关键词：反应风险评估　精细化工　中试　爆燃**

2017 年 6 月 8 日，浙江杭州湾上虞经济技术开发区林江化工股份有限公司车间主任安排 4 名操作工在二号车间 215 反应釜使用二氯甲烷萃取前期反应生成的中间产品[1,4,5]氧二氮杂庚烷。晚 22 时 40 分左右，操作工开始用真空泵把萃取好的物料抽到 13 号水汽蒸馏釜中，开蒸汽升温以蒸馏去除物料中的溶剂二氯甲烷得到中间产品，同时通知 DCS 室配合车间对 13 号釜的温度、压力进行查看。23 时 30 分左右，釜温 42℃、压力 0.002MPa，开始出现馏分；2 时 16 分左右，DCS 显示温度、压力急剧上升，随即 13 号釜发生爆燃。

事故暴露出企业对精细化工新产品投用前未进行反应安全风险评估。中间产品[1,4,5]氧二氮杂庚烷，在 40℃以下已开始缓慢分解，随温度升高分解速度加快，至 130℃时剧烈分解，发生爆炸。企业在不掌握新产品及中间产品理化性质和反应安全风险的情况下，利用已停产的工业化设备进行新产品中试，依据 500mL 规模小试结果，就将中试规模放大至 1 万倍以上。在反应釜中进行水汽蒸馏操作时，夹套蒸汽加热造成局部高温，中间产品大量分解导致体系温度、压力急剧升高，最终发生爆燃事故。

## 九江之江化工有限公司"7·2"压力容器爆炸事故

**关键词：安全联锁　变更　设备完整性　压力容器爆炸**

2017 年 7 月 2 日凌晨，江西省九江市彭泽县矶山工业园区之江化工公司 7 号反应釜投料后，通蒸汽缓慢升温。至 7 时 20 分左右，升温至 163℃、压力 4.7MPa，关闭蒸汽，进入反应保温阶段。16 时 30 分，7 号反应釜安全阀第一次起跳。随后，车间主任到现场带领班长、机修人员进行紧急处置，打开保温层，用水冲淋反应釜上部进行降温，随后安全阀回座。17时左右，7号反应釜安全阀第二次起跳，几秒钟后发生爆炸，造成3人死亡、3人受伤。

初步分析事故直接原因是：胺化反应物料具有燃爆危险性，该工艺的操作模式为先升温到160℃后保温反应，由于反应釜体积较大，此时可认为体系进入绝热模式，反应放热全部用来升高体系温度。由于反应釜出现了冷却失效，大量热无法通过冷却介质移除，体系温度不断升高，公司违规停用了控制压力、温度的安全联锁装置，致使7#反应釜温度、压力的异常升高不能得到及时有效控制，超过了工艺要求的安全控制范围。对硝基苯胺为热不稳定物质，在高温下易发生分解，导致体系温度、压力的极速升高造成爆炸。

## 湖北大江化工集团有限公司"9·24"较大窒息事故

**关键词：** 特殊作业　人员窒息　违章作业

2017年9月24日9时30分左右，湖北省宜昌市宜都市大江化工集团有限公司维修工安排2名员工到1号熔硫的助滤槽安装硫黄潜泵、阀门和2组盘管的连接工作。上午将硫黄潜泵安装完成，下午1时30分上班后，将2组盘管接通，并安装阀门。下午4时10分左右用蒸汽试压时发现阀门处有漏点。4时30分左右，1名员工去紧漏汽的阀门处螺丝（离事故助滤槽大约10m远），当时监护人等3人均站在助滤槽顶部。该员工紧完螺丝后返回事发现场，未看见3人，立即走过去查看情况，发现3人均倒在助滤槽底部。随后，车间主任安排其他员工佩戴空气呼吸器将监护人等3人救出，后经抢救无效死亡。

初步分析事故原因是：在没有办理受限空间作业票证、没有通风置换、没有对槽内空气进行检测分析、没有采取任何个人防护措施的情况下，作业人员违章冒险进入1#助滤槽内进行检修作业，在发现槽内有人窒息后，又不佩戴个人防护用品盲目进行施救，导致事故扩大。

## 钟祥市金鹰能源科技公司"11·11"较大中毒事故

**关键词：** 人员中毒　特殊作业　应急处置　违章作业

2017年11月11日，钟祥市金鹰能源科技有限公司停产检修期间，合成车间2名员工在精脱硫塔D塔卸载活性炭的过程中发现塔底物料变少，系塔内隔网阻碍了活性炭的下流，其中1人上塔顶观察，不慎坠入塔内，5min后另一人发现其坠入塔内，于是呼救，该公司分管安全的副总经理等人随后赶到塔顶入塔施救，也中毒倒在塔内，3 人经救治无效死亡。

初步分析事直接原因为：维修人员未采取相应安全措施，在装填孔处向塔内探身瞭望时，因吸入有毒有害气体中毒坠入塔内，造成中毒，施救人员救人心切，在未注重自身安全防护的情况下，施救不当，致事故扩大。

## 大连西太平洋石油化工有限公司"11·18"中毒事故

**关键词：人员中毒　违章作业**

2017 年 11 月 18 日 19 时 13 分，大连西太平洋石油化工有限公司的承包商在清洗换热器管束时，发生中毒窒息事故，造成 3 人死亡，6 人受伤。

2017 年 10 月 16 日，大连西太公司拟对一台换热器进行清洗，18 日，9 名承包商作业人员进驻场地进行换热器清洗作业。约 18 时 30 分，项目负责人告诉作业人员可以直接将清洗剂倒在管束上。19 时左右，1 号槽清洗人员先行往管束上倒清洗剂，倒了约 2 桶清洗剂后，9 名作业人员相继被槽内产生的气味熏倒，导致作业负责人及 2 名作业人员死亡。

事故直接原因：作业人员在清洗换热器作业中，使用含盐酸的清洗剂，项目负责人违章指挥作业人员将清洗剂直接倒在含有硫化亚铁和二硫化亚铁污垢的管束上，反应释放出硫化氢气体，导致 9 人作业人员中毒。

## 乌鲁木齐石化公司"11·30"较大机械伤害事故

**关键词：检维修作业　确认　机械伤害**

2017 年 11 月 28 日，乌鲁木齐石化公司因油浆系统固含量偏高计划停车，对反再系统及油浆系统问题进行检修消缺。11 月 30 日白班 9 时 45 分交接班会上，夜班班长通报油浆系统泄压完毕，盲板安装完毕，车间领导进行了安全提示。11 月 30 日 11 时 6 分，现场作业 8 人对 E 2208/2 管箱螺栓进行拆除。施工至 12 时 20 分左右，该换热器管束与封头突然飞出，冲进约 25m 外的仓库内，换热器壳体在反向作用力下，向后移动约 8m。造成 3 名施工人员当场死亡，2 人送医院抢救无效死亡，周边 16 人因冲击受伤。

初步分析直接原因为：E 2208/2 检修前壳程蒸汽压力未泄放（从 DCS 历史趋势调查，检修时壳体压力 2.2MPa），换热器管箱螺栓拆除剩余至 5 根时，螺栓失效断裂，管箱及管束在蒸汽压力作用下，从壳体飞出，造成施工及周边人员伤亡。

# 江苏连云港聚鑫生物公司"12·9"重大爆炸事故

**关键词：** 变更　自动化控制　持证上岗　员工技能　爆燃

2017年12月9日凌晨2时20分左右，连云港聚鑫生物科技有限公司年产3000t间二氯苯装置发生爆炸，间二氯苯装置与其东侧相邻的3-苯甲酸装置整体坍塌，部分厂房坍塌、建筑物受损严重，造成10人死亡。

爆炸事故初步分析直接原因：将原设计用氮气（0.15MPa）将间二硝基苯压到高位槽的方式，改用压缩空气（0.58MPa）压料，造成高位槽内沉淀的酚钠盐扰动，与空气形成爆炸空间，引燃物料。

间接原因是：间二氯苯生产装置保温釜压料、反应釜进料、精制单元均没有实现自动控制，精馏装置仅有单一温度显示，没有报警、调节控制等工程技术措施；企业变更管理随意性强；风险识别不到位，事故车间绝大部分操作工均为初中及以下文化水平，特种作业人员未持证上岗，不能满足企业安全生产的要求。

# 山东日科化学股份有限公司"12·19"较大火灾事故

**关键词：** 天然气　爆燃

2017年12月19日9时15分左右，位于山东省潍坊市的日科化学股份有限公司年产1.5万吨塑料改性剂（AMB）生产装置发生爆燃事故，造成7人死亡、4人受伤。

日科化学公司AMB生产装置以热风炉送来的230℃左右的空气为干燥介质，通过干燥塔将雾化的AMB乳液干燥得到成品。该生产装置热风炉按照原设计一直使用原煤作为加热原料。为满足环保排放要求，2017年7月开始，日科化学公司在进入干燥塔的热风管道上增加了一套天然气直接燃烧加热系统，将燃烧后的天然气尾气及其空气混合物作为干燥介质。12月19日9时左右，该生产装置当班班长按照安排，准备投用天然气加热系统；9时15分左右，当班班长在控制室启动天然气加热系统的瞬间，干燥塔及周边发生爆燃，并引发火灾。

事故直接原因是：天然气通过新增设的直接燃烧加热系统串入了干燥系统，并与干燥系统内空气形成爆炸性混合气体，在启动不具备启用条件的天然气加热系统的过程中遇点火源引发爆燃。

# 印度博帕尔事故

**关键词**：变更 员工技能 特殊作业 设备完整性 安全联锁 应急处置 外部防护距离 违章作业 事故事件管理 人员中毒

1984 年 12 月 3 日，印度中央邦首府某联碳公司农药厂异氰酸甲酯泄漏事故，使 4000 名居民中毒死亡，20 万人深受其害。

美国联合碳化印度有限公司始建于 1969 年，从 1980 年起生产杀虫剂西维因。1980 年公司决定由一名印度本地员工接替厂长。新厂长有很好的财务背景，但是对于安全和生产知之甚少。从 1982 年起，由于干旱等原因，印度国内市场对于该工厂的产品需求减少，工厂停产了 6 个月。期间，工厂管理层采取了一系列措施来节约成本，诸如：

（1）缩短员工的培训时间。将操作人员的培训时间由 6 个月减少至 15 天。

（2）减少员工数量。原本每个班组有 1 名班组主管、3 名领班、12 名操作工和 2 名维修工，后来减少至 1 名领班和 6 名操作工。

（3）尽量聘请廉价的承包商（尽管他们缺乏经验）和采用便宜的建造材料。

（4）减少对工艺设备的维护和维修（包括对关键安全设施的维护）。

（5）停用冷冻系统。发生事故的异氰酸甲酯（MIC）储罐本来有一套冷冻系统，其设计意图是使 MIC 的储存温度保持在 0℃ 左右；为了节约成本，工厂停用了该冷冻系统。

在事故发生的当天下午，维修人员尝试清洗工艺管道上的过滤器。在用水反向冲洗过滤器之前，正常的作业程序要求关闭工艺管道上的阀门，并在"隔离法兰"处安装盲板。在开始这些工作之前，维修人员需要申请并获得作业许可证。然后，一系列问题出现了：

（1）作业前，维修人员没有申请作业许可证。

（2）没有安装盲板以实现隔离。

（3）由于腐蚀，储罐进料管上的阀门发生内部泄漏。

（4）作业过程中，冲洗水经过该阀门进入了 MIC 储罐。

（5）放热反应，储罐内的温度和压力升高。

（6）相关的温度和压力表未正常工作，控制室的操作人员没有及时察觉到储罐工况的异常变化。

（7）事故前，储罐内 MIC 的实际温度约为 15~20℃（环境温度）。

（8）蒸气量超过洗涤器洗涤能力 200 倍。

（9）火炬系统正处于维修当中，没有燃烧。

（10）12月3日凌晨00时15分，储罐内压力迅速升高，有人在工艺区内发现了泄漏出的MIC。于是，一名操作人员前往现场查看，他听到储罐内发出隆隆声，并感受到来自储罐的辐射热，他立即尝试启动洗涤器，但没有成功。

（11）凌晨时分00时45分，储罐超压、安全阀起跳，随即大量的MIC泄漏到周围环境中。在2h内，约25t MIC进入大气中，工厂下风向8km内的区域都暴露在泄漏的化学品中，短时间内造成周围居民大量伤亡。事故发生后，应急反应系统没有有效运转，当地医院不知道泄漏的是什么气体，对泄漏气体可能造成的后果及急救措施也毫不了解。

事故直接原因：维修人员清洗工艺管道上的过滤器作业前，没有安装盲板以实现隔离。由于腐蚀，储罐进料管上的阀门发生内部泄漏，使冲洗水进入了MIC储罐，水和光气反应生成强腐蚀性氯离子，氯离子又和不锈钢罐反应释放出铁离子和大量热，导致氯离子和异氰酸甲酯作用放出更多热，加上金属反应释放出氯化物离子，导致罐中剧烈反应开始，并放出大量热，使罐内液体温度升高，异氰酸甲酯气化，防爆膜破裂，安全阀打开，最后使罐壁破裂，漏出大量MIC。漏出的MIC喷向氢氧化钠洗涤器，因该洗涤器能力太小，不可能将MIC全部中和。最后排至燃烧塔，但结果燃烧塔也未发挥作用。事故发生后，工厂操作人员忽视了所发生了泄漏，在发现泄漏2h后才拉响警报，MIC的泄漏持续了约45～60min，在这期间，居住在工厂周围许多人，因为眼睛和喉咙受到刺激从睡梦中惊醒，并很快丧失了生命，造成伤亡人员大量增加。

# 河北克尔化工有限公司"2·28"重大爆炸事故

**关键词：** 变更　设备完整性　违章作业　员工技能　爆燃

2012年2月28日，河北赵县克尔化工有限公司发生爆炸事故，造成29人死亡，46人受伤，直接经济损失4459万元。

事故直接原因：1号反应釜底部保温放料球阀的伴热导热油软管连接处发生泄漏着火后，当班人员处置不当，外部火源使反应釜底部温度升高，局部热量积聚，达到硝酸胍的爆燃点，造成釜内反应产物硝酸胍和未反应的硝酸铵急剧分解爆炸。1号反应釜爆炸产生的高强度冲击波以及高温、高速飞行的金属碎片瞬间引爆堆放在1号反应釜附近的硝酸胍，引发次生爆炸。事故暴露出以下问题：

（1）企业生产原料、工艺、设施随意变更。未经安全审查，未经风险评估，擅自将原料尿素变更为双氰胺；擅自更改工艺指标，提高导热油出口温度，使反应釜内物料温度接近了硝酸胍的爆燃点。未制定改造方案，未经相应的安全设计和论证，增设一台导热油加热器，改造了放料系统。

（2）设备维护不到位，在反应釜温度计损坏无法正常使用时，不是研究制定相应的防范措施，而是擅自将其拆除，造成反应釜物料温度无法即时监控。

（3）车间管理人员、操作人员专业知识低，多为初中以下文化程度，缺乏化工生产必备的专业知识和技能，未经有效安全教育培训即上岗作业。

# 重庆天原化工总厂"4·16"氯气泄漏爆炸特大事故

**关键词：** 氯气 设备完整性 三氯化氮 人员中毒

2004 年 4 月 15 日晚上，重庆天原化工总厂氯氢分厂发生氯气泄漏，造成 9 人失踪或死亡，3 人重伤，15 万人被疏散。

2004 年 4 月 15 日 17 时 40 分，该厂氯氢分厂冷冻工段氯冷凝器穿孔，使 $CaCl_2$ 盐水进入了液氯系统。16 日 0 时 48 分，在将氯冷凝器余氯排入排污罐过程中，排污罐发生爆炸。2 时 15 分左右，排完盐水后 4 小时，盐水泵在静止状态下发生爆炸。17 时 57 分，液氯储罐又发生猛烈爆炸。爆炸使 5 号、6 号液氯储罐罐体破裂解体，致 9 名现场处置人员因公殉职，3 人受伤。

爆炸事故发生后，重庆市动用了部队官兵和精良武器，采用了坦克炮炮击和炸药爆破的方式实施引爆。到 17 时 35 分，3 个储气罐终于被坦克炮摧毁。危险源和污染源被销毁。4 月 19 日，在将所有液氯储罐与汽化器中的余氯和 $NCl_3$ 采用引爆、碱液浸泡处理后，才彻底消除了危险源。

事故直接原因：设备腐蚀穿孔导致盐水泄漏，导致大量含有铵离子的 $CaCl_2$ 盐水直接进入液氯系统，造成 $NCl_3$ 形成和聚集。在 $NCl_3$ 富集达到爆炸浓度和启动事故氯处理装置造成振动，引起 $NCl_3$ 爆炸。

# 江苏如皋双马化工"4·16"爆炸事故

**关键词：** 特殊作业 粉尘爆炸

2014 年 4 月 16 日，位于江苏省南通市如皋市东陈镇的如皋市双马化工有限公司造粒车间发生粉尘爆炸，引发大火，事故造成 9 人死亡，2 人重伤，6 人轻伤，直接经济损失约 1594 万元。

事故直接原因：公司在 1# 造粒塔正常生产状态下，没有采取停车清空物料的措施，直接在塔体底部锥体上进行焊接作业，致使造粒系统内的硬脂酸粉尘发生爆炸，继而引发连续爆炸，造成整个车间燃烧，导致厂房倒塌、人员死亡。

## 阜阳市昊源化工集团有限公司"5·4"液氨泄漏事故

**关键词：液氨　泄漏　人员中毒**

2007年5月4日0时02分，阜阳市昊源化工集团有限公司液氨球罐区，向2号液氨球罐输送液氨的进口管道中安全阀装置的下部截止阀发生破裂，管道内液氨向外泄漏，造成33人因呼入氨气出现中毒和不适，住院治疗和观察。

事故直接原因：截止阀存在原始缺陷，在应力作用下，加之材料没有韧性，裂纹扩展，在达到临界尺寸时，裂纹贯穿，液氨泄漏，由于液氨汽化吸收热量，造成截止阀温度降低，导致阀体在低温下发生低应力脆性断裂，液氨大量泄漏。

## 河北张家口盛华化工公司"11·28"重大爆燃事故

**关键词：氯乙烯　设备完整性　变更　应急处置　安全领导力　领导在岗在位**

2018年11月28日零时40分55秒，位于河北张家口望山循环经济示范园区的河北盛华化工有限公司氯乙烯泄漏扩散至厂外区域，遇火源发生爆燃，造成24人死亡、21人受伤。

事故直接原因：聚氯乙烯车间的1#氯乙烯气柜长期未按规定检修，事发前氯乙烯气柜卡顿、倾斜，开始泄漏，压缩机入口压力降低，操作人员没有及时发现气柜卡顿，仍然按照常规操作方式调大压缩机回流，进入气柜的气量加大，加之调大过快，氯乙烯冲破环形水封泄漏，向厂区外扩散，遇火源发生爆燃。

## 河北利兴特种橡胶股份有限公司"5·13"氯气中毒事故

**关键词：氯气　人员中毒　装卸作业　应急处置**

2017年5月13日凌晨3时30分，河北省沧州市利兴特种橡胶股份有限公司发生氯气泄漏事故，造成2人死亡、25人入院治疗。

事故主要原因：利兴公司生产过程中使用液氯（钢瓶装），为降低氯气使用成本、避免频繁切换液氯钢瓶，违法建设一容积为15m³的储罐，私自增加液氯储量；5月13日凌晨，在通过液氯罐车向该储罐卸料时，储罐底阀阀后出料管破裂引发液氯泄漏；利兴公司第一时间应急处置不力，导致液氯长时间大量泄漏，致使现场员工及附近人员中毒。

## 四川宜宾恒达科技有限公司"7·12"重大爆炸着火事故

**关键词：安全标签　安全生产信息　爆燃**

2018年7月12日18时42分33秒，位于宜宾市江安县阳春工业园区内的宜宾恒达科技有限公司发生重大爆炸着火事故，造成19人死亡、12人受伤，直接经济损失4142余万元。

2018年7月12日上午，四川某物流公司给恒达科技公司送了一批生产原料，并告知是2-氨基-2,3-二甲基丁酰胺（以下简称丁酰胺）。物流公司将标注为原料的COD去除剂（实为氯酸钠）送达至宜宾恒达公司仓库。库管员未对入库原料进行认真核实，将其作为原料丁酰胺进行了入库处理。车间人员到库房领取咪草烟生产原料丁酰胺时，库管员发给其"丁酰胺"（实为氯酸钠）。

17时20分，反应釜完成投料，18时42分33秒，二车间三楼反应釜发生化学爆炸，导致反应釜严重解体，随釜体解体过程冲出的高温甲苯蒸气，迅速与外部空气形成爆炸性混合物并产生二次爆炸，同时引起车间现场存放的氯酸钠、甲苯与甲醇等物料殉爆殉燃和二车间、三车间的着火燃烧。

事故直接原因：宜宾恒达公司操作人员将无包装标识的氯酸钠当作丁酰胺，投入到反应釜中，引起釜内的丁酰胺-氯酸钠混合物发生化学爆炸，爆炸导致釜体解体。

## 河南省三门峡市义马气化厂"7·19"事故

**关键词：设备带病运行　应急处置　爆燃**

2019年7月19日，河南省三门峡市义马气化厂发生爆炸事故，造成15人死亡、16人重伤。

义马气化厂净化分厂采用深度冷冻法生产氧气和氮气。2019年6月26日，企业发现C套空气分离装置冷箱保温层内存在少量氧泄漏，但未引起足够重视；7月12日，泄漏量进一步增大，由于备用空分系统设备不完好等原因，企业仍坚持"带病"生产，未及时采取停产检修措施，最后造成7月19日发生爆炸事故。

经初步调查分析，事故直接原因是空气分离装置冷箱泄漏未及时处理，使冷箱外壳冻裂，发生"砂爆"（空分冷箱发生漏液，保温层珠光砂内就会存有大量低温液体，当低温液体急剧蒸发时冷箱外壳被撑裂，气体夹带珠光砂大量喷出的现象），进而引发冷箱倒塌，冷箱砸到附近 500m³ 液氧贮槽，导致其破裂，大量液氧迅速外泄，周围可燃物在液氧或富氧条件下发生爆炸、燃烧，造成周边人员大量伤亡。

## 山东滨州博兴县诚力供气有限公司"10·8"重大爆炸事故

**关键词：** 设备带病运行　爆燃

2013 年 10 月 8 日，山东省博兴县诚力供气有限公司稀油密封干式煤气柜在生产运行过程中发生重大爆炸事故，共造成 10 人死亡、33 人受伤。

事故直接原因：气柜运行过程中，因密封油黏度降低、活塞倾斜度超出工艺要求，致使密封油大量泄漏、油位下降，活塞密封系统失效，造成煤气由活塞下部空间窜到活塞上部空间，与空气混合形成爆炸性混合气体，遇点火源爆炸。

事故暴露出企业应急处置措施不力。在发现气柜密封油油位下降、一氧化碳检测报警仪频繁报警等重大隐患时，没有采取有效的安全措施。特别是事发当天，在气柜密封油出现零液位、检测报警仪满量程报警、煤气大量泄漏的情况下，仍未采取果断措施、紧急停车，一直安排将气柜低柜位运行、带病运转，直至事故发生。

## 鄂尔多斯九鼎化工公司"6·28"压力容器爆炸较大事故

**关键词：** 设备带病运行　压力容器爆炸

2015 年 6 月 28 日，内蒙古鄂尔多斯伊东九鼎化工有限责任公司发生爆炸着火事故，造成 3 人死亡、6 人受轻伤。

此次爆炸是由于三气换热器存在质量问题，在前四次修焊过的脱硫气进口封头角接焊缝处存在贯通的陈旧型裂纹，引发低应力脆断导致脱硫气瞬间爆出。因脱硫气中氢气含量较高，爆出瞬间引起氢气爆炸着火，造成正在附近检修及保温作业的人员伤亡。

事故暴露出以下问题：

（1）事故企业对设备长期存在的隐患未引起足够重视，未对该设备质量安全进行整体检查，未查明原因进行修复。

（2）由于泄漏隐患长期存在，造成企业各级员工麻痹大意、冒险作业。在公司安排员工在邻近泄漏源的泵房内进行检修作业时，未认真排查作业场所安全隐患。在得知三气换热器发生泄漏的情况下，未及时将泄漏现场周边员工撤离，造成较大人员伤亡。

# 吉林通化化工公司"1·18"爆炸事故

**关键词：设备带病运行　事故事件　氢气　爆燃**

2014年1月18日，吉林通化化工股份有限公司甲醇合成系统供水泵房发生爆炸，造成3人死亡、5人受伤，直接经济损失255万元。

事故的直接原因：当班岗位操作工在排液结束后，未能关严精醇外送阀门，且回流管阀门开度过大，导致净醇塔内稀醇低液位运行。接班操作工也未发现净醇塔底部稀醇液位低于控制线，导致高压工艺气体回流到稀醇罐，造成回流管线断裂，致使大量可燃混合气体(以 $H_2$ 为主)迅速充满供水泵房，达到爆炸极限，受静电引燃后发生爆炸。事故暴露出以下问题：

（1）企业对长期存在的安全隐患未进行彻底整改。1995年企业改造时将净醇塔液位计安装在塔底部出液管线上，造成去精醇阀门打开时，无法正确显示净醇塔液位，造成补液、排液时液位都不准确，且自动控制阀自设备运行使用后一直未投入使用，无法实现液位与阀门的联锁控制和液位报警。

（2）企业对交接(替)班和巡视制度落实不到位。在实际执行中，岗位操作人员未认真执行公司制定的交接(替)班和巡视制度，未做到不交接(替)班不准接班，接班后必须进行现场巡视的规定。

（3）事故事件管理未得到重视。企业曾发生过窜气现象，虽未引发事故，但企业没有将此列为事件进行分析，未引起重视，未采取有效措施对存在的隐患进行整改。

# 山东滨化滨阳燃化公司"1·1"中毒事故

**关键词：应急处置　人员中毒　变更**

2014年1月1日，山东滨化滨阳燃化有限公司储运车间中间原料罐区在切罐作业过程中发生石脑油泄漏，引发硫化氢中毒事故，造成4人死亡，3人受伤，直接经济损失536万元。

事发时抽净管线系统处于敞开状态。操作人员在进行切罐作业时，错误开启了该罐倒油线上的阀门，使高含硫的石脑油通过倒油线串入抽净线，石脑油从抽净线拆开的法兰处泄漏。泄漏的石脑油中的硫化氢挥发，致使现场操作人员及车间后续处置人员硫化氢中毒。

事故暴露出企业在工艺变更管理方面不到位。储运车间在实施冬季防冻防凝工作时，拆开了中间原料罐区抽净线上的6处法兰，但对与此管线法兰及储罐相连接的管线阀门未采取上锁、挂牌或其他防误操作的措施；加制氢车间稳定塔出现异常和停止使用后，进入2#、5#罐的石脑油硫含量出现异常偏高，公司负责人、生产管理部门、相关车间均未按规定提升管理防护等级，未采取任何防范措施，没有制定预案，没有书面通知相关岗位管理及操作人员。企业对重大工艺变更，没有进行安全风险分析，缺乏相应的管理制度。

## 新疆宜化化工有限公司"7·26"较大燃爆事故

关键词：人员密集场所　粉尘爆炸　安全确认　爆燃

2017年7月26日，新疆宜化公司在对停产的造气车间进行复产工作期间，操作人员违规将放煤通道三道阀门同时打开，致使放煤落差高达13m，放煤过程中大量煤尘形成了爆炸浓度的煤尘云，在富氧条件下，遇到阴燃的煤粉，发生了燃爆。事故共造成5人死亡、15人重伤、12人轻伤。

事故直接原因：未将停用的12号造气炉氧气管道进行隔离，未将煤仓中的煤粉及时清理，12号造气炉煤仓中的煤粉放置长达3个多月，致使煤粉在富氧环境下发生了阴燃。事故发生时，有一家承包商正在南造气车间进行复产前的检修作业，还有几家承包商作业人员正在南造气车间内外进行管道防腐保温作业，总人数有135人。

## 山东新泰联合化工公司"11·19"爆燃事故

关键词：人员密集场所　检维修作业　爆燃

2011年11月19日13时56分许，山东新泰联合化工有限公司尿素车间在停车检修三聚氰胺生产装置的道生油冷凝器过程中发生重大爆燃事故，造成15人死亡，4人受伤。在道生油冷凝器维修过程中，未采取可靠的防止试压水进入热气冷却器道生油内的安全措施，因检修人员操作不当，造成四楼平台道生油冷凝器壳程内的水灌入三楼平台热气冷却器壳程内，与高温道生油混合后迅速汽化，水蒸汽夹带道生油从道生油冷凝器的进气口和出液口法兰间喷出，与空气形成爆炸性混合物，遇点火源发生爆燃。

为尽快恢复生产，赶工期、抢速度，组织了尿素车间两个班的保全员参加维修，事故发生时共有 20 人在三楼和四楼平台作业，设备焊接、水压试验、安装拆卸交叉进行，一部分人作业，另一部分人休息，现场管理十分混乱。

## 湖北省枝江市富升化工有限公司"2·19"事故

**关键词：硝酸铵　爆燃**

2015 年 2 月 19 日，湖北省枝江市富升化工有限公司硝基复合肥建设项目在试生产过程中发生硝酸铵燃爆事故，造成 5 人死亡，2 人受伤，直接经济损失 469.28 万元。

事故直接原因：北塔 1# 混合槽物料温度长时间高于工艺规程控制上限，导致硝酸铵受热分解，最高温度达 629.95℃，致使 1# 和 2# 混合槽相继冒槽，料浆流至 100.5m 层和 96m 层平台，发生燃爆。

## 昆明市安宁齐天化肥有限公司"6·12"硫化氢中毒事故

**关键词：人员中毒　硫化氢**

2008 年 6 月 12 日，云南省昆明市安宁齐天化肥有限公司在脱砷精制磷酸试生产过程中发生硫化氢中毒事故，造成 6 人死亡、29 人中毒。

事故原因：事发时，操作人员正在向磷酸槽加入硫化钠水溶液。在调节底部阀门时，发现该阀门不能关闭，硫化钠水溶液持续流入磷酸槽，使磷酸槽中的硫化钠严重过量，产生的大量硫化氢气体从未封闭的磷酸槽上部逸出，导致部分现场作业人员和赶来救援的人员先后中毒。

## 大名县福泰生物科技有限公司"4·1"中毒事故

**关键词：硫化氢　人员中毒**

2016 年 4 月 1 日，河北省邯郸市大名县城西工业园区的福泰生物科技有限公司发生一起硫化氢中毒事故，含有硫化钠的碱性废水打入存有酸性废水的废水池中，反应释放出硫化氢气体经废气总管回窜至车间抽滤槽，从抽滤槽逸出，致使在附近作业的 1 名人员中毒；施救人员在未采取任何防护措施的情况下盲目施救，导致事故扩大，造成 3 人死亡、3 人受伤。事故暴露出企业未按规定设置硫化氢有毒气体报警系统，未配备应急救援器材等安全设施。施救人员在未采取任何防护措施的情况下盲目施救，造成事故伤亡扩大。

# 大连保税区油库"7·16"火灾事故

**关键词：** 变更　承包商　应急处置　火灾

2010年7月16日，大连国际储运有限公司原油罐区输油管道发生爆炸，造成原油大量泄漏并引起火灾，原油流入附近海域，造成环境污染。事故还造成1名作业人员失踪，灭火过程中1名消防战士牺牲。

事故直接原因：在油轮暂停卸油作业的情况下，没有同步停止注入脱硫剂，而是继续加入大量脱硫化氢剂（含85%双氧水），造成双氧水在加剂口附近输油管段内局部富集；输油管内高浓度的双氧水与原油接触发生放热反应，致使管内温度升高；在温度升高的情况下，亚铁离子促进双氧水的分解，使管内温度和压力加速升高，形成"分解–管内温度压力升高–分解加快–管内温度、压力快速升高"的连续循环，引起输油管道中双氧水发生爆炸，初次爆炸后的一系列爆炸，导致原油泄漏，引发火灾。

事故暴露出以下问题：

（1）变更管理严重缺失。原油硫化氢脱除剂原由瑞士SGS公司供应，后改为天津一公司供应，而硫化氢脱除剂的活性组分也由有机胺类变更为双氧水，但是企业没有针对这一变更进行风险分析。

（2）企业对承包商监管不力。企业对加入的原油脱硫化氢剂的安全可靠性没有进行科学论证，直接将原油脱硫化氢处理工作包给承包商。而在加剂过程中，事故单位作业人员在明知已暂停卸油作业的情况下，没有及时制止承包商的违规加注行为。

（3）应急设施基础薄弱。事故造成电力系统损坏，消防设施失效，罐区停电，使得其他储罐的电控阀门无法操作，无法及时关闭周围储罐的阀门，导致火灾规模扩大。

# 山东滨源化学"8·31"爆炸事故

**关键词：** 人员密集场所　试生产　违章指挥　爆燃

2015年8月31日，山东东营滨源化学有限公司年产2万吨改性型胶黏新材料联产项目二胺车间混二硝基苯装置在投料试车过程中发生爆炸事故，事故造成13人死亡。

爆炸事故发生前，该企业先后两次组织投料试车，均因为硝化机温度波动大、运行不稳定而被迫停止。事故发生当天，企业负责人在上述异常情况原因未查明的情况下，再次强行组织试车，在出现同样问题停止试车后，车间负责人违章指挥操作人员向地面排放硝化再分离器内含有混二硝基苯的物料，导致起火并引发爆炸。由于后续装置还未完工，事故发生前有多个外来施工队伍在生产区内施工、住宿，造成事故伤亡扩大。

# 大连石化"8·29"火灾事故

**关键词：浮盘落底　装卸作业　爆燃**

2011 年 8 月 29 日 8 时 30 分左右，大连石化储运车间接到调度通知，要将柴油调合一线从 877 号罐改至 875 号罐。875 号罐为内浮顶罐，罐容为 20000m³，收油前该罐液面为 0.969m。9 时 52 分 40 秒，开启 875 号罐入口电动阀开始收油。9 时 56 分 44 秒，875 号罐突然发生闪爆、起火。泄漏的柴油在防火堤内形成池火。

事故直接原因：由于事故储罐送油造成液位过低，浮盘与柴油液面之间形成气相空间，造成空气进入。正值上游装置操作波动，进入事故储罐的柴油中轻组分含量增加，在浮盘下形成爆炸性气体。加之进油流速过快，产生大量静电无法及时导出产生放电，引发爆炸。

# 腾龙芳烃(漳州)有限公司"4·6"火灾爆炸事故

**关键词：工艺管理　爆燃　设备完好性**

2015 年 4 月 6 日，位于漳州古雷的腾龙芳烃(漳州)有限公司二甲苯装置发生重大爆炸着火事故，造成 6 人受伤。

事故直接原因：公司在二甲苯装置开工引料过程中出现压力和流量波动，引发液击，致使存在焊接质量问题的管道焊口断裂，物料外泄。泄漏的物料被鼓风机吸入，进入加热炉，发生爆炸着火，爆炸力量撞裂储罐先后着火。事故暴露出以下问题：

（1）企业重效益、轻安全。由于管件材质存在缺陷和违规操作，曾于 7 月 30 日发生加氢裂化装置爆燃事故。但企业拒不执行省安监局下发的停产指令，违规超批准范围建设与试生产。

（2）工程建设质量管理不到位。未落实施工过程安全管理责任，对施工过程中的分包、无证监理、无证检测等现象均未发现；工艺管道存在焊接缺陷，形成重大事故隐患。

（3）工艺安全管理不到位。一是二甲苯单元工艺操作规程不完善，未根据实际情况及时修订，操作人员工艺操作不当产生液击；二是工艺联锁、报警管理制度不落实，解除工艺联锁未办理报批手续；三是试生产期间，事故装置长时间处于高负荷甚至超负荷状态运行。

## 山东石大科技石化有限公司"7·16"较大着火爆炸事故

**关键词：** 液化烃　倒罐作业　紧急切断　安全阀　爆燃

2015 年 7 月 16 日，山东石大科技石化有限公司液化烃球罐在倒罐作业时发生泄漏着火，引起爆炸，造成 2 名消防队员受轻伤，直接经济损失 2812 万元。

事故直接原因：该公司在进行倒罐作业过程中，违规采取注水倒罐置换的方法，且在切水过程中现场无人值守，致使液化石油气在水排完后从排水口泄出，泄漏过程中产生的静电或因消防水带剧烈舞动，金属接口及捆绑铁丝与设备或管道撞击产生火花引起爆燃。

事故暴露出以下问题：

（1）违规采取注水倒罐置换的方法，严重违反石油石化企业"人工切水操作不得离人"的明确规定，切水作业过程中无人在现场实时监护，排净水后液化气泄漏时未能第一时间发现和处置。

（2）违规将罐区在用球罐安全阀的前后手阀、球罐根部阀关闭，将低压液化气排火炬总管加盲板隔断。

（3）未按照规定要求对重大危险源进行管控，球罐区自动化控制设施不完善，仅具备远传显示功能，不能实现自动化控制；紧急切断阀因工厂停仪表风改为手动，失去安全功效。

## 陕西省兴化集团公司"1·6"硝酸铵爆炸事故

**关键词：** 硝酸铵　爆燃

1998 年 1 月 6 日，陕西省兴化集团公司硝铵装置发生爆炸，造成 22 人死亡，58 人受伤，直接经济损失 7000 万元。

事故直接原因：供氨系统不平衡，氨系统累积的含油和氯根的液体从气氨带入硝铵生产系统。含油和含氯根高的硝铵溶液，在造粒系统停车的状态下温度升高，自催化分解放热，在极短的时间内，分解产生的高热和大量高温气体产物积聚，导致燃烧爆炸。

## 陕西榆林恒源集团电化公司"5·2"电石炉喷料事故

**关键词：** 违章作业　人员密集场所　变更

2019年5月2日凌晨0时12分，陕西恒源投资集团电化有限公司2号电石炉停电准备处理炉内料面板。1时10分左右，在处理炉内料面板结过程中电石炉发生塌料，导致高温气体和烟灰向外喷出，致使现场作业的20名员工不同程度烧伤，其中4人抢救无效死亡。事故暴露出的主要问题有：

（1）企业存在违章指挥、违章作业、违反劳动纪律等问题。比如违规放水炮；严重违反交接班管理制度，违规将两个班的工作人员同时安排清理料面，造成作业人员数量超标；现场作业人员没有按规定穿戴防护服及防护用具。

（2）工艺流程管理存在严重问题。今年初，该公司外购原料石灰石和兰炭品质发生较大变化，原料粉末量增多，导致电石炉料面板结加厚。原料质量发生变化后，生产管理人员没有根据实际情况及时调整料面处理周期，导致料面板结增厚，现场处理难度增加，但未及时调整操作措施，仍采用原来的办法，加大放水炮频次，导致事故发生。

## 山东齐鲁天和惠世制药公司的"4·15"火灾事故

**关键词：** 一书一签　特殊作业　承包商　火灾

2019年4月15日，山东齐鲁天和惠世制药公司在对地下室冷媒管道系统进行改造过程中，发生火灾，造成8人当场死亡，2人送医院抢救无效死亡，直接经济损失1867万元。

事故发生在天和公司四车间地下室，为解决企业现有两台冷媒槽（-15℃）长时间运行后出现的渗漏问题，天和公司拟对-15℃冷媒系统进行管道改造。并购入LMZ冷媒增效剂（袋装、25kg/袋，采购合同中名称为乙二醇冷热媒抗蚀剂，作为添加剂应用于冷却系统缓蚀）。2019年春节前，四车间组织员工将冷媒增效剂搬运到地下室内室。

2019年4月15日，天和公司安排对四车间地下室-15℃冷媒管道系统进行改造，承包商作业人员开始进行拆卸法兰、切割管道等作业。15点10分左右，作业区域产生爆燃，被搜救出来的10人中，8人当场死亡，2人送医院抢救无效死亡。

事故直接原因：天和公司四车间地下室管道改造作业过程中，电焊或切割产生的焊渣或火花引燃现场的堆放的冷媒增效剂（主要成分是为氧化剂亚硝酸钠，有机物苯并三氮唑、苯甲酸钠），瞬间产生爆燃，放出大量氮氧化物等有毒气体，造成现场施工和监护人员中毒窒息死亡。同时还暴露出天和公司风险辨识及管控措施不到位，没有识别出施工作业现场存放的冷媒增效剂的风险危害因素，承包商严重违章作业，供货商未按法规要求提供 LMZ 冷媒增效剂的"一书一签"。

# 河南洛染"7·15"爆炸事故

**关键词：** 硝化　火灾爆炸

2009 年 7 月 15 日，河南省洛染股份有限公司一车间发生爆炸事故，造成 8 人死亡，8 人受伤。

事故直接原因：由于动力线绝缘层老化，造成短路、打火，氯苯计量槽挥发出的氯苯蒸气，遇到旁边的动力线着火部位火源，引发氯苯蒸气爆燃，随后氯苯计量槽被引燃，并发生爆炸。爆炸引发水洗槽内成品 2,4-二硝基氯苯殉爆，产生第一次大的爆炸；继而引发硝化釜内 2,4-二硝基氯苯发生殉爆，产生第二次大的爆炸。爆炸又引发附近物料储罐起火，巨大的爆炸冲击波将一车间和五车间及部分厂房夷为平地。

# 江西樟江化工"4·25"爆燃事故

**关键词：** 试生产　违章作业　爆燃

2016 年 4 月 25 日 1 时 18 分，位于江西省樟树市盐化工基地化工园区的江西樟江化工有限公司在试生产过程中发生爆燃事故，致使 3 人死亡，1 人轻伤。

在试生产准备阶段往生产系统中添加工作液（主要成分为 2-乙基蒽醌、重芳烃、双氧水和磷酸三辛酯等）时，氧化塔中的氧化工作液呈碱性（要求氧化液呈弱酸性）。企业在紧急停车后，生产副总经理对其危险性认识不足，处理时判断不全面，企图回收利用不合格工作液，违规将氧化工作液泄放至酸性储槽中，并违规打开酸性储槽备用口添加磷酸，企图重新将氧化工作液调成酸性。但酸性储槽中的双氧水在碱性条件下迅速分解并放热，产生高温和助燃气体氧气，引起密闭的储槽容器压力骤升而爆炸，引燃氧化工作液，造成爆燃事故。

# 深圳清水河"8·5"爆炸事故

**关键词：禁忌物品　混储　爆燃**

1993 年 8 月 5 日 13 时 26 分，深圳市安贸危险物品储运公司清水河化学危险品仓库发生特大爆炸事故，爆炸引起大火，1h 后着火区又发生第二次强烈爆炸，造成更大范围的破坏和火灾。事故造成 15 人死亡，200 人受伤，其中重伤 25 人，直接经济损失 2.5 亿元。

事故直接原因：干杂仓库 4 号仓内混存的氧化剂与还原剂接触引起温度升高酿成火灾，清水河的干杂仓库被违章改作化学危险品仓库及仓库内化学危险品存放严重违章是事故发生的主要原因。

# 安徽中升药业"4·18"中毒事故

**关键词：光气　变更　人员中毒**

2012 年 4 月 18 日，安徽省中升药业有限公司发生中毒事故，造成 3 人死亡，4 人受伤，直接经济损失 450 余万元。

事故直接原因：该公司在未经安全许可，无正规设计、无施工方案的情况下，对 α-溴代对羟基苯乙酮生产装置进行改造，增加了固体光气配料釜等装置，在用蒸汽对配料釜直接加热生产时，发生光气泄漏，导致中毒事故。

事故暴露出企业对变更管理处于失控状况，未评估出用蒸汽对配料釜直接加热时，可致固体光气在高温下分解成光气的风险。

# 沧州大化 TDI"5·11"爆炸事故

**关键词：硝化　光气化　人员中毒　爆燃**

2007 年 5 月 11 日 13 时 28 分，沧州大化 TDI 有限责任公司 TDI 车间硝化装置发生爆炸事故，造成 5 人死亡，80 人受伤，其中 14 人重伤。

沧州大化 TDI 公司主要产品为甲苯二异氰酸酯(TDI)，由硝化工段、氢化工段和光化工段三部分组成。硝化工段是在原料二甲苯中加入混硝酸和硫酸经两段硝化生成二硝基甲苯，二硝基甲苯与氢气发生氢化反应生成甲苯二胺，甲苯二胺以邻二氯苯作溶剂制成邻苯二胺溶液，再与光气进行光气化反应生成最终产品甲苯二异氰酸酯(TDI)。

5月10日，硝化装置停车，由于甲苯供料管线手阀没有关闭，调节阀内漏，导致甲苯漏入硝化系统。22时许，氢化和光气化装置正常后，硝化装置准备开车时发现硝化反应深度不够，遂采取酸置换操作。5月11日10时54分，硝化装置开车，13时02分，发现一硝基甲苯输送泵出口管线着火，13时27分，一硝化系统中的静态分离器、一硝基甲苯储槽和废酸罐发生爆炸，并引发甲苯储罐起火爆炸。

事故直接原因：一硝化系统在处理系统异常时，酸置换操作使系统硝酸过量，甲苯投料后，导致一硝化系统发生过硝化反应，生成本应在二硝化系统生成的二硝基甲苯和不应产生的三硝基甲苯(TNT)。因一硝化静态分离器内无降温功能，过硝化反应放出大量的热无法移出，静态分离器温度升高后，失去正常的分离作用，有机相和无机相发生混料。混料流入一硝基甲苯储槽和废酸储罐，并在此继续反应，致使一硝化静态分离器和一硝基甲苯储槽温度快速上升，硝化物在高温下发生爆炸。

# 内蒙古阿拉善盟立信化工"2·21"爆炸事故

**关键词：** 应急　爆燃

2017年2月21日9时20分左右，内蒙古阿拉善盟立信化工有限公司对硝基苯胺车间发生反应釜爆炸事故，造成2人遇难，4人受伤。

经调查事故原因是：事故企业在应急电源不完备的情况下，于2月17日擅自复产，2月20日由于大雪天气，企业所在工业园区全面停电，企业未能按照规定启动应急电源，致使对硝基苯胺车间反应釜无法冷却降温，其中一个反应釜超温超压发生爆炸。

# 山东海明化工"3·18"爆炸事故

**关键词：** 特殊作业　非防爆电气

2015年3月18日9时47分，位于滨州市沾化区的山东海明化工有限公司双氧水装置氢化塔发生爆炸事故，造成4人死亡，2人受伤，直接经济损失488.2万元。

事故的直接原因是企业有关人员没有采取有效隔绝、置换措施，进入氢化塔下塔作业。塔底排凝管线球阀和氮气进口管线(即变更后的中塔纯氢进口管线)截止阀内漏，氢气串入塔内，与从上部人孔进入的空气混合，遇点火源发生爆炸。非防爆工具使用过程中产生的点火源是可能的点火源之一。作业人员携带非防爆的钢制套筒扳手、钢卷尺进入塔内，使用过程中存在撞击、摩擦打火，有引起氢气爆炸的可能。

## 山东滨海香荃化工有限公司"4·9"中毒窒息事故

**关键词：**特殊作业　应急处置　人员中毒

2015年4月9日，山东潍坊滨海香荃化工有限公司发生中毒窒息事故，造成3人死亡，2人受伤，直接经济损失约330万元。

事故直接原因：公司为减少废水处理过程的异味扩散和提高生化反应效率，在好氧池和厌氧池上部加盖了塑料棚，废水在生化处理过程中产生的硫化氢等有毒有害气体集聚。作业人员未佩戴防毒面具等防护装备，进入好氧池大棚内，吸入硫化氢中毒晕倒，跌落至好氧池污水中窒息，施救人员也未佩戴任何防护装备，进入好氧池大棚内盲目施救，造成事故扩大。

## 天津"8·12"爆炸事故

**关键词：**仓储　火灾爆炸　硝酸铵

2015年8月12日，位于天津市滨海新区的瑞海公司危险品仓库运抵区起火，随后发生两次剧烈的爆炸。事故造成165人遇难，8人失踪，798人受伤住院治疗，直接经济损失68.66亿元人民币。

事故直接原因：瑞海公司在装卸作业中野蛮操作，硝化棉装箱出现包装破损，造成湿润剂挥发散失，出现局部干燥，在高温环境作用下，加速分解反应，产生大量热量，达到其自燃温度，发生自燃，致使集装箱破损，大量硝化棉散落到箱外，形成大面积燃烧，火焰蔓延到邻近的硝酸铵等危险化学品集装箱，发生了爆炸。